水利水电工程

CAD

胡胜利　主编

中国水利水电出版社
www.waterpub.com.cn

内 容 提 要

本书是一本以 AutoCAD 2004 中文版为蓝本，结合水利水电工程制图的标准和实际，面向 CAD 初、中级读者精心编写的图书。

本书结构合理，从基本命令到详细的实例指导，由浅入深，并且增加了最新的 CAD 绘图标准。全书共分 16 章。其中第 1 章至第 11 章是基础部分，主要介绍了 AutoCAD 2004 的基本知识；基本绘图方法、基本图形编辑方法、尺寸标注的基本方法、模板文件的创建和保存；图纸的布局和出图等基本操作和新增的功能；第 12 章至第 16 章为实例部分，主要通过实例讲解应用 AutoCAD 2004 绘制二维工程图的方法和技巧，包括水利水电绘图的基本知识、水工图、水工建筑图、水利机械图、电气图的绘制等内容。

本书适合作为大中专院校水利水电类专业和计算机相关专业的 CAD 教材，也可作为水利水电工程技术人员的参考用书，并且可供水利水电行业在职职工岗位培训或自学使用。

图书在版编目（CIP）数据

水利水电工程 CAD / 胡胜利主编. —北京：中国水利水电出版社，2004（2018.8 重印）
ISBN 978-7-5084-2259-6

Ⅰ. 水… Ⅱ. 胡… Ⅲ. ①水利工程—计算机辅助设计②水利发电工程—计算机辅助设计 Ⅳ.TV222.2

中国版本图书馆 CIP 数据核字（2004）第 071614 号

书　　名	水利水电工程 CAD	
作　　者	胡胜利　主编	
出版发行	中国水利水电出版社	
	（北京市海淀区玉渊潭南路 1 号 D 座　100038）	
	网址：www.waterpub.com.cn	
	E-mail：sales@waterpub.com.cn	
	电话：（010）68367658（营销中心）	
经　　售	北京科水图书销售中心（零售）	
	电话：（010）88383994、63202634、68545874	
	全国各地新华书店和相关出版物销售网点	
排　　版	中国水利水电出版社微机排版中心	
印　　刷	北京合众伟业印刷有限公司	
规　　格	184mm×260mm　16 开本　19.25 印张　444 千字	
版　　次	2004 年 10 月第 1 版　2018 年 8 月第 8 次印刷	
印　　数	19101—21100 册	
定　　价	**36.00 元**	

前　　言

　　AutoCAD 是美国 Autodesk 公司开发的用于计算机绘图设计的软件。AutoCAD 2004 是 Autodesk 公司推出的针对建筑、基础设施和制造业市场定制的系列行业的应用解决方案。AutoCAD 2004 继承了 AutoCAD 以前版本的所有功能，在运行速度、数据共享和软件管理方面都有显著的改进和提高。其中，速度比 AutoCAD 2002 提高了 24％，网络性能提升了 28％，DWG 文件大小平均减小 44％，可将服务器磁盘空间要求减少 40％～60％。在数据共享方面，AutoCAD 2004 采用了改进的 DWF 文件格式——DWF6，支持在出版和查看中安全地进行共享，并通过参考变更的自动通知、在线内容获取、CAD 标准检查、数字签字检查等技术，提供方便、快捷、安全的数据共享环境。

　　本书结构合理，基本命令到实例指导，联系实际，由浅入深，并增加了最新的 CAD 绘图的标准。全书共分 16 章。其中：第 1 章至第 11 章是基础部分，主要介绍了 AutoCAD 2004 的基本知识、基本绘图方法、基本图形编辑方法、尺寸标注的基本方法、模板文件的创建和保存，图纸的布局和出图等基本操作和新增的功能。第 12 章至第 16 章为实例部分，主要通过实例讲解应用 AutoCAD 2004 绘制二维工程图的方法和技巧，包括水利水电绘图的基本知识、水工图、水工建筑图、水利机械图、电气图的绘制等内容。

　　本书适用于 AutoCAD 初、中级读者，可作为大中专院校水利水电类专业和计算机相关专业的 CAD 教材，特别是对于水利水电类专业的工程技术人员也不失为一本非常有价值的技术书和参考用书。

　　本书的第 12 章和第 13 章由安徽水利水电职业技术学院的高建峰编写，其他各章节由胡胜利编写，全书由胡胜利统稿。在编写期间无论是在资料收集上还是在技术上，作者得到了安徽省电气工程职业技术学院的肖军和吴琦老师的大力协助，在此一并表示衷心的感谢。

　　由于作者水平有限，加之写作时间仓促，书中不足之处在所难免，欢迎读者批评指正。在阅读本书的过程中，读者如遇到疑难问题，或有好的意见和建议，可以发 E-mail 至 hushengliwl@sina.com。

作　者

2009 年 2 月

目　　录

前　言

第1章　概述···1

1.1　AutoCAD 2004 的基本功能··1
1.2　工作环境和常用的外围准备··2

第 2 章　AutoCAD 2004 的基本知识··4

2.1　启动与退出···4
2.2　用户界面···8
2.3　命令格式及生成简单对象···12
2.4　帮助系统··14
2.5　保存···16
2.6　口令保护··18

第 3 章　显示命令··22

3.1　缩放和平移···22
3.2　命名视图···24
3.3　命名视口···26
3.4　模型空间和图纸空间···29

第 4 章　生成样板文件··30

4.1　从默认公制样板文件开始创建图形文件···30
4.2　图层···32
4.3　选项设置··37
4.4　样板文件··53

第 5 章　创建二维对象··55

5.1　直线···55
5.2　坐标的输入法···57
5.3　精确绘图工具···61
5.4　圆··66
5.5　圆弧···68
5.6　多段线···70
5.7　矩形···72

5.8　正多边形··74

5.9　构造线和射线··76

5.10　圆环···77

5.11　椭圆···78

5.12　样条线··79

5.13　点···82

5.14　多线···84

5.15　修订云线··86

第 6 章　编辑二维对象··88

6.1　对象选择··88

6.2　删除···90

6.3　复制···91

6.4　偏移···93

6.5　镜像···95

6.6　阵列···97

6.7　移动··103

6.8　旋转··104

6.9　缩放··106

6.10　拉伸··108

6.11　拉长··109

6.12　延伸··111

6.13　修剪··112

6.14　打断··114

6.15　倒角··116

6.16　圆角··119

6.17　分解··120

6.18　编辑多段线··122

6.19　夹点编辑···124

6.20　对象特性编辑··127

6.21　特性匹配···129

第 7 章　文本标注与编辑··131

7.1　文字样式··131

7.2　单行文字和多行文字···133

7.3　文本编辑··138

第 8 章　尺寸标注 ···143

　　8.1　尺寸标注的基本知识 ···143

　　8.2　尺寸标注样式 ···144

　　8.3　常用尺寸标注 ···152

　　8.4　编辑标注尺寸 ···164

第 9 章　图块与属性 ··169

　　9.1　块的基本知识 ···169

　　9.2　创建块 ··169

　　9.3　插入块 ··172

　　9.4　写块 ··175

　　9.5　块的属性 ···177

　　9.6　外部参照 ···185

第 10 章　图形输出 ··191

　　10.1　配置打印机 ···191

　　10.2　输出设置 ···197

　　10.3　布局设置 ···199

　　10.4　电子打印 ···206

　　10.5　电子传递 ···208

　　10.6　网上发布 ···211

第 11 章　增强功能 ··216

　　11.1　设计中心 ···216

　　11.2　状态栏托盘 ···219

　　11.3　发布功能 ···221

　　11.4　工具选项板 ···225

第 12 章　水工图的基本知识 ···229

　　12.1　水工图的分类与特点 ···229

　　12.2　水工图的尺寸标注 ···231

　　12.3　标题栏的绘制 ···234

第 13 章　水工图绘制举例 ··237

　　13.1　水闸上游翼墙剖面图 ···237

　　13.2　某桥梁上部结构剖面图 ···241

13.3 某流水槽平面布置图 ···243

第 14 章　水工建筑图举例··247

14.1 建筑平面图的绘制 ···247

14.2 建筑剖面图的绘制 ···254

第 15 章　水利机械图举例··264

15.1 平面图形的绘制 ···264

15.2 零件图的绘制 ··271

15.3 装配图的绘制 ··282

第 16 章　电气图举例··289

16.1 绘图环境的设置 ···289

16.2 电气符号块的绘制 ···290

16.3 电气图的绘制 ··291

16.4 电气图中设备技术说明的标注 ···296

第 1 章 概　　述

本章简要叙述了 AutoCAD 的一些基本功能、工作环境和常用的外围设备。

1.1　AutoCAD 2004 的基本功能

AutoCAD 是美国 Autodesk 公司推出的一种通用的计算机辅助绘图和设计软件包。自从 Autodesk 公司于 1992 年 12 月推出 AutoCAD 的第一个版本——AutoCAD1.0 以来，AutoCAD 的系列产品就一直得到广大工程设计人员的欢迎和认可，AutoCAD 的版本不断更新，AutoCAD 2004 版本是一种功能更全的版本，主要有以下的功能：

AutoCAD 2004 具有以前版本的基本功能：绘图、编辑功能；高级扩展功能；图形的显示、输入、输出功能；扩展的绘图功能；AutoCAD 还提供了许多利用 Internet 集成图形的方法，可以在 web 站点上发布图形。

AutoCAD 2004 为用户提供了更强的设计功能，能满足协同设计的进一步需求。在新的版本中，可以更快地创建设计数据，运用新工具提高生产力，更加轻松、安全地共享设计数据，共享标准和更加有效地管理软件。

AutoCAD 2004 新增了以下几个主要功能：

（1）快速的文件操作。与 AutoCAD 2002 相比，AutoCAD 2004 打开文件的速度要快 33％，保存文件的速度要快 66％，这些功能对大型的图形文件尤为明显。此外，由于采用了改进的文件压缩方法，DWG 文件至少要比 AutoCAD 2002 中的小 50％，从而能够显著地减少文件传输地时间。

（2）更新了用户界面。为了提高绘图的效率，AutoCAD 2004 对用户界面进行了优化，从而为用户提供了更大的绘图屏幕空间，以及简单的工具使用方法。

（3）安全保护。可以对任何 DWG 图形文件设置密码和数字签名。如果对图形设置密码后，当打开该图形时，系统将要求用户输入正确的密码，假如输入的密码有误则无法打开该图形。

（4）简单的标准维护。通过简单地访问、共享和实现 CAD 标准，可以节省时间并避免出现错误。增强的灵活性和实时标准监控有助于保证工程的顺利进行，并且保证与本单位或者合作伙伴与绘图标准相一致。

（5）增加了工具选项板。在工具菜单中增加了工具选项板窗口菜单项。选择该菜单项可以打开工具选项板，通过此选项面板能够对最常用的符号库进行及时访问。此外，用户也可以将常用的块等添加到工具选项板中。

（6）改进的内容导航。更新的设计中心可以直接访问用户自己的文件、互联网上有价值的符号库或其他设计内容。

（7）提供了增强效率的工具。

➤ 多行文字编辑器采用了新界面，并提供制表位和在位编辑等功能。

➤ 绘制图形时，可以无限制地进行撤消与恢复操作。

➤ 提供了增强的图层管理功能，可以保存图层、存储图层状态、复制与转换图层。

（8）新增了绘图功能。利用 AutoCAD 2004，可以绘制云状线和擦除区域等。

（9）增强了区域填充功能。利用 AutoCAD 2004，可以用多种渐变色填充指定区域。

（10）增强了颜色功能。在 AutoCAD 2004 中，提供了 24 位真彩色和全色调颜色系统的访问。

（11）新的打印功能。可以打印渲染、着色或消隐的图形，极大地方便了用户。

（12）有效的数据管理。利用网上发布向导，可以使文件更小和更安全。利用免费提供的 Autodesk Express Viewer，可以方便地进行文件的检视和打印。

（13）文件的发布和管理更为简单和有效。利用 Autodesk 公司自身提供的发布器，可以容易地传递和发布设置好打印格式的 DWG 或 DWF 文件；利用免费提供的 Autodesk Express Viewer，则能够方便地浏览 DWF 文件；利用新提供的【发布】对话框，可以将 AutoCAD 图形发布为 DWF 文件或通过打印机输出图纸。

总之，使用 AutoCAD 2004 会大幅度提高设计效率，及时纠正不规范的设置。尤其对于协同设计项目提供了有利的工具，形成了因特网的业务协作及其相关的数据传输和管理等应用解决方案，为企业带来了新的设计模式和经济效益。

1.2 工作环境和常用的外围准备

1.2.1 硬件环境

AutoCAD 2004 中文版对硬件环境的最低要求为：

➤ 处理器：Pentium III 或更高，500MHz（最低），800MHz（建议）。

➤ 内存（RAM）：128MB（最低）。

➤ 视频：具有真彩色的 1024×768VGA（最低），要求支持 Windows 的显示适配器。

➤ 硬盘：安装 300MB。

➤ CD-ROM：任意速度（仅用于安装）。

➤ 可选硬件：Open GL 兼容三维视频卡；打印机或绘图仪；数字化仪；调制解调器或其他访问 Internet 的连接设备；网络接口卡。

三维图形卡附带的 OpenGL 驱动程序必须满足以下要求：

✧ 完全支持 OpenGL 或更高版本。

◇ OpenGL 可安装客户端驱动程序（ICD）。图形卡必须在其 OpenGL 驱动程序软件中具有 ICD。某些卡附带的 miniGL 驱动程序无法与 AutoCAD 一起使用。

1.2.2 软件环境

AutoCAD 2004 中文版对软件环境的要求为：

➢ 操作系统软件：Windows XP Professional；Windows XP Home；Windows Tablet PC；Windows 2000；Windows NT 4.0（带有 SP 6a 或更高版本）。

➢ AutoCAD 软件：AutoCAD 2004 中文版正版软件。

➢ Web 浏览器：Microsoft Internet Explorer 6.0。

1.2.3 外围设备

（1）图形输入设备。

➢ 键盘。

➢ 鼠标。

➢ 操作杆和轨迹球：操作杆又叫做控制杆，是一种画面控制器，它可以输入图形变换命令。轨迹球又称跟踪球，可实现图形的平移、旋转，并可使三维物体进行立体转动。

➢ 光笔：光笔是一种选择性的图形输入设备，用电缆线与计算机连接。

➢ 扫描仪：扫描仪是一种将文字图案信息转化为计算机数字信息的设备。得到的图形是光栅文件格式。其扫描速度、色彩、分辨率是三个重要因素。目前常用的扫描仪分辨率一般为 400dpi。扫描仪有平板扫描仪（A4-A3）和大幅面工程扫描仪（A0）两类。

➢ 数字化仪：数字化仪是一种将普通图形转化为计算机数字信息的输入工具。得到的数字图形是矢量格式的。

➢ 数码相机：数码相机是一种新型的非常有用的图形、图像输入设备。与普通相机相比，它不用感光胶卷，而使用数字纪录磁盘。通过数据线等方式直接输入到计算机中，使用起来更方便、更直接。

（2）图形输出设备。

➢ 绘图仪：绘图仪是一种必备的图形输出设备，主要有笔式滚筒、笔式平板、喷墨、静电（或电子）等几种类型。由于前两种绘图仪只能绘制矢量图形，所以基本上已被淘汰。而静电（或电子）式绘图仪价格昂贵，因此目前一般用户选择彩色喷墨式绘图仪。

➢ 打印机：打印机是一种常用的图形输出设备。一般分为针式、激光、热升华、喷墨等 4 种类型，其中又以激光、喷墨两种打印机使用较多。

第2章 AutoCAD 2004 的基本知识

2.1 启 动 与 退 出

2.1.1 AutoCAD 2004 的启动

AutoCAD 2004 的启动方法有三种：

➢ 双击桌面上的【AutoCAD 2004】快捷图标。

➢ 用鼠标右键单击桌面上的【AutoCAD 2004】快捷图标，左键单击【打开】启动程序。

➢ 单击【开始】按钮→【程序】→【Auodesk】→【AutoCAD 2004 中文版】→【AutoCAD 2004】。

AutoCAD 2004 启动后，自动弹出如图 2-1 所示的【启动】对话框，该对话框提供了进入绘图环境的四种方式，如图 2-1 所示，分别介绍如下：

（1）打开图形 。

单击【打开图形】图标按钮，对话框中出现【选择文件】区，然后双击要打开的文件，如图 2-2 所示。

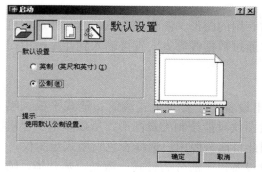

图 2-1 【启动】对话框

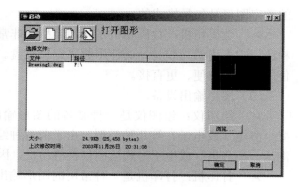

图 2-2 【打开图形】对话框

如果所要打开的图形不在其中，可单击浏览按钮，弹出【选择文件】对话框，然后从中选择文件打开，如图 2-3 所示。

（2）默认设置。

单击【默认设置】图标按钮，弹出如图 2-4 所示对话框，用户可在默认设置中选择一

图 2-3 【选择文件】对话框

种单位制，通常采用公制单位，单击【确定】按钮。

（3）使用样板。

单击【使用样板】图的按钮，弹出如图 2-5 所示的对话框，对话框中的选择样板框内有一些已经定义好了的样板文件，每个样板文件都分别包含了绘制不同类型的图形所需的基本设置，在合适的文件样板上双击，就可以用该样板文件绘制新的图形了。

图 2-4 【默认设置】对话框

图 2-5 【使用样板】对话框

如果所要样板文件（*.dwt）不在【选择样板】的列表中，可单击【浏览】按钮，弹出【选择样板文件】的对话框，然后从中选择文件打开，如图 2-6 所示。

图 2-6　【选择样板文件】对话框

技巧：

另外用户还可以根据自己设计的要求，设置符合本部门(或个人)专门的样板图形，任何一个图形也都可以作为样板文件，需要把图形定义为样板文件的扩展名改为 ".dwt"，并把它存入到 Teplate 子目录下，以便调用。创建自己的样板文件参见第四章样板文件介绍。

（4）使用向导。

使用向导是按 "向导" 的提示，逐步进行参数的设置。单击【使用向导】图标按钮，对话框中出现【高级设置】和【快速设置】两个选项，如图 2-7 所示。

图 2-7　【使用向导】对话框

1）高级设置。

双击【高级设置】选项，将弹出【高级设置】对话框，见图 2-8 和 2-9。在对话框中列出了五个项目：【单位】、【角度】、【角度测量】、【角度方向】、【区域】，可按顺序选择，进行各种参数的设置。

在设置各参数时，对话框会出现相应的内容供选择或允许输入新的参数。设置完后，单击【下一步】按钮，自动翻到下一页，若想修改前面的设置，单击【上一步】按钮，返回到上一步。当五项都设置完成后单击完成按钮，就可以开始绘图了。

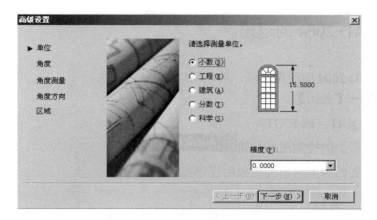

图 2-8 【高级设置】的单位设置对话框

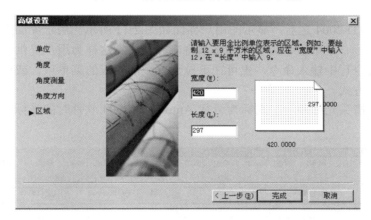

图 2-9 【高级设置】的区域设置对话框

2）快速设置。

在【使用向导】对话框中双击快速设置选项，弹出【快速设置】对话框，如图 2-10 所示，对话框中只有单位、区域两个选项，具体操作与 1）相同。

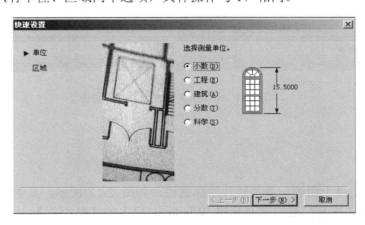

图 2-10 【快速设置】对话框

2.1.2 AutoCAD 2004 的退出

退出 AutoCAD 2004 的绘图环境，可以用以下四种方法：

➢ 【文件】→【关闭】。

➢ 命令行：QUIT（或 EXIT）。

➢ 双击标题栏上的控制图标按钮 **AutoCAD 2004** 。

➢ 单击工作界面右上角的关闭应用程序按钮 ⊠ 。

2.2 用 户 界 面

启动 AutoCAD 2004 之后，显示的用户界面如图 2-11 所示。用户界面主要有标题栏、绘图窗口、工具栏、菜单栏、命令栏和文本窗口等组成。这样为用户提供了多种命令输入方式，可以在命令行中输入命令，也可在下拉菜单激活相应的菜单项，或单击工具条上相应的图标按钮等方式。

绘图窗口中箭头光标和十字光标为运行 AutoCAD 2004 软件时的光标，后面所有图形都如此。

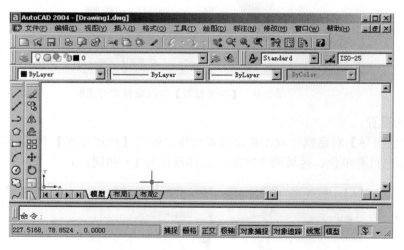

图 2-11 AutoCAD 2004 软件用户界面

2.2.1 标题栏

在用户界面上最上面的一条是软件的标题栏，如图 2-12 所示，其中有软件的名称和当前打开文件的文件名，最右侧是标准 Windows 程序的【最小化】、【还原】和【关闭】按钮。

`a AutoCAD 2004 - [Drawing1.dwg]` `_ | 5 | X`

图 2-12 标题栏

2.2.2 菜单栏

标题栏下面是软件的下拉菜单系统，如图 2-13 所示，通过逐层选择相应的下拉菜单可以激活 AutoCAD 软件命令或弹出相应对话框，如图 2-14 所示的【文件】的下拉菜单。

`文件(F)  编辑(E)  视图(V)  插入(I)  格式(O)  工具(T)  绘图(D)  标注(N)  修改(M)  窗口(W)  帮助(H)`

图 2-13 下拉菜单栏

下拉菜单在 AutoCAD 2004 软件中是一种很重要的激活命令的方式，它把软件所有命令分门别类地组织在一起，用户在使用时可以根据大类到小类逐级选择命令，但是由于它的系统性太强，使用起来比较繁琐，效率较低。

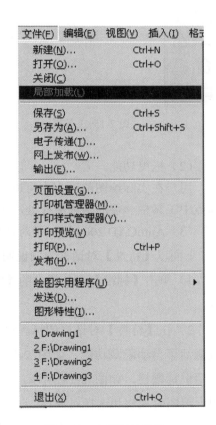

图 2-14 文件下拉菜单

2.2.3 工具栏

在菜单下面有一些图形按钮的长条叫做工具栏，如图 2-15 所示。

AutoCAD 2004 软件中一共有 29 个类似的工具栏，每个工具栏是同一类常用命令的集合，默认界面只显示 4 个工具栏。

（1）显示和隐藏工具条。

1）打开【视图】下拉菜单，单击【工具栏】，弹出如图 2-16 所示的对话框，在框内列出了 AutoCAD 提供的各种工具栏，点击某工具栏名称前的方框，若被选中，则在方框中出现对号，其对应的工具栏出现在界面上；若再点击方框，对号消失，则工具栏在界面上消失。

2）用鼠标右键单击任一在界面上出现工具栏的任意位置，会弹出【工具栏】快捷菜单，如图 2-17 所示，同样也可以选择所需要的工具栏。但是只能选择显示或隐藏一个工具栏。

有些初学者容易犯的错误是尽可能多地把各种工具栏都激活，认为这样使用起来会快捷、方便。其实不然，这样虽然激活命令快了，但是绘图界面区域就少了很多，用户不得不花费大量的时间进行图形缩放和移动工作，绘图速度反而降低了。所以只要把最常用的工具栏激活就可以了，其他的工具栏用的时候再激活，否则就关闭它。

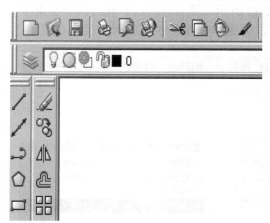

图 2-15　工具栏

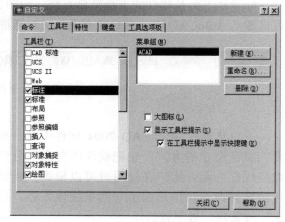

图 2-16　【工具栏】对话框

（2）拖曳功能。

用户在实际绘图的过程中可以把工具栏拖曳到自己最希望的地方，拖曳的方法是用鼠标点中工具栏一端的两条横杠处，按住鼠标左键进行拖曳就可以了。

（3）AutoCAD 2004 增加了对话框自动隐藏功能。

下面以【特性】对话框为例说明设置对话框自动隐藏功能的步骤：

1）单击【标准】工具栏中的【特性】工具图标，弹出【特性】对话框，如图 2-18 所示。

2）在【特性】对话框的标题栏上单击【自动隐藏】按钮 ，使之变为 形状，这样就激活了自动隐藏功能，如图 2-18 所示。此时当光标移到对话框之外时只显示【特性】对话框标题栏，如图 2-19 所示，这样就可以空出很大一部分绘图区的面积，大大方便了用户绘图时观察和选择对象。

3）当用户需要使用【特性】对话框时，只需把光标移到【特性】对话框的标题栏上，则该对话框又自动展开了。

4）如果用户想取消自动隐藏功能，可以再次单击【自动隐藏】按钮 ，使之变为 形状，则又和以前固定对话框一样了。

5）有此功能的对话框有：【设计中心】和【工具选项板】的对话框。

图 2-17 【工具栏】快捷菜单　　　　　图 2-18　【特性】对话框　　　　　图 2-19　【特性】对话框的标题栏

2.2.4 图形窗口

软件界面最大面积的空白处就是图形窗口，它的默认颜色是黑色，用户可以定制它的颜色。绘图窗口是绘图、显示和编辑图形的区域，此区域无边界。利用视图缩放命令可以使绘图窗口无限制的增大和缩小，因此无论多么大的图形都可以按照实际的尺寸进行绘图。

2.2.5 命令行窗口

命令窗口一般位于绘图窗口下方，AutoCAD 2004 可以将命令窗口进行拖曳至任何地方。它由命令行窗口和历史命令窗口两部分组成。命令行窗口用于显示用户从键盘输入的内容，如图 2-20 所示历史命令窗口含有 AutoCAD 启动后所用过的全部命令和提示内容，在默认状态下该窗口是 3 行，可根据实际需要改变其大小，对于初学者建议至少要有 3 行。

文本窗口与命令窗口相似，用户可以在其中输入命令，查看提示和信息。文本窗口显示当前 AutoCAD 任务的完整的命令历史。可以使用文本窗口查看较长的命令输出，例如

LIST 命令，该命令显示关于所选对象的详细信息。要在命令历史中向前或向后移动，可以沿窗口的右侧边缘单击滚动箭头。F2 键可使文本窗口与命令行窗口之间进行切换。

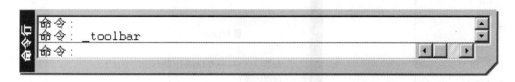

图 2-20 命令行窗口

2.2.6 状态栏

命令窗口下面有一窄条叫状态栏，如图 2-21 所示。状态栏左侧的数字是当前光标所在位置的 X、Y、Z 坐标值，右侧的一排按钮是调整不同绘图方式的，后面再详细介绍。

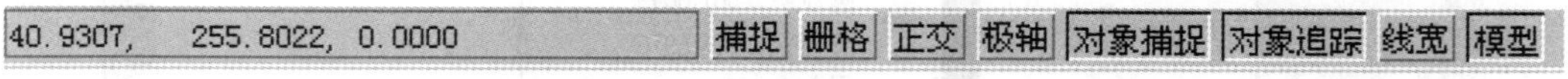

| 40.9307,   255.8022, 0.0000 | 捕捉 | 栅格 | 正交 | 极轴 | 对象捕捉 | 对象追踪 | 线宽 | 模型 |

图 2-21 状态栏

2.2.7 模型空间与布局

进入 AutoCAD 环境后，状态栏最右侧的按钮是【模型】，与之对应的是绘图窗口左下方的【模型】标签处于被激活状态，表示用户当前工作在模型空间。若单击【布局】标签，状态栏中【模型】按钮已变成【图纸】，表示用户当前工作在图纸空间。

模型空间是放置 AutoCAD 对象的两个主要空间之一。一般情况下，几何模型放置在模型空间的三维坐标空间中，因此图形的绘制与编辑一般都应在模型空间中进行；图纸空间用于创建最终的打印布局，一般不用于绘图或设计工作。本书第十章图形输出中将介绍使用布局选项卡设计图纸空间和视口。

2.3　命令格式及生成简单对象

在 AutoCAD 2004 环境下绘图及修改图形都是靠调用相关命令和输入有关参数来进行的。AutoCAD 2004 提供了多种执行命令的方式方便用户使用。

2.3.1　一般命令及选项输入方法

当命令窗口出现提示"命令："时，表示 AutoCAD 已处于准备执行命令的状态。此时，可按下列方式之一来输入命令：

（1）从键盘输入命令名称（例如直线命令）。

命令：LINE

指定第一点：[用鼠标在屏幕上任意单击一点（也可输入点坐标，见 5.2 节）确定第一点]

指定下一点或[放弃（U）：（用鼠标在屏幕上任意单击一点）

指定下一点或[放弃（U）：（用鼠标在屏幕上任意单击一点）

指定下一点或[闭合（C）/放弃（U）]：（用鼠标在屏幕上任意单击一点）

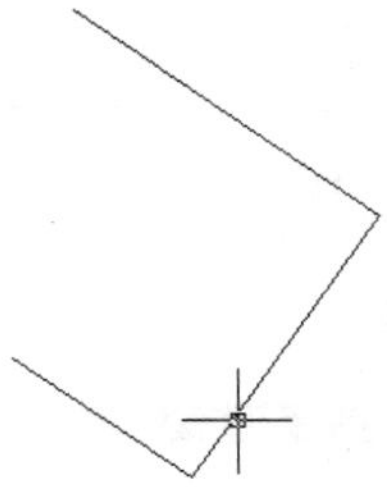

图 2-22　生成直线对象

指定下一点或[闭合（C）/放弃（U）]：（直接回车，结束命令）

绘制的图形如图 2-22 所示。

 **技巧：**

➢ 命令提示行中的中括号内给出了最常用方式的选项，用户根据绘图的需要选择小括号中的字母以确认绘图方式。

➢ 为使用方便，AutoCAD 为大部分命令提供了别名（简捷命令），如 LINE 命令的别名是"L"，就是说，在"命令："提示符下输入"L"，也可以启动画直线命令。关于命令别名本书不作过多介绍，有兴趣的读者可参考 AutoCAD 帮助文件中的相关说明。

（2）从菜单输入命令。

最常用的菜单是绘图菜单、修改菜单、标注菜单和格式菜单（用三点方式画圆为例，如图 2-23 所示），利用菜单的操作如下：

1）单击【绘图】菜单。

2）鼠标指向其下拉菜单中的【圆（C）】选项。

3）最后在自动弹出的子菜单中选择【三点（2）】选项。

命令行提示：

circle 指定圆的圆心或[三点（3P）/两点（2P）/相切、相切、半径（T）]：_3p

指定圆上的第一个点：用鼠标在屏幕上任意单击一点

指定圆上的第二点：用鼠标在屏幕上任意单击一点

指定圆上的第三点：用鼠标在屏幕上任意单击一点

命令自动结束，得到如图 2-24 所示的图形。

上述操作过程以后采用如下简化表述，类似表述方法不再具体说明：

【绘图】→【圆】→【三点】。

（3）从工具栏输入命令。

例如：单击【绘图】工具栏上的 ⊘ 图标，即可启动画圆命令。

应该指出，无论使用以上三种命令输入方式中的任何一种方式，命令行都会出现提示，不同的是使用菜单或工具栏输入命令时会在输入的相应命令前带有一条短下划线，如上例中所示。

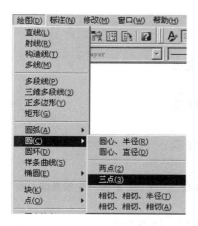

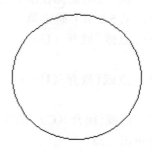

图 2-23　三点画圆的下拉菜单　　　　图 2-24　三点画圆的图形

　　有些命令，如果采用从键盘输入的方式，在命令前加短横线（用减号表示），表示直接在命令窗口进行操作；不加短横线，表示在对话框中操作。这样的命令有插入（INSERT）、定义块（BLOCK）、写块（WBLOCK）、定义属性（ATTDEF）、编辑图块属性（ATTEDIT）命令等，这些命令将在后面的章节中介绍。

　　（4）从快捷菜单输入命令。

　　许多命令都有快捷菜单。单击鼠标右键时，AutoCAD 会根据系统当前状态显示出相应的快捷菜单，供用户用光标选择输入。

　　（5）重复命令输入。

　　结束一个命令后，在"命令："提示符下按回车键或空格键可重复这个命令。

2.3.2　透明命令

　　透明命令是指在另一条命令运行期间可执行的命令。执行完透明命令后，原来被暂时终止的命令将继续执行。

　　在 AutoCAD 中，常用的透明命令有：视图缩放（ZOOM）命令、视图平移（PAN）命令、帮助（HELP）命令、捕捉（SNAP）命令、栅格（GRID）命令、正交（ORTHO）命令、图层（LAYER）命令、对象捕捉（OSNAP）命令、极轴命令、对象捕捉追踪命令、设置图形界限（LIMITS）命令等。

　　在某个命令运行期间，调用透明命令可采用以下方法之一：

➢　单击透明命令按钮。

➢　从右键快捷菜单中选择。

➢　在命令行输入一个撇号（'），接着输入要使用的透明命令。

2.4　帮　助　系　统

　　用户在今后学习和使用 AutoCAD 2004 的过程中，肯定会遇到一系列的问题和困难，这时使用软件自带的帮助系统能够在一定程度上很好地解决问题。

在 AutoCAD2004 中调用在线帮助系统的方法很多。

（1）在【帮助】下拉菜单中选取【帮助】就可以启动在线帮助界面，如图 2-25 所示。

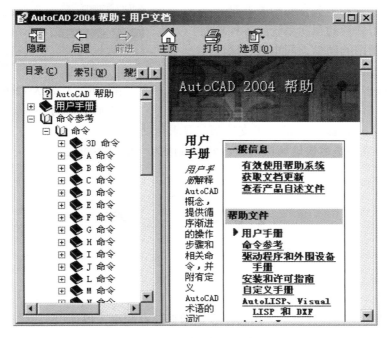

图 2-25 【帮助】对话框

在此界面中可以很方便地通过【目录】、【索引】、【搜索】和【书签】进行学习和难点的解答。

（2）直接按下键盘上的功能键 F1 也能激活在线帮助界面。

（3）在命令行中键入命令"help"或者"?"号，然后按<回车>，也可得到帮助。

以上激活在线帮助系统的方法虽然可以方便快捷地启动帮助界面，但是不能定位问题所在，对应具体某一个命令还要手动定位该命令的解释部分才行，利用下面的方法可以方便地对具体命令进行定位查找帮助：

1）首先激活需要获取帮助的命令，例如画直线命令，此时命令行提示：

在此状态下直接单击工具栏的骤【帮助】按钮，则在线帮助系统被激活，而且刚好打开在解释直线命令的位置处，方便用户查看。

2）AutoCAD 2004 软件中实时助手的调用：单击【帮助】下拉菜单【实时助手】，则在屏幕右上方弹出一个小方框，其中的内容实时地显示为当前用户操作命令的简单帮助，可以很方便并且简明扼要地指导用户使用软件的过程。

3）除此之外，AutoCAD 2004 软件还提供了一系列的帮助功能，都集中在【帮助】下拉菜单中，如图 2-26 所示。那里有软件的新功能专题研习，有联机资源等，大家可以自己一一体验一下不同的帮助功能。

在平时大家学习和应用过程中，如果遇到困难，可以遵循如下的求解顺序：

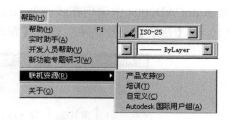

　　◇　自己查看手头有的相关书籍。
　　◇　利用软件的帮助系统的各种功能。
　　◇　和周围的同学、同事进行探讨。
　　◇　在 Internet 网上，利用各种网络资源进行学习或者与其他的网络用户进行远程交流。

图 2-26　AutoCAD 2004 软件
的【帮助】下拉菜单

　　◇　向 Autodesk 公司的技术支持部门寻求帮助。

这样做的目的是尽快地解决问题，而不要因为一个很小的技术问题，耗费大量的时间和精力。

2.5　保　　　存

2.5.1　功能

当用户的图形创建好以后，用该命令把图形保存起来，以便以后进行操作和修改。

2.5.2　激活命令的方法

➢　下拉菜单：【文件】→【保存】

➢　工具栏：🖫图标

➢　命令行：save

2.5.3　保存图形的步骤

（1）在【文件】菜单中，单击【保存】。

如果当前图形已经保存并命名，则 AutoCAD 保存上一次保存后所做的修改并重新显示命令提示。如果是第一次保存图形，则显示【图形另存为】对话框，如图 2-27 所示。

（2）在【图形另存为】对话框中的【文件名】下，输入新图形的名称。【文件类型】中可以选择不同的文件类型，一旦选择了文件类型，在文件名后可以不输入扩展名。

（3）然后单击【保存】。

图 2-27 【图形另存为】对话框

2.5.4 自动保存图形的步骤

（1）从【工具】菜单中，单击【选项】，如图 2-28 所示。

（2）在【选项】对话框，在【打开和保存】选项卡上，选择【自动保存】并在【保存间隔分钟数】内输入数值。

（3）单击【确定】。

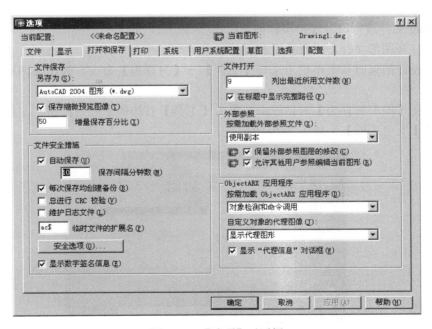

图 2-28 【选项】对话框

2.6 口 令 保 护

如果用户的计算机连在 Internet 上、单位的区域网上，或在进行工程协作时，用户图形数据的安全性很难得到保证，AutoCAD 2004 软件中增加了应用口令对 dwg 文件进行加密，防止数据被盗取，确保了用户图形数据的安全。在 AutoCAD 2004 中，图形加密口令与其他类型的图形口令（如：电子传递中使用的口令）的不同之处在于用户可以指定加密级别。

2.6.1 口令保护用途

如果用户在设计过程中，需要把自己的设计文件传递给他人，但是又担心由于网络安全等各种因素有可能导致设计文件被其他人得到，从而使得设计中的某些机密信息（如供货商联系方式、价格表、零件形状和尺寸等）被竞争对手得到，此时就需要进行 dwg 文件加密，即使用口令对 dwg 文件加以保护。如果图形附加了口令，未经授权的人员将无法查看该图形。

如果需要对能够打开和查看保密图形的用户加以控制，可以添加口令保护图形。为图形添加口令保护即对图形进行了加密，使它具有了一个密码，只有知道正确口令的用户才能打开受口令保护的图形或加密图形。

2.6.2 应用口令保护

对 dwg 文件进行口令保护步骤如下：

（1）打开图形文件，进行查看和设计修改。

（2）设计结束时从菜单栏上选择【文件】→【另存为】命令，弹出【图形另存为】对话框。

（3）在【图形另存为】对话框中，单击【工具】右边的下三角按钮，在打开的下拉列表中选择【安全选项】，如图 2-29 所示。

图 2-29 【图形另存为】对话框

（4）此时弹出【安全选项】对话框，在【口令】选项卡的文本框中输入要使用的加密口令，如图 2-30 所示。

图 2-30　【安全选项】对话框

（5）单击【安全选项】对话框中的【确定】按钮，弹出【确认口令】对话框，在文本框中再次输入口令，以确保不会出现口令输入错误的情况，如图 2-31 所示。

（6）单击【确认口令】对话框中的【确定】按钮，返回【图形另存为】对话框，输入文件名后单击保存按钮。

（7）当把此文件发送给其他用户，该用户打开此文件时，将弹出【口令】对话框，要求输入口令，如图 2-32 所示。

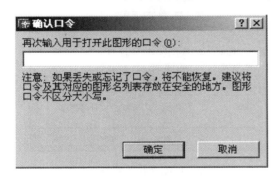

图 2-31　【确认口令】对话框

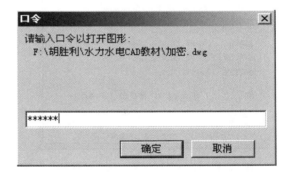

图 2-32　【口令】对话框

（8）如果口令不正确，则弹出，让用户重新输入口令，直到正确为止，或者取消打开操作，如图 2-33 所示。

图 2-33　【口令错误】对话框

2.6.3 口令保护其他选项

除了上述附加口令和检查口令，口令保护还有加密图形特性、选择密码提供者和密钥长度等选项。

（1）加密图形特性。

【安全选项】对话框中有【加密图形特性】复选框，选中该复选框，查看带有口令保护的图形时需要的口令。图形特性是一些有助于识别图形的信息，包括标题、作者、主题和用于标识型号或其他重要信息的关键字。如果保持默认状态，即不选中该复选框，则进行了口令保护的文件仍然可以在 Windows 资源管理器中查看各种 AutoCAD 软件中定义的特性，如图 2-34 所示。如果选中【加密图形特性】复选框，然后进行口令保护保存，此时用户在 Windows 资源管理器中仅能查看文件的基本属性，而无法查看各种 AutoCAD 软件中定义的特性，如图 2-35 所示。

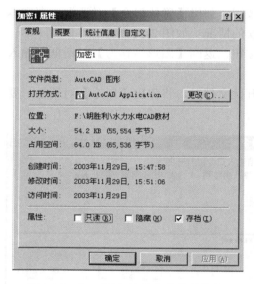
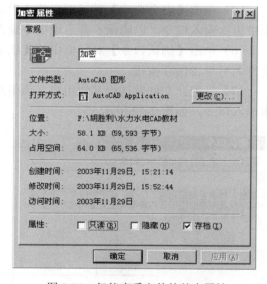

图 2-34　AutoCAD 软件中定义的特性　　　　图 2-35　仅能查看文件的基本属性

（2）选择密码提供者和密钥长度

既然有加密，就有各种密码破解的工具，一般这些工具普遍采用常用单词试算和排列组合试算等方法进行密码破解。为了有效地加密自己的设计成果，AutoCAD 2004 提供了多种密码提供者提供的加密算法，不同的算法设定了各自可用的密钥长度。一般说来，密钥长度越长，保护级别越高，破解的几率也就越小，加密的文件也就越安全。

选择密码提供者和密钥长度的方法如下：

1）单击【安全选项】对话框中的【高级选项】按钮。

2）弹出【高级选项】对话框，在该对话框中，用户可以选择一个加密提供者和对应加密算法的密钥长度，如图 2-36 所示。

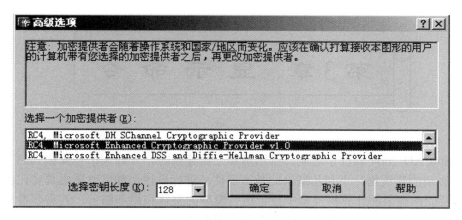

图 2-36 【高级选项】对话框

2.6.4 使用口令加密策略

使用口令加密策略包括的内容有：

（1）强烈建议用户在为设计图形文件添加口令之前创建一个没有口令保护的备份文件。因为只有知道正确口令的用户才能打开受口令保护的图形，如果因为时间久远，用户自己也忘记了口令，无法打开该图形，岂不是自己给自己进行了无谓的"加密"，但如果用户事先备份了一个没有口令保护的副本，就无此后顾之忧了。

（2）如果受口令保护的图形包含指向其他受口令保护的图形的外部参照，则需要输入当前图形的口令和任何具有不同口令的嵌套外部参照的口令。

例如，要打开图形文件"口令 A．dwg"，而该文件已经被口令保护，密码为"1234"，同时该文件引用外部参照文件"口令 B．dwg"，该外部参照文件也进行了口令保护，密码为"abcd"。打开文件时 AutoCAD 首先提示输入"口令 A．dwg"的口令，然后再提示输入"口令 B．dwg"的口令。在两次都输入了正确的口令后，用户才能对这个引用了外部参照的文件进行查看和编辑修改。

如果用户仅输入了"口令 A．dwg"文件的口令"1234"，而未输入"口令 B．dwg"文件的口令"abcd"，并且在第二个【口令】对话框中单击【取消】按钮，则 AutoCAD 2004 只能加载"口令 A．dwg"文件中不包含"口令 B．dwg"文件的部分。

第 3 章　显　示　命　令

在 AutoCAD 2004 软件中绘制二维图形和三维建模时，无论大小差异极大的对象（大到 100m 级别的建筑物，小到几毫米的紧密零件）进行设计，都可以采用真实比例进行绘制，就需要能在有限的计算机屏幕中显示这些模型的整体和局部细节。若需要希望看到图形全部时，则需将图形显示缩小。若需要看到图形的局部细节，则需要对图形显示放大。AutoCAD 2004 软件中有一系列的显示命令可以完成这样的功能。

3.1　缩　放　和　平　移

在 AutoCAD 2004 软件中缩放命令可以将对象的显示效果放大或缩小，这样可以看到细节或显示整个图形，还可以使用平移命令上下、左右移动图形。

3.1.1　缩放命令

启动缩放命令有以下四种方法：

➢ 命令行：ZOOM。

➢ 下拉菜单：【视图】→【缩放】。此时将弹出其级联菜单，如图 3-1 所示，在其中选择相应的缩放选项。

➢ 工具栏：在标准工具栏上单击缩放命令的图标按钮，此图标的右下角有一个小黑三角，表示此按钮为一个折叠按钮，鼠标移到小黑三角上，按住左键就弹出【缩放】工具栏图标按钮，如图 3-2 所示。

➢ 快捷菜单：不选定任何对象，在绘图区域单击右键然后选择"缩放"。

执行 ZOOM 命令：

命令：'_zoom

指定窗口角点，输入比例因子（nX 或 nXP），或

[全部（A）/中心点（C）/动态（D）/范围（E）/上一个（P）/比例（S）/窗口（W）]<实时>

命令选项中各选项的含义如下：

（1）全部（A）。

缩放以显示当前视口中的整个图形。在平面视图中，将图形缩放到图形界限或当前范围两者中较大的区域中。

图 3-1 【视图】菜单

图 3-2 【缩放】的工具栏按钮

（2）中心点（C） 。

缩放以显示由中心点和放大比例值（或高度）所定义的窗口。高度值较小时增加放大比例，高度值较大时减小放大比例。

（3）动态（D） 。

缩放以使用视图框显示图形的已生成部分。视图框表示视口，可以改变它的大小，或在图形中移动。移动视图框或调整它的大小，将其中的图像平移或缩放，以充满整个视口。首先显示平移视图框，将其拖动到所需位置并单击。继而显示缩放视图框，调整其大小然后按 ENTER 键进行缩放，或单击以返回平移视图框。 按 ENTER 键用当前视图框中的区域布满当前视口。

（4）范围（E） 。

缩放以显示图形范围并使所有对象最大显示。

（5）上一个（P） 。

缩放以显示上一个视图。最多可恢复此前的十个视图。

（6）比例（S） 。

按用户输入的比例因子缩放显示。

输入比例因子（nX 或 nXP）：指定值

输入缩放系数有三种格式：

◇　直接输入值，指定相对于图形界限的比例。例如，如果缩放到图形界限，则输入 2 将以对象原来尺寸的两倍显示对象。

◇　输入值并后+x，指定相对于当前视图的比例。例如，输入 0.5x 使屏幕上的每个对象显示为原大小的二分之一。

◇　输入值并后+xp，指定相对于图纸空间单位的比例。例如，输入 2xp 以图纸空间单位的两倍显示模型空间。

（7）窗口（W） 🔍 。

按照用户在绘图窗口中确定的矩形窗口的大小来缩放显示指定的区域。

（8）实时 🔍 。

实时缩放图形。点击工具栏中的实时缩放图标按钮 🔍 ，光标变为带有加号（＋）和减号（−）的放大镜。

在窗口的中点按住左键并垂直移动到窗口顶部则放大。反之，在窗口的中点按住左键并垂直向下移动到窗口底部则缩小。 当达到放大极限时光标的加号消失，这表示不能再放大；当达到缩小极限时光标的减号消失，这表示不能再缩小。

松开左键时缩放终止。可以在松开左键后将光标移动到图形的另一个位置，然后再按住左键便可从该位置继续缩放显示。

如果用户是三键鼠标，在命令提示下直接按住中间滚珠向内（向手心）图形缩小，向外图形放大。

要在新的位置上退出缩放，请按 ENTER 键或 ESC 键，或单击右键显示快捷菜单。

3.1.2 平移

启动平移命令有以下四种方法：

➢ 命令行：PAN。

➢ 下拉菜单：【视图】→【平移】。此时将弹出其级联菜单，在其中选择相应的缩放选项。

➢ 工具栏：在标准工具栏上单击平移命令的图标按钮 ✋ 。

➢ 快捷菜单：不选定任何对象，在绘图区域单击右键然后选择"平移"。

当激活平移命令后，光标变为手形光标。此时用户按住鼠标上的左键可以锁定光标于相对视口坐标系的当前位置。图形显示随光标向同一方向移动。到达逻辑范围（图纸空间的边缘）时，将在此边缘上的手形光标上显示边界栏。根据此逻辑范围处于图形顶部、底部还是两侧，将相应地显示出水平（顶部或底部）或垂直（左侧或右侧）边界栏。

用户移动视图，当关注的焦点已移到计算机屏幕的中心位置时，释放拾取键，平移将停止。或可以释放拾取键，将光标移动到图形的其他位置，然后再按拾取键，接着从该位置平移显示。

任何时候要停止平移，请按 ENTER 或 ESC 键。

3.2 命 名 视 图

在实际的绘图过程中，对一些相对比较复杂、图形中有几处对象相互关联的情况下，用户不得不花费大量的时间利用缩放和平移命令用于视图的调整，这样会严重地降低设计和绘图的效率。

AutoCAD 软件为了解决这一问题提出了命名视图的概念。命名视图就是把调整好的一个个视图分别加以命名，一个视图对应一个名称。以后当用户需要在此视图下工作时就不必浪费时间调整显示命令。

3.2.1 激活命令的方法

➤ 下拉菜单：【视图】→【命名视图】
➤ 命令行：view

3.2.2 过程指导

3.2.2.1 创建命名视图

以端盖的主视图中油孔、倒角和内螺纹孔为例来说明，如图 3-3 所示。

激活该命令后，弹出【视图】对话框，如图 3-4 所示。

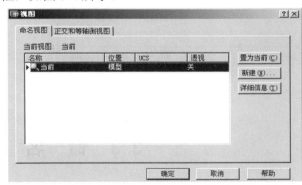

图 3-3 端盖主视图　　　　　　　　　　　图 3-4 【视图】对话框

在此对话框中单击【新建】按钮，弹出【新建视图】对话框，如图 3-5 所示。

在视图名称中填写命名视图的名字"油孔"，然后按【确定】按钮，返回【视图】对话框，则"油孔"视图就被建立了，如图 3-6 所示。

图 3-5 【新建视图】对话框　　　　　　　图 3-6 新建"油孔"命名视图

用同样的方法创建命名视图，如图 3-7 所示。

此时就创建好了三个命名视图，在以后的设计绘图过程中就可以非常方便地在已经命名视图中进行切换，进行细致的设计了。

3.2.2.2 切换命名视图

为了切换到一个已经定义好的命名视图，可以有两种方法：

➢ 选中该命名视图，然后单击【视图】对话框中【置为当前（C）】按钮。

➢ 直接双击该命名视图的名称。

当一个命名视图被置为当前视图，其名称前面有一个蓝色的三角符号进行标识。

单击【视图】对话框中的【详细信息（T）】按钮，弹出【视图详细信息】对话框，在对话框中可以了解一个选中命名视图的详细信息，如图 3-8 所示。

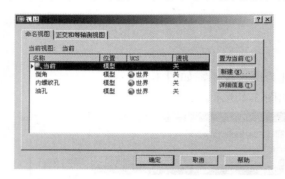
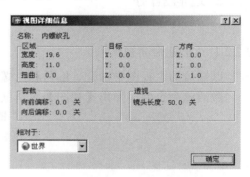

图 3-7 创建好的命名视图 　　　　　　　图 3-8 【视图详细信息】对话框

3.3 命 名 视 口

3.2 节中的命名视图虽然可以让用户很方便地在命名视图中切换，但是有些用户希望能够把所有的视图同时显示在计算机屏幕上，AutoCAD 软件用视口的概念来解决此问题。视口就是用户把图形文件的不同部分按不同图形窗口同时显示在计算机屏幕上，此时不同的图形窗口称为视口。

3.3.1 创建多视口的方法

➢ 下拉菜单：【视图】→【视口】→【新建视口】。如图 3-9 所示

➢ 工具栏：视口工具栏 ；布局工具栏

➢ 命令行：vports

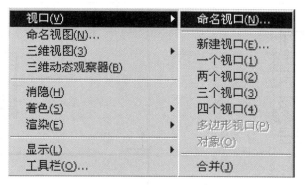

图 3-9　视口的下拉菜单

3.3.2 过程指导

激活该命令后，弹出【视口】对话框，如图 3-10 所示。

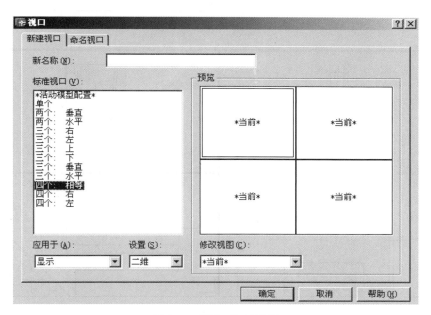

图 3-10　【视口】对话框

在标准视口中选择想要的视口排列形式，例如选择【四个：相等】，按【确定】按
钮，则图形显示如图 3-11 所示。

此时计算机屏幕被平分为四个视口，用户可以在某个视口中单独地进行绘图和设计，
图形所产生地变化会实时地反映在其他视口的相关部分。也可以调整显示命令，让不同视
口处于不同显示视图，如图 3-12 所示。

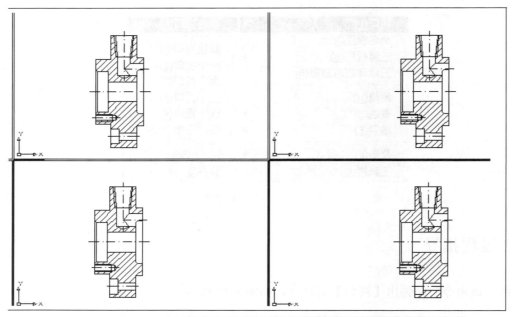

图 3-11 四个相等视口的图形窗口

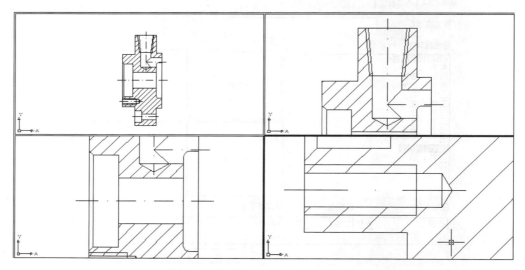

图 3-12 不同视口处于不同显示视图

☞ 技巧：

➤ 操作时只能有一个视口处于激活和编辑状态，该视口的边框是粗黑线，如果要改变当前视口，需单击该视口。

➤ 用户也可以对图形文件设置一组命名视口，给某个视口加一个名称，然后在几个命名视口状态中进行切换。

➤ 定义多个视口对计算机的显示器有一定的要求，最好计算机显示器大于 17 英寸，否则多个视口每个都比较小，不利于在其中进行操作。

3.4 模型空间和图纸空间

在 AutoCAD 中绘图和编辑时,可以采用不同的工作空间,即模型空间和图纸(又称为布局)空间。在不同的工作空间可以完成不同的操作,如绘图操作和编辑操作、安排、注释及显示控制等。

在使用 AutoCAD 绘图时,多数的设计和绘图工作都是在模型空间完成二维或三维图形。

模型空间和图纸空间的区别主要在于:模型空间是针对图形实体的空间,是放置几何模型的三维坐标空间;而图纸空间则是针对图纸布局而言的,是模拟图纸的平面空间,它的所有的坐标都是二维的。需要指出的是,两者采用的坐标系是一样的。

通常在绘图工作中,无论是二维还是三维图形的绘制与编辑工作,都是在模型空间这个三维坐标空间下进行的。

模型空间就是创建工程模型的空间,它为用户提供了一个广阔的绘图区域。用户在模型空间中所需考虑的只是单个的图形是否绘出或正确与否,而不用担心绘图空间是否足够大。包含模型特定视图和注释的最终布局则位于图纸空间。也就是说,图纸空间用于创建最终的打印布局,而不用于绘图或设计工作。图纸空间侧重于图纸的布局工作,将模型空间的图形按照不同的比例搭配,再加以文字注释,最终构成一个完整的图形。在这个空间里,用户几乎不需要再对任何图形进行修改编辑,所要考虑的只是图形在整张图纸中如何布局。因此建议用户在绘图时,应先在模型空间内进行绘制和编辑,在上述工作完成之后再进入图纸空间内进行布局调整,直到最终出图。

在模型空间和图纸空间中,AutoCAD 都允许使用多个视图。但在两种绘图空间中多视图的性质与作用是不同的。在模型空间中,多视图只是为了图形的观察和绘图方便,因此其中的各个视图与原绘图窗口类似。

在图纸空间中,多视图的主要目的是便于进行图纸的合理布局,用户可对其中任何一个视图本身进行如复制和移动等基本的编辑操作。

第4章 生成样板文件

随着 CAD 图纸交流的广泛性，图纸设计规范显得越来越重要。不论个人还是单位用户，在应用 AutoCAD 2004 软件进行设计和绘图时，都希望所绘制的图形规格有一致性，比如符合本行业的标题栏、满足国家标准的字体和字号、带有通用图层的设置等。这些设置如果每次都要用户在开始工作前自己设置，不但效率非常低，而且不能保证每次设置完全一样。因此，可以利用 AutoCAD 2004 软件的样板文件，在此基础上保存一系列预先设置。那么在开始一个新的图形文件时，以此样本文件为基础，就能够方便地调用所有的设置，减少再次设置的时间，并且确保统一的标准，达到事半功倍的效果。

4.1 从默认公制样板文件开始创建图形文件

在样板文件中通常设置单位类型和精度、标题栏、边框和徽标、图层名、捕捉、栅格和正交设置、图形（栅格）界阻、标注样式、文字样式、线型等。

4.1.1 设置单位类型和精度

在 AutoCAD2004 软件界面左下角显示 `425, 6 , 0` 为当前光标的坐标值，用户可以根据设计精确的需要对显示的单位类型和角度进行设置。

4.1.1.1 激活命令的方法

➤ 下拉菜单：【格式】→【单位】
➤ 命令行：UNITS

4.1.1.2 过程指导

激活 UNITS 命令后，弹出【图形单位】对话框，如图 4-1 所示。
➤ 长度：设置长度单位的类型和精度。
◇ "类型"列表框用来设置测量单位的方式。格式有小数、工程、建筑、分数以及科学五种，用户按照不同行业要求进行选取。
◇ "精度"列表框用来设置当前长度单位的精度，重新选择一列表项可以修改精度值。
➤ 角度：设置角度单位的类型和精度。

◇ "类型"列表框用来设置当前角度单位的格式。格式有十进制度数、度／分／秒、弧度、勘测单位、百分度五种，用户按照不同行业要求进行选取。

◇ "精度"列表框用来设置当前角度单位的精度，从中选定一列表项可以修改精度值。

◇ 点选"顺时针"复选框，设置角度以顺时针方向旋转作为正方向。因为 AutoCAD 2004 软件中默认的测量角度方向为逆时针，所以一般不选取此复选框。

➢ 缩放拖放内容的单位：设置 AutoCAD 对插入图形的块或图形使用的单位比例。

➢ 方向：单击该按钮，弹出"方向控制"对话框，如图 4-2 所示。

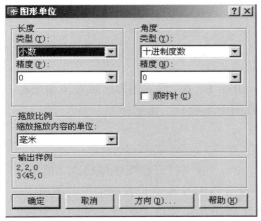
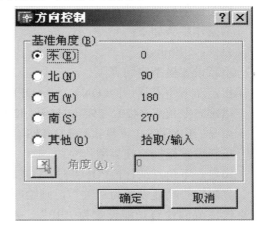

图 4-1 【图形单位】对话框　　　　　　图 4-2 【方向控制】对话框

在对话框设置基准角度和角度方向，AutoCAD 2004 软件中默认的角度基准是：东方为 0°。一般无特殊要求，建议用户保持该默认设置，以方便和其他用户对图形文件的阅读。

➢ 按【方向控制】和【图形单位】对话框上的【确定】按钮就可以使设置好的类型和精度生效了。

4.1.2 图形界限

图纸是有一定的规格尺寸的，绘图单位大多采用毫米和英寸两种单位。常用的图纸幅面有 A_0～A_4 五种，常称为 0～4 号图纸，如表 4-1 所示。图纸的大小就是 AutoCAD 中的绘图界限，设置图形界限使用户方便地在有限的屏幕上绘制较大的工程图形。

表 4-1　　　　　　　　　　幅 面 尺 寸　　　　　　　　单位：mm

幅面代号	A_0	A_1	A_2	A_3	A_4
B×L	1189×841	841×594	594×420	420×297	297×210

4.1.2.1 激活命令的方法

➢ 下拉菜单：【格式】→【图形界限】

➢ 命令行：LIMITS

4.1.2.2 过程指导

激活该命令后，命令行提示输入图形左下角坐标和右上角坐标，以确定图形图幅的大小。

【例题 4-1】 用 LIMITS 命令设定绘图极限范围为 594mm×420mm（2 号图纸），并打开绘图极限检查功能。

其操作步骤如下：

命令：'_limits

重新设置模型空间界限：

指定左下角点或[开（ON）/关（OFF）]<0，0>：0，0（设置图形区域左下角坐标）

指定右上角点 <420，297>：594，420（设置图形区域右上角坐标）

命令：LIMITS（重复执行 LIMITS 命令）

重新设置模型空间界限：

指定左下角点或[开（ON）/关（OFF）]<0，0>：on （打开绘图极限检查功能）

界限检查功能设置为"关"，则绘制图形不受 LIMITS 命令设置的绘图范围的限制。如果绘图界限检查功能设置为"开"，AutoCAD 将拒绝接受位于区域之外的点坐标。由于只检查输入的点坐标，一些图形对象（如圆），如果处于接近绘图边界的位置，它的一部分可能会位于绘图区域之外。

☞ 技巧：

➢ 虽然可以用 LIMITS 命令来控制绘图区域，但现在大多数 AutoCAD 2004 不用此命令来控制，而是在模型空间用 1:1 按照所设计对象真实尺寸绘制出来，而在布局中再考虑打印图幅的大小。

➢ 绘图界限也确定了能显示网格点的绘图区域；当输出图形时，可以直接将绘图区域定义为输出区域。

➢ 当图纸空间被启动，图纸的背景或边距被显示时，不能使用 LIMITS 命令设置绘图界限。此时，绘图界限由所选图纸尺寸自动计算并设置。

4.2 图　　　层

4.2.1 图层简介

图层是 AutoCAD 用来管理和控制复杂的图形。通过图层，用户可以把多个相关的视图进行合成，形成一个完整的图形。在使用 AutoCAD 绘图时，所有的图形对象总是被绘制在某一图层上。

一个图层就像一个没有厚度的彩色透明薄膜，在不同的图层上绘制具有某些相同属性的不同对象，将这些透明的薄膜叠加起来，就可得到一张复杂的图形。这样，用户就可以将每一类对象分别放置在一个图层上，为每一图层指定一致的线型、颜色和状态等属性。比如，在绘制图形时，可以创建一个中心线图层，将中心线特有的颜色、线型等属性赋予图层。每当需要绘制中心线时，用户只须切换到中心线所在图层上，而不必再次设置中心线的线型、颜色或线宽等属性。将不同线宽或类型的中心线、粗实线、细实线分别放在不同的图层上，在使用绘图机输入图形时，只须将不同图层的实体定义给不同的绘图笔，使不同类型的实体输出变得十分方便。

使用图层的优点可以归纳如下：

➢ 节省存储空间：对象的线型和颜色均取决于所在图层的预设线型和颜色。一方面在保存实体时，可以减少实体数据，节省存储空间。

➢ 便于绘图、显示和图形的输出：如果不想显示或输出某一图层，用户可以关闭这一图层。在图纸空间中，用户可以为每一视点分别设置图层的可见性。

➢ 可方便控制对象的属性：可编辑一图层的某一个属性（如颜色），那么该图层上的属性都一次被编辑。

AutoCAD 的预设图层为"0"层，该层不能被删除。其他图层都是由用户根据自己的需要创建并命名的。用户在创建图层后可以自由地编辑，如设置图层的线型、颜色及其状态。用户可以对各图层进行锁定／解锁、冻结／解冻、打开／关闭等操作，以决定各图层的可见性与可操作性。一般情况下，同一图层采用同一种线型和颜色。虽然一幅图可以建立多个图层，但用户只能在当前图层上绘图。

当前图层、"0"图层、外部参照依赖图层以及尚有图形对象的图层不能被删除。此外，PURGE 命令将自动删除所有未被使用的图层。块定义引用的图层具有特定的图层名称 DEFPOINTS，即使在没有可见对象的情况下，也不能被删除和重命名。

用 AutoCAD 2004 绘图时，用户可以在一幅图中设置任意数量的图层。系统对图层数量没有限制，对每一图层上的实体数量也没有任何限制，但每一图层都应有一个惟一的名字。当开始绘制一幅新图时，AutoCAD 2004 自动生成层名为"0"的预设图层，并将这个预设图层设置为当前图层，当然，可以根据需要设置其他图层为当前图层。

绘图前所设置的图纸界限、坐标系、视图缩放比例等对当前图形的所有图层均起作用。有关当前层的名称、线型、状态和颜色等信息都显示在【对象特性】工具栏上。

4.2.2 图层特性管理器的激活方法

➢ 工具栏：【图层】工具栏的

➢ 下拉菜单：【格式】→【图层】

➢ 命令行：LAYER

4.2.3 过程指导

激活 LAYER 命令后，弹出如图 4-3 所示的【图层特性管理器】对话框，在此对话框中，用户可以进行创建图层、删除图层、设置颜色和线型、是否打印输出等操作。

对话框中各选项的含义如下：

➢ 命令图层过滤器：有针对性地选择显示当前图形文件中的图层。预设状态下，AutoCAD 显示所有图层，在该列表框右侧有两个复选框，一个是反向过滤，一个是显示对象特性工具栏。

➢ 新建：创建新图层。

➢ 当前：将所选图层设为当前层。

➢ 删除：删除所选图层。

➢ 显示细节：显示所选图层的属性详细信息。

➢ 保存状态：显示"保存图层状态"对话框，可在其中保存图形中所有图层的图层状态和图层特性设置，可以选择要保存的图层状态和特性。通过为图层指定一个名称可以保存该图层状态。

➢ 状态管理器：显示"图层状态管理器"，可在其中管理命名图层状态。

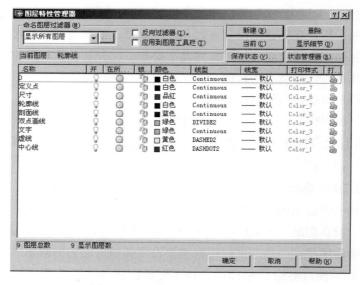

图 4-3 【图层特性管理器】对话框

4.2.3.1 新建及删除图层

在绘图过程中，用户可以随时通过对话框建立新层，单击对话框中的"新建"按钮，在图层列表框中将自动生成一个叫"图层 XX"的图层，其中"XX"为数字，表示由系统创建的第几个图层，用户可以重新命名图层名称。

图层名最多可使用 31 个字符，它们可以是数字、字母和$（美元符号）、（连字符）、__（下划线）等，但不能出现，（逗号）、＜ ＞（小于、大于号）、/ \（斜杠）、

""（引号）、?（问号）、*（星号）、｜（竖线）及=（等号）等。同时 AutoCAD 2004
支持中文图层名，以方便中国用户使用。

新建图层时，如果先在图层列表中选择一图层（使之呈高亮显示），那么新建的图层
将自动继承该图层的所有属性(如颜色、线型等)。

在图层列表框中，点取需要删除的图层，使之呈高亮显示，表明该图层已被选中，单
击"删除"按钮，即可删除所选图层。

按住 Shift 键，用鼠标左键单击不同的两个图层，可以选中这两个图层间的所有图层
（包括这两个图层本身），按住 Ctrl 键，单击鼠标左键，可以连续选择不相邻的多个图
层。0层、当前层、含有实体的图层和依赖于外部参照图层不能被删除。

4.2.3.2 设置当前层

当前层就是用户的绘图层，用户只能在当前层绘制图形，并且所绘制实体将继承当前图
层的属性，当前层的状态都显示在"对象特性"工具栏中，设置当前层有以下几种方式：

➢ 在【图层特性管理器】对话框中选择所需的图层，使之呈高亮显示，然后单击
"确定"按钮，就可以看见该层已被设为当前层。

➢ 在【对象特性】工具栏的【图层控制】下拉列表中，点取其右侧的下拉箭头，将
光标移动到所需的图层名上，单击鼠标左键，则所选的层成为当前层，出现在"图层控
制"区内。

➢ 单击【对象特性】工具栏中的把对象的图层设置为当前按钮，然后选择某个
实体，则该实体所在图层被设置为当前层。

➢ 在命令行输入 CLAYER 并按下 Enter 键，出现提示"输入 CLAYER 的新值
<"XX">："，其中"XX"表示当前层的名称，在其后输入需要设为当前层的图层名
称，按下 Enter 键，将所选图层设置为当前层。

4.2.3.3 图层属性

AutoCAD 2004 为图层设置了多种属性，如状态、颜色、线型、线宽等。各属性含义
如下：

➢ 状态控制。

AutoCAD 2004 提供了一组状态开关，用以控制图层相关状态属性。这些开关包括：

◇ 打开／关闭：关闭图层后，该图层上的实体不能在屏幕上显示或由绘图仪绘
出，在系统进行重新生成图形时，该图层上的实体将重新生成。

◇ 冻结／解冻：冻结图层后，该图层上的实体也不能在屏幕上显示或由绘图仪绘
出，但在重新生成图形时，该图层上的实体将不被重新生成。

◇ 锁定／解锁：锁定图层后，该图层上的实体仍可显示，但不能编辑和修改，实
体也被绘图仪绘出。

◇ 打印／不打印：决定该图层是否需要打印。打印图标为　图标时，表示该图
层不打印；如是　图标时，表示该图层打印。系统默认图层被打印。

➢ 颜色控制。

为了区分不同的图层，通常给图层赋予不同的颜色，AutoCAD 2004 软件提供了真彩色以及配色系统，为不同的用户提供了更多的选择。其操作步骤如下：

✧ 激活【图层特性管理器】对话框。

✧ 单击在该图层名后的颜色图标，弹出【选择颜色】对话框，如图 4-4 所示。

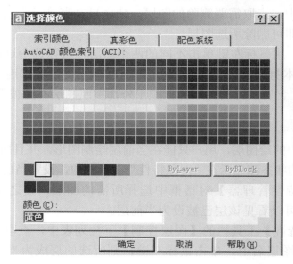

图 4-4 【选择颜色】对话框

✧ 在对话框中选择一种颜色，单击"确定"按钮，则所选颜色被赋予所选图层。

➢ 线型控制。

AutoCAD 可以根据需要为每个图层分配不同的线型，在预设情况下，各图层线型都为连续线（Continuous）。

在【图层特性管理器】对话框中单击所需图层中的线型名称，弹出【选择线型】对话框，如图 4-5 所示。

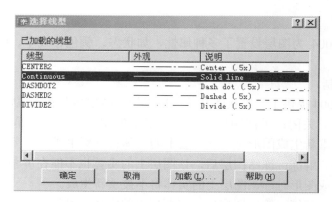

图 4-5 【选择线型】对话框

在【选择线型】对话框中，看已加载的线型列表中是否有你所需要的线型，如果有的话，必须单击该线型，再按【确定】按钮，回到【图层特性管理器】对话框。如果已加载的线型列表中没有你所需要的线型，单击【加载】按钮，则出现 AutoCAD 提供的【加载或重载线型】对话框，如图 4-6 所示。在线型列表中列出了 AutoCAD 的所有的线型或用户自己定义的线型。在其中选择所需的线型，单击【确定】按钮，则所选线型加载到【选择线型】对话框中，再次选中所加载的线型，并单击【确定】按钮，则该线型被赋予所选图层。

➤ 线宽控制。

线宽控制能为直线设置不同的宽度。在【图层特性管理器】对话框中单击所需图层中的线宽设置，则弹出【线宽】对话框，如图 4-7 所示，在该对话框中有不同宽度的线条，可以选择需要的宽度赋予所需图层。

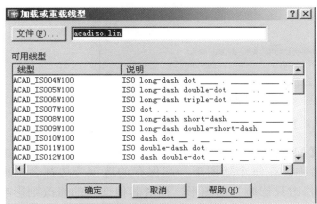

图 4-6　【加载或重载线型】对话框　　　　图 4-7　【线宽】对话框

4.3　选　项　设　置

AutoCAD2004 软件有很多选项需要对其设定，这些设定主要是改变软件界面和一些工作环境。用户根据自己的爱好、设计工作需要对 AutoCAD 进行系统设置，例如设置支持文件的路径、预设打印机、窗口背景颜色等。

4.3.1　激活选项的方法

➤ 下拉菜单：【工具】→【选项】
➤ 命令行：OPTIONS
➤ 快捷菜单：右键快捷菜单

4.3.2　过程指导

激活【选项】命令后，弹出【选项】对话框，如图4-8所示。

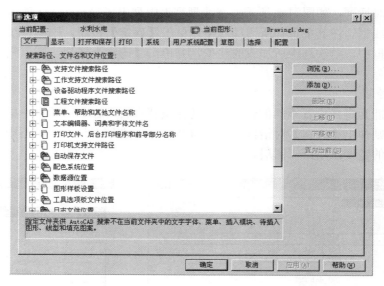

图 4-8 【选项】中的【文件】选项卡对话框

顶部显示了当前配置的名称（用【配置】选项卡可以设置当前配置、创建新配置或编辑现有配置）以及当前图形文件的名称。在每个随图形一起保存的选项旁边都会出现"全部项目"图标。对于这些选项的修改只影响当前图形，而对其他选项的修改则影响所有图形。

【选项】对话框包括【文件】、【显示】、【打开和保存】、【打印】、【系统】、【用户系统配置】、【草图】、【选择】、【配置】等 9 个选项卡。下面对各选项卡加以介绍。

4.3.2.1 "文件"选项卡

在【选项】中的第一个【文件】选项卡（如图 4-8 所示）中，凡是和 AutoCAD 2004 相关的支持文件（搜索支持文件、驱动程序、菜单文件以及其他文件）的保存路径都在这里设置。一般地，在软件正确安装后所有文件的路径都已经指定好了，用户也可以指定一些可选项用户进行定义设置。

"搜索路径、文件名和文件位置"区显示了 AutoCAD 使用的目录和文件列表。如果要改变、添加或删除其中的某一项目，可以使用右侧的"浏览""添加"或"删除"按钮。如果要改变搜索路径的顺序，可以用键盘上的"上""下"按钮进行调整。

➢ 支持文件搜索路径。

指定 AutoCAD 用于搜索支持文件的路径。除了运行 AutoCAD 必需的文件以外，支持文件还可包括字体文件、菜单文件、要插入的图形文件、线型文件、填充图案等多种文件。

➢ 工作支持文件搜索路径。

指定 AutoCAD 用于搜索系统特有的支持文件的路径。

➢ 设备驱动程序文件搜索路径。

指定 AutoCAD 用于搜索视频显示、定点设备、打印机（绘图仪）等设备驱动程序的路径。

➢ 工程文件搜索路径。

指定图形的工程名称。可以创建任意数目的工程名称和相关目录，但每个图形只能使用一个名称。

➢ 菜单、帮助和其他文件名称。

指定菜单文件、帮助文件的路径和文件名，并可以设置预设 Internet 网址，或查询配置文件、许可服务器列表等信息。

➢ 文本编辑器、词典和字体文件名称。

指定多行文字的文本编辑器应用程序、拼写检查的词典名称、自定义词典文件、替换字体文件位置（当 AutoCAD 没有找到原始字体，并且在字体映射文件中没有指定替换字体时，使用该位置上的字体文件）、字体映射文件等选项。

➢ 打印文件、后台打印文件和前导部分名称。

指定与打印设置有关的选项。

➢ 打印机支持文件路径。

指定打印机支持文件的搜索路径设置，包括后台打印文件位置、打印机配置文件路径、打印机说明文件路径以及打印样式列表文件路径。

➢ 自动保存文件。

指定自动保存文件（是否执行自动保存，可使用【打开和保存】选项卡中的【自动保存】选项进行设置）。

➢ 配色系统位置。

指定图形文件绘制过程中配色系统的路径。

➢ 数据源位置。

指定数据库源文件的路径。此设置的修改只有在关闭并重启 AutoCAD 之后才起作用。

➢ 图形样板位置。

指定启动向导使用的样板文件的路径。

➢ 工具选项板文件位置。

指定 AutoCAD 的工具选项板中图形文件的路径。

➢ 日志文件位置。

指定日志文件的路径。

➢ 临时图形文件位置。

指定 AutoCAD 用于存储临时文件的位置。AutoCAD 在磁盘上创建临时文件后，当正常退出时会自动将这些临时文件删除。从已保存的目录中运行 AutoCAD 时，应指定替换位置来存储临时文件。所指定的目录必须是可读写的。

➢ 临时外部参照文件位置。

指定外部参照文件的位置。当选择【打开和保存】选项卡中的【按需加载外部参照文件】列表中的"使用副本"项时，外部参照的副本将放在这个位置。

> 纹理贴图搜索路径。

指定 AutoCAD 用于搜索渲染纹理贴图的路径。

> i.drop 相关文件位置。

指定 AutoCAD 用于搜索 i.drop 相关文件的路径。

4.3.2.2 "显示"选项卡

"显示"选项卡用于设置 AutoCAD 的显示特征，如图 4-9 所示。

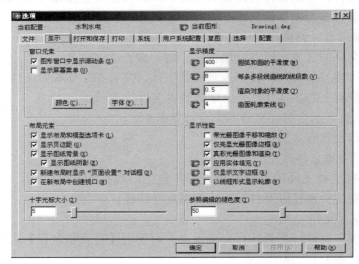

图 4-9 【选项】中的【显示】选项卡对话框

> 窗口元素：设置 AutoCAD 绘图环境特有的显示选项。

◇ "图形窗口中显示滚动条"：点取此项，在绘图区域的底部和右侧显示滚动条。

◇ "显示屏幕菜单"：点取此项，在绘图区域的右侧显示屏幕菜单。由于屏幕菜单字体使用 Windows 系统字体，因此，如果使用屏幕菜单，应将 Windows 系统字体设置为符合屏幕菜单尺寸的字体和字号。

◇ "颜色"：显示【颜色选项】对话框，如图 4-10（a）所示。用户可以在该对话框中指定 AutoCAD 窗口有关元素的颜色。

点击【颜色选项】对话框中的"颜色"按钮，弹出菜单中有各种颜色名称，可选择自己喜欢的颜色。当选择"选择颜色"时，会弹出【选择颜色】对话框，如图 4-10（b）所示，在该对话框中任选一个颜色，按下"确定"按钮，在"模型"选项卡中可预览绘图区的背景颜色。颜色确定后，单击"应用并关闭"按钮，此时将会回到"选项"对话框。确定不再改变颜色后，按下【选项】对话框中的"确定"按钮返回工作界面，绘图区将以你选择的颜色作为背景颜色。

◇ "字体"：单击该按钮，弹出【命令行窗口字体】对话框，如图 4-11 所示，用户可以在该对话框中指定命令行文字的字体。

（a）

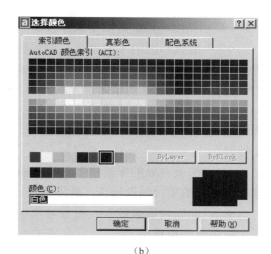
（b）

图 4-10 【颜色选项】对话框和【选择颜色】对话框

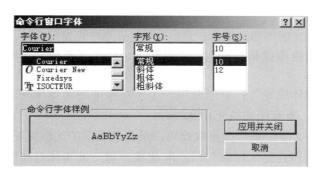

图 4-11 【命令行窗口字体】对话框

➢ 布局元素：设置现有布局和新布局的选项。

◇ "显示布局和模型选项卡"：点取此项，在绘图区域的底部显示布局和模型选项卡。

◇ "显示页边距"：点取此项，在布局中显示页边距（页边距显示为虚线，在打印时，页边距以外的部分将被忽略）。

◇ "显示图纸背景"：点取此项，在布局中显示图纸背景。

◇ "显示图纸阴影"：点取此项，在背景上显示图纸周围的阴影，但必须在显示图纸背景的情况下才会显示图纸周围的阴影。

◇ "新建布局时显示【页面设置】对话框"：点取此项，在创建新布局时显示【页面设置】对话框（此对话框可以设置图纸和打印设置选项）。

◇ "在新布局中创建视口"：点取此项，在创建新布局时是否创建视口。

➢ 十字光标大小。

拖动"显示"选项卡面板中的十字光标长度滑动钮，可调整光标长度。取值范围为1～100。100 表示全屏幕显示，预设尺寸为 5。数值越大，十字光标越长。设置完后，按下"确定"按钮，完成设置。

➢ 显示精度：该部分用于设置对象的显示精度。

◇ "圆弧和圆的平滑度"：设置圆、圆弧和椭圆的平滑度。预设值是 300，有效设置为 1~20000。值越高，对象越平滑，但 AutoCAD 处理速度也越慢。可以在绘图时将该值设置低一些，而在渲染时设置高一些，以便提高性能。

◇ "每条多段线曲线的线段数"：设置每条多段线曲线显示出的线段数目。数值越高越精确，但 AutoCAD 运行速度越慢。可以将此选项设置为较小的值（如 4）来优化绘图性能。

◇ "渲染对象的平滑度"：设置着色和渲染曲面实体的平滑程度。数目越大，显示速度越慢，渲染时间也越长，效果越好。

◇ "曲面轮廓索线"：设置对象中每个曲面的轮廓线数目。数目越大，显示速度越慢，渲染时间也越长。

➢ 显示性能：用于设置 AutoCAD 的显示性能。

◇ "带光栅图像平移和缩放"：点取此项，在实时缩放和平移时，显示光栅（否则只显示图像轮廓）。

◇ "高亮显光栅图像边框"：点取此项，在选中光栅图像时，高亮显示图像边框。

◇ "直彩光栅图像和渲染"：点取此项，以"真彩色"或系统的最高显示质量进行图像显示或渲染。

◇ "应用实体填充"：点取此项，显示对象中的实体填充。实体填充的对象包括多线、宽线、实体、所有图案填充和宽线。

◇ "仅显示文字边框"：点取此项，只显示文字的边框而不显示文字本身。

◇ "以线框形式显示轮廓"：点取此项，将三维实体对象的轮廓线显示为线框。同时，该选项还可控制在消隐实体时是否显示网格。

➢ 参照编辑的褪色度。

设置正在编辑参照的过程中对象的褪色度值。通过进行编辑参照，可以编辑当前图形中的块参照或外部参照。当进行编辑参照时，未编辑对象的显示强度比已编辑对象的低。通过拖动滑块来设置参照编辑的褪色度，取值范围为 0~90。

4.3.2.3 "打开和保存"选项卡

"打开和保存"用于设置 AutoCAD 打开、保存文件时的有关选项，如图 4-12 所示。

➢ 文件保存：该部分设置保存文件时的有关选项。

◇ "另存为"：选择用 SAVE 或 SAVEAS 命令保存文件时使用的预设文件格式。

◇ "保存缩微预览图像"：点取此项，随文件一起保存缩微预览图像。

◇ "增量保存百分比"：设置图形文件中浪费的空间百分比。当达到该百分比时，AutoCAD 执行一次完全保存，完全保存将消除浪费的空间。将"增量保存百分比"设置为 0，则每次保存都是完全保存。完全保存运行速度较慢。

➢ 文件安全措施。

◇ "自动保存"：点取此项，AutoCAD 将自动保存图形。在保存间隔分钟数的数值栏中可设置自动保存的时间间隔数。

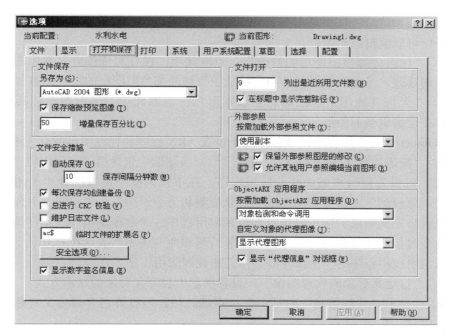

图 4-12 【选项】中的【打开和保存】选项卡对话框

◇ "每次保存均创建备份"：点取此项，在保存图形时创建图形的备份副本。

◇ "总进行 CRC 校验"：点取此项，每次读入图形时执行循环冗余检查（CRC）。

◇ "维护日志文件"：点取此项，文本窗口的内容将写入日志文件（日志文件的位置和名称在"文件"选项卡中确定）。

◇ "临时文件的扩展名"：在此栏可设置临时文件的扩展名。

◇ "安全选项"：按下此按钮，弹出"安全选项"对话框。此功能是 AutoCAD 2004 新增的安全功能。在对话框中可以对图形文件进行加密设置，从而更好地存储文件。在"口令"选项卡中的"用于打开此图形的口令或短语"栏中输入密码，此时，"高级选项"按钮会呈显示状态。按下"高级选项"按钮会弹出"高级选项"对话框。

在"高级选项"对话框中选择一个加密提供者并选择密钥长度，设置完后，按下"确定"按钮。返回"安全选项"对话框，按下"确定"按钮，完成图形文件的加密安全设置。

◇ 显示数字标签信息：点选此项，显示图形文件的数字标签信息。

➢ 文件打开。

◇ "列出最近所用文件数"：设置在"文件"菜单中列出的最近使用的文件数目，以便快速访问。有效值 0～9。

◇ "在标题中显示完整路径"：点取此项，在图形标题栏中显示图形的完整路径。

➢ 外部参照：设置编辑和加载外部参照的有关选项。

◇ "按需加载外部参照文件"：选择外部参照的按需加载方式。按需加载只加载重新生成图形所需的参照图形，因此提高了性能。"禁用"表示关闭按需加载，"启用"

表示打开按需加载，"使用副本"表示启用按需加载，但加载的是参照图形的副本，这样其他用户便可以编辑原始图形。

◇ "保留外部参照图层的修改"：点取此项，保存对依赖外部参照图层的图层特性和状态的修改。当重载图形时，当前被赋予依赖外部参照图层的特性将被保留。

◇ "允许其他用户参照编辑当前图形"：点取此项，当前图形被其他图形参照时，可以在位编辑当前图形。

➤ ObjectARX 应用程序：该部分用于设置 ARX 程序和代理图形的有关选项。

◇ "按需加载 ObjectARX 应用程序"：当图形中包含第三方应用程序创建的自定义对象时，可设置何时按需加载此应用程序。在下拉列框中可以选择"关闭按需加载""自定义对象检测""命令调用"或"对象检测和命令调用"。"自定义对象检测"表示在打开包含自定义对象的图形时按需加载源应用程序；"命令调用"表示在调用应用程序的一个命令时按需加载源应用程序；"对象检测和命令调用"表示在打开包含自定义对象的图形或调用应用程序的一个命令时，按需加载源应用程序。

◇ "自定义对象的代理图像"：设置图形中自定义对象的显示方式。

◇ "显示'代理信息'对话框"：点选此项，当打开包含自定义对象的图形时，显示警告信息。

4.3.2.4 "打印"选项卡

"打印"选项卡用于设置与打印有关的选项，如图 4-13 所示。

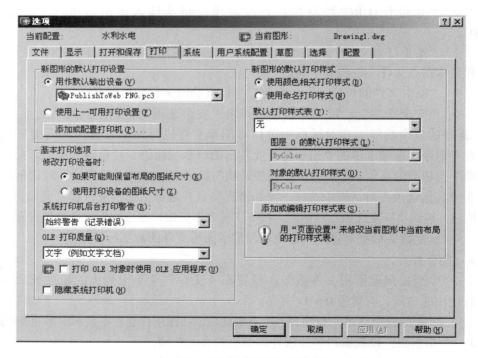

图 4-13 【打印】选项卡对话框

➤ 新图形的默认打印设置：该部分用于设置新图形的预设打印设置。

✧ "用作默认输出设备"：设置新图形的默认输出设备。

✧ "使用上一可用打印设置"：使用最近一次成功打印的打印设备。

✧ "添加或配置打印机"：按下此按钮，将弹出 AutoDesk 打印机管理器窗口，以便添加或配置打印机。

➤ 基本打印选项。

✧ "如果可能则保留布局的图纸尺寸"：点选此项时，选定的输出设备支持在页面设置中指定的图纸尺寸并使用该图像尺寸。如果没有点选此项，AutoCAD 将显示警告信息，并使用在打印机配置文件（PC3）或预设系统设置中指定的图纸尺寸。

✧ "使用打印设备的图纸尺寸"：点选此项，使用打印机配置文件（PC3）或预设系统设置指定的图纸尺寸。

✧ "系统打印机后台打印警告"：用系统打印机后台打印图纸时，如果发生端口冲突，提示是否要警告用户。可以选择"始终警告（记录错误）"或"仅在第一次警告（记录错误）"或"不警告（记录第一个错误）"或"不警告（不记录错误）"。

✧ "OLE 打印质量"：设置 OLE 对象的打印质量。可以选择"线条图（例如电子表格）"、"文字（例如文字文档）"、"图形（例如饼图）"、"照片"或"高质量照片"。

✧ "打印 OLE 对象时使用 OLE 应用程序"： 当打印包含 OLE 对象的图形时，可选择是否启动创建 OLE 对象的应用程序。要优化打印 OLE 对象的质量，则点此选项。

✧ "隐藏系统打印机"：点选此项，在"打印"和"页面设置"对话框中显示 Windows 系统打印机。该选项仅隐藏标准的 Windows 系统打印机。并不隐藏用"添加打印机"向导配置过的系统打印机。

➤ 新图形的默认打印样式：该部分用于设置新图形中打印样式的选项，并不影响当前图形。

✧ "使用颜色相关打印样式"：点选此项时，在新图形和早期版本图形中使用颜色相关打印样式。在颜色相关打印样式中，图形的每种颜色都对应绘图仪上不同的笔，从而在打印中实现不同的特性设置。

✧ "使用命名打印样式"：点选此项时，在新图形和早期版本图形中使用命名打印样式，AutoCAD 根据在打印样式定义中指定的特性设置打印图形。

✧ "默认打印样式表"：指定附着到新图形中的默认打印样式表。

✧ "图层 0 的默认打印样式"：设置新图形中图层 0 的默认打印样式。

✧ "对象的默认打印样式"：设置在创建新对象时的默认打印样式。

✧ "添加或编辑打印样式表"：按下该按钮，将显示 AutoDesk 打印样式表管理器窗口，可以在管理器中创建或编辑打印样式表。

4.3.2.5 "系统"选项卡

"系统"选项卡用于设置 AutoCAD 系统选项，如图 4-14 所示。

➤ 当前三维图形显示。

此处列出了可用的三维图形显示系统。单击"特性"按钮，弹出显示系统特性对话框，如图 4-15 所示。可以对选定的显示系统进行设置。这里的设置将影响对象的显示方式、三维动态观察器中使用的系统资源以及着色对象的显示效果。

在预设条件下，AutoCAD 使用 GSHEIDll0 作为图形显示系统。如果使用其他的图形显示系统，则在"三维图形系统配置"对话框中将看到不同的选项，具体配置过程可以查阅供应商提供的文档。

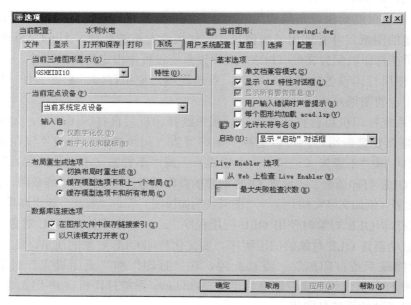

图 4-14 【系统】选项卡对话框

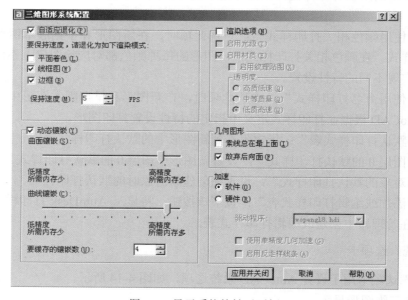

图 4-15 显示系统特性对话框

46

➢ 当前定点设备。

选择定点设备。将 Wintab 兼容数字化仪作为定点设备，这里有两种选择：同时接受来自鼠标和数字化仪的输入或只接受数字化仪的输入。

➢ 布局重生成选项。

指定模型选项卡和布局选项卡的重生成选项。

◇ "切换布局时重生成"：点选此项，则每次切换选项卡都会重生成图形。

◇ "缓存模型选项卡和上一个布局"：点选此项，则将当前模型选项卡和上一个布局选项卡设置保存到内存，在两个选项卡之间切换时禁止重生成。

◇ "缓存模型选项卡和所有布局"：点选此项，则首次切换到每个选项卡时重生成图形，以后切换时禁止重生成。

➢ 数据库连接选项。

◇ "在图形文件中保存链接索引"：点选此项，将数据库索引存储在 AutoCAD 图形文件中，以提高链接选择操作的速度。清除此选项可以减小文件大小，提高打开图形时的速度。

◇ "以只读模式打开表"：点选此项，以只读模式打开数据库表。

➢ 基本选项。

◇ "单文档兼容模式"：点选此项，将 AutoCAD 设置为单文档环境。

◇ "显示 OLE 特性对话框"：点选此项，向图形中插入 OLE 对象时，显示"OLE 特性"对话框。

◇ "显示所有警告信息"：点选此项，显示警告信息，而忽略先前针对每个对话框的设置。

◇ "用户输入错误时声音提示"：点选此项，在检测到无效输入时发出蜂鸣声警告用户。

◇ "每个图形均加载 acad.1sp"：点选此项，将 AutoCAD 常用的文件格式（acad.lsp 文件）加载到每个打开的图形中。

◇ "允许长符号名"：点选此项，允许使用长符号名。同时可以在图层、标注样式、块、线型、文字样式、布局、UCS 名称、视图和视口配置中使用长名称（最多可以包含 255 个字符，名称中可以包含字母、数字、空格和未被 Windows 及 AutoCAD 用作其他用途的特殊字符）。

➢ 实时激活器选项。

指定 AutoCAD 如何检查对象激活器。即使创建图形中自定义对象的 Object ARX 应用程序不能使用，点选此项，就能显示并使用这些自定义对象。

4.3.2.6 "用户系统配置"选项卡

"用户系统配置"选项卡用于设置在 AutoCAD 中优化性能的选项，如图 4-16 所示。

➢ Windows 标准：该部分用于指定是否在 AutoCAD 中使用 Windows 定义的功能。

◇ "Windows 标准加速键"：点选此项，将使用 Windows 标准解释键盘加速键。如果不点选此项，AutoCAD 用自己的标准解释键盘加速键。

◇ "绘图区域中使用快捷菜单"：点选此项，当在绘图区域中单击右键时显示快捷菜单。

◇ "自定义右键单击"：单击该按钮将显示"自定义右键单击"对话框，可以在此定义单击鼠标右键的含义。

➢ AutoCAD 设计中心：设置与 AutoCAD 设计中心有关的选项。

◇ "源内容单位"：从设计中心向文件插入对象时，可以选择"不指定·无单位""英寸""英尺""英里"等。

◇ "目标图形单位"：可以选择"不指定·无单位""英寸""英尺""英里"等。作为目标图形单位。

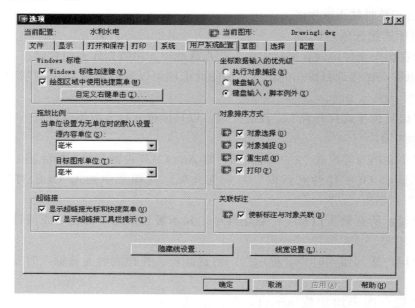

图 4-16 【用户系统配置】选项卡对话框

➢ 超级链接。

◇ "显示超级链接光标和快捷菜单"：点选此项，将显示超级链接光标和快捷菜单。当定点设备移动到包含超级链接的对象上时，将在十字光标的旁边显示超级链接光标。当选择了包含超级链接的对象并在绘图区域单击右键时，超级链接快捷菜单提供了额外的选项。如果不选择此项，将不再显示超级链接光标，并且快捷菜单上的"超级链接"选项不能用。

◇ "显示超级链接工具栏提示"：点选此项，当定点设备移动到包含超级链接的对象上时，将显示超级链接工具栏提示（要启用此选项，必须选择"显示超级链接光标和快捷菜单"）。

➢ 坐标数据输入的优先级：该部分用于设置 AutoCAD 如何响应坐标数据的输入。

➢ 对象排序方式：该部分用于设置对象的排列次序。

◇ "对象选择"：点选此项，在选择对象时，按照创建的先后次序排列可选择的对象。如果选择两个重叠的对象，AutoCAD 将最新的对象视为被选中的对象。

◇ "对象捕捉"：点选此项，在运行了对象捕捉功能时，按照创建的先后次序排列可选对象。

◇ "重生成"：点选此项，在用 REGEN 或 REGENALL 命令重生成对象时，按照创建的选择次序排列并重生成图形中的对象。

◇ "打印"：点选此项，在打印图形时，按照对象创建的先后次序排列并打印。

➢ 关联标注。

在进行尺寸标注时点选该部分的"使新标注与对象保持关联"选项，可使标注与被标注对象相关联。如果是关联的，则修改被标注对象时，标注对象将随之更新。

➢ 线型设置。

单击该按钮，弹出"线型设置"对话框。

➢ 线宽设置。

单击该按钮，弹出"线宽设置"对话框。

4.3.2.7 "草图"选项卡

"草图"选项卡用于设置绘图时的有关选项，如图 4-17 所示。

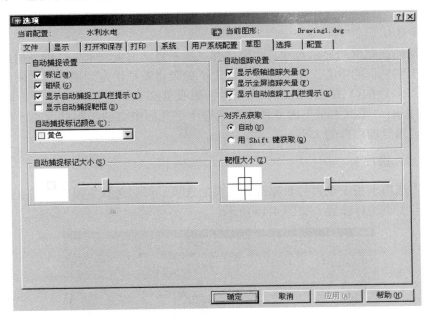

图 4-17 【草图】选项卡对话框

➢ 自动捕捉设置：设置与对象捕捉有关的选项，对象捕捉功能可以精确定位点和平面。

◇ "标记"：点选此项，当鼠标移到捕捉点上时会显示捕捉标记符号。

◇ "磁吸"：点选此项，则打开自动捕捉磁吸。磁吸可以将十字光标的移动自动锁定到最近的捕捉点上。

◇ "显示自动捕捉工具栏提示"：点选此项，则显示自动捕捉提示。当运行多种捕捉模式时，提示信息可以区分当前是哪一个捕捉模式生效。

◇ "显示自动捕捉靶框"：点选此项，显示自动捕捉靶框（即捕捉对象在十字光标内部将会出现的方框）。

◇ "自动捕捉标记颜色"：在弹出菜单中可任选其中一种颜色。

➢ 自动捕捉标记大小。

设置自动捕捉标记的显示尺寸（取值范围为 1～20 像素）。拖动"自动捕捉标记大小"的滑动钮可调整捕捉标记的大小。

➢ 自动追踪设置。

◇ "显示极轴追踪矢量"：点选此项，则可打开极轴追踪方式。

◇ "显示全屏追踪矢量"：点选此项，则打开追踪矢量的显示。追踪矢量为用户提供了一种视觉上的帮助。

◇ "显示自动追踪工具栏提示"：点选此项，显示自动追踪工具栏提示。工具栏提示中显示了追踪坐标。

➢ 对齐点获取。

◇ "自动"：点选此项，当靶框移到捕捉对象上时，自动显示追踪矢量。

◇ "用 Shift 键获取"：点选此项，当按 Shift 键并将靶框移到捕捉对象上时，显示追踪矢量。

➢ 靶框大小。

设置自动捕捉靶框的显示尺寸。如果选择"显示自动捕捉靶框"，则当捕捉对象时，靶框显示在十字光标的中心。靶框的大小决定了磁吸将靶框锁定到捕捉点之间时，光标应到达与捕捉点多近的位置。靶框越小，要激活磁吸就必须距离捕捉点越近。取值范围为1~50 像素。拖动"靶框大小"的滑动钮可调整十字光标中心的捕捉框大小。在滑杆左边的预览框中可预览捕捉框的大小。

4.3.2.8 "选择"选项卡

"选择"选项卡用于设置与对象选择有关的选项，可对选择集模式、夹点颜色、拾取框大小、夹点大小进行设置。如图 4-18 所示。

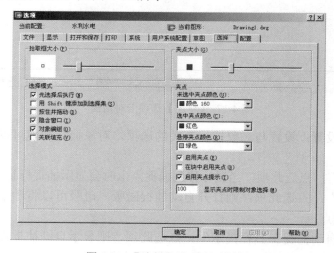

图 4-18 【选择】选项卡对话框

➤ 拾取框大小。

当用户执行编辑命令后，十字光标被一个小正方形框所取代，并出现在光标所在的当前位置处。在 AutoCAD 中，这个小正方形框被称为拾取框。拖动滑杆可以调整拾取框的大小，滑杆左边的预览框可以预览拾取框的大小。

设置恰当的拾取框对于快速、高效地选择实体很重要。因为拾取框设置过大，在选择实体时很容易将与该实体邻近的其他实体也选择在内；若拾取框设置过小，选取实体目标时十分费劲。

将拾取框移至要编辑的目标上，单击鼠标左键，则选中目标，此时被选中的目标呈高亮显示。

➤ 选择集模式。

在该选项组内进行选择集模式设置，共有 6 种选择集模式，均以复选框的形式供用户选择。下面对这 6 个复选框分别加以介绍：

◇ "先选择后执行"：点选此项，表示首先选择要进行编辑的对象，然后再执行编辑命令。

◇ "用 Shift 键添加到选择集"复选框：点选此项，此时可以直接用拾取框选择实体目标。如果要取消某个已经选中的实体，只须先按下 Shift 键，再用鼠标单击该实体即可。若关闭"用 Shift 键添加到选择集"复选框，用户每次只能选择一个实体，而且原先已被选中的实体将自动取消选择。若要同时选择多个实体，可先按下 Shift 键，再用鼠标单击将要添加的实体目标。

◇ "按住并拖动"复选框：点选此项后，若用户需用矩形选择框选择目标时，要先单击确定矩形选择框的一个角，然后拖动鼠标至另一对角，再松开鼠标左键。若关闭"按住并拖动"复选框，要使用矩形选择框选择实体，只须单击确定矩形选择框的一个角，移动鼠标至另一对角，再单击左键即可。

◇ "隐含窗口"复选框：点选此项，用户在使用拾取框选择目标时，就看不到拖动产生的矩形选择框。在该方式下，AutoCAD 隐藏矩形选择框。但若取消此复选框，矩形选择框又会显示出来。

◇ "对象编组"复选框：点选此项，可方便地定义一个目标组，并对该目标组进行编辑。

◇ "关联填充"复选框：点选此项，AutoCAD 2004 自动将图样填充和包围该图样填充的封闭区域关联起来。选择图样填充时，也自动选择相应的封闭区域。不选择该复选框，AutoCAD 将图样填充和其相对应的封闭区域看成两个独立的图形实体。

➤ 夹点大小：拖动滑杆，可设置控制点的大小。

➤ 夹点：可在该选项组内选择控制点显示的颜色和状态。

◇ "未选中夹点颜色"下拉列表框，在该列表框中可为无效控制点设置颜色，预设值为蓝色。

◇ "选中夹点颜色"：用于为有效控制点设置颜色，预设值为红色。

◇ "旋转夹点颜色"：用于为控制点设置颜色，预设值为绿色。

◇ "启用夹点"：点选此项，选择目标实体后使之出现控制点，该复选框实质上用于图形实体预览功能的设置。先选择目标，等其显示控制点后再执行命令。

◇ "在块中启用夹点"：点选此项，显示图块中各图形元素的控制点。

◇ "启用夹点顶端"：点选此项，显示夹点顶端的控制点。

4.3.2.9 "配置"选项卡

"配置"选项卡用于控制配置的使用，如图 4-19 所示。

各选项的含义：

➤ 可用配置：该部分显示了所有可用配置的列表。

➤ 置为当前：将在可用配置列表中选定的配置设置为当前配置。

➤ 添加到列表：显示"添加配置"对话框，以便用其他名称来保存选定配置。

➤ 重命名：显示"修改配置"对话框，以便修改选定配置的名称和说明。

➤ 删除：删除选定的配置（不能删除当前配置）。

➤ 输出：将当前的所有选项配置保存到一个 ARG 文件中，以供其他用户共享。

➤ 输入：输入已经存在的 . arg 配置。

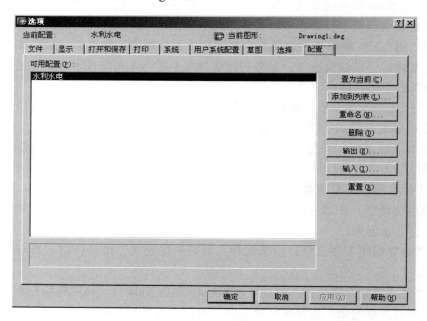

图 4-19 【配置】选项卡对话框

☞ 技巧：

【选项】对话框中所有的设置是对 AutoCAD 2004 软件工作环境进行的配置，这些配置不能保存到样板文件中，但可以利用配置文件进行保存和应用。用户应该区别选项中的设置和样板文件中有关设置的区别。

4.4 样 板 文 件

样板文件主要是为了有一个统一的标准，用户在设计不同的项目时，图纸的规范应保持统一。现在随着跨单位、甚至跨国家进行协作设计时，不同的设计单位、不同的设计者在同时设计一部件时，必须要保持统一的样式和技术规范等。样板文件保存了对图形设置和预先定义好的图层、字体、标注样式、布局等规范设置，以后用户在创建新的图形文件时就可以打开相同类型的样板文件，并在基础上进行绘图就可以了，而以前的设置都保存不变。

样板文件的后缀名为.dwt，而图形文件的后缀名为.dwg，用户在使用时一定要加以区别，避免混淆了。

4.4.1 激活命令的方法

- ➤ 下拉菜单：【文件】→【另存为】
- ➤ 命令行：SAVEAS

4.4.2 过程指导

激活该命令后，弹出【图形另存为】对话框，如图 4-20 所示。

图 4-20 【图形另存为】对话框

在【文件类型】下拉框中选中.dwt 文件，如图 4-21 所示。

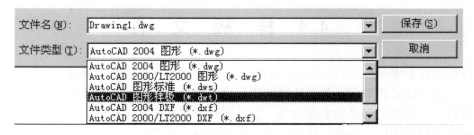

图 4-21　选择样板文件格式.dwt 文件

　　然后指定保存路径，按【保存】按钮，此时弹出【样板说明】对话框，如图 4-22 所示，写入能说明本样板文件的一些解释性文字，单击【确定】按钮，这样样板文件就生成了。

　　如果想应用样板文件，可以【新建文件】，弹出【创建新图形】对话框，如图 4-23 所示，浏览保存的样板文件，单击所需要的样板文件即可。

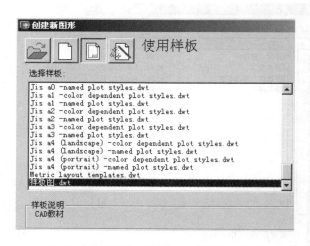

图 4-22　【样板说明】对话框

图 4-23　应用样板文件新建图形文件

　　打开的此文件里面的设置与样板文件.dwt 里面的设置完全相同，用户在此基础上就可以进行设计绘图工作了。

第5章 创建二维对象

　　工程中的工程图纸无论多么复杂，都可以看成是直线、圆、圆弧和其他各种类型曲线的复合体，而外表简单的直线和圆又是二维工程设计图形中应用频率最高的对象，用户需要熟练掌握这些基本二维对象的绘制方法和参数设置。工程图纸是以后加工制造或者工程实施的一个重要依据，所以图形的准确和尺寸的准确是所有工程设计图纸的生命源泉。因此用户在应用 AutoCAD 2004 软件进行学习、设计时，熟练掌握各种坐标系的概念和应用方法是精确绘图的基础，也是初学者理解掌握的第一个难点所在。

5.1　直　　　　　线

　　在第 2 章中读者已经初步使用了直线命令。在 AutoCAD 2004 软件，直线对象并不是几何意义上的直线（两端无端点、没有宽度的线），实际上与几何上的线段（只有两个端点）相同，但是工程上不严格地称呼其为直线。

5.1.1　功能

　　用直线命令可以画出一段或相连的一系列线段，如图 5-1 所示，无论在哪种情况下，每一条线 段都是一个独立的对象。

图 5-1　一条直线、打开的直线和闭合的直线

5.1.2　激活命令的方法

　　➢　工具栏：
　　➢　菜单：【绘图】→【直线】
　　➢　命令行：LINE
　　➢　命令行：L

5.1.3　过程指导

　　执行该命令后，命令行提示：

命令：_line 指定第一点：（在屏幕上任意位置单击，确定第一点）

指定下一点或[放弃（U）]：（在屏幕上任意位置单击，确定第二点）

指定下一点或[放弃（U）]：（在屏幕上任意位置单击，确定第三点）

指定下一点或[闭合（C）/放弃（U）]：

直线命令中有两个选项：

➢ 放弃（U）：表示输入的上一点有误，不是用户所设想的，用户希望取消此点的输入，就可以在提示"放弃（U）"时，在命令中输入 u（不区分大小写）。

➢ [闭合（C）：当用户连续输入 3 个点或以上时，选择 C 时，则直线命令自动找到输入的第一点，用直线把第一点与最后输入的点进行首尾相连，生成一个封闭的图形。

用户可以连续输入一系列的点，直线命令也就生成一系列的折线，当用户希望终止画直线命令时，可以采用下列方法之一：

➢ 直接回车<回车>。

➢ 按【ESC】键；此键可以在命令执行的任何时候随时终止命令。

➢ 鼠标右键，弹出快捷菜单，选择【确定】或者【取消】命令都可以终止命令。

在 AutoCAD 2004 软件中，如果想重复使用前一个已经用过的命令，例如直线命令，可以：

➢ 直接回车<回车>。

➢ 在绘图窗口中单击鼠标右键，弹出快捷菜单，选择【重复直线】即可。

➢ 在命令行里单击鼠标右键，弹出快捷菜单，选择【近期使用的命令】，并选择上一个命令即可。如图 5-2 所示。

【例题 5-1】画出如图 5-3 所示的图形。

激活直线命令，命令行提示：

命令：_line 指定第一点：（用鼠标在绘图区中确定一点 A 点）

指定下一点或[放弃（U）]：（用鼠标在绘图区中确定一点 B 点）

指定下一点或[放弃（U）]：（用鼠标在绘图区中确定一点 C 点）

指定下一点或[闭合（C）/放弃（U）]：（用鼠标在绘图区中确定一点 D 点）

指定下一点或[闭合（C）/放弃（U）]：（用鼠标在绘图区中确定一点 E 点）

指定下一点或[闭合（C）/放弃（U）]：c（输入 C，表示形成封闭图形）

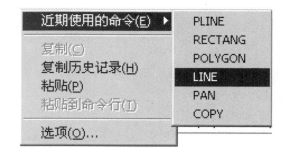

图 5-2 近期使用的命令的快捷菜单

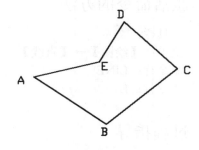

图 5-3 直线练习

5.2　坐标的输入法

5.1 节绘制直线时用光标直接单击输入点，虽然很容易画出图形，但是这种直线无法精确控制其端点的坐标。而工程图纸是以后加工制造或者工程实施的一个重要依据，图形的准确和尺寸的准确是所有工程设计图纸的生命所在。在利用 AutoCAD 进行绘图和设计时必须达到绘图的精确。为此 AutoCAD 2004 软件提供了各种坐标系的输入方法。绘图常用的坐标输入方式有六种。

5.2.1　绝对坐标

绝对坐标系是定义了坐标原点（0，0）、X 和 Y 轴以及单位长度的坐标系，几何上也称为笛卡儿坐标系。

在确定了直角坐标系的平面上，任意一点的几何位置将和一数对一一对应。如图 5-4 所示 A 点就和（50，50）对应，这个数对是该点分别在 X、Y 的截距决定的。

在 AutoCAD 中，为了确定 A 点的精确坐标，要使用坐标值指定点，可输入用逗号隔开的 X 值和 Y 值 X，Y。X 值是沿水平轴以图形单位表示的

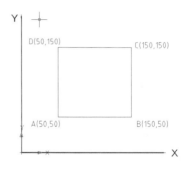

图 5-4　绝对坐标输入

正的或负的距离，Y 值是沿垂直以图形单位表示的正的或负的距离。

例如，坐标 A（50，50）指定一点，此点在 X 轴方向距离原点 50 个单位、在 Y 轴方向距离原点 50 个单位，各点坐标在键盘上 A 点输入 50，50；B 点输入 150，50；C 点输入 150，50；D 点输入 50，150；即形成如图 5-4 所示的图形。

5.2.2 相对坐标

相对坐标值是基于上一输入点的。相当于把前一点作为下一点的坐标原点，如 A 点的坐标是（50，50），下一点 B 的绝对坐标是（150，50），那么相对坐标为（100，0）。

要输入相对坐标，在坐标的前面加一个@符号。例如，B 点相对 A 点的相对坐标（@100，0）。A 点相对 B 点的相对坐标（@−100，0）。

5.2.3　绝对极坐标

绝对极坐标可以用某点相对原点的距离，以及该点与原点的连线与 0°方向（通常

57

为 X 轴正方向）的夹角来表示，其格式为：距离<角度。

例如"20<60"指定一点，该点距原点 20 个单位，它与原点的连线与 0°方向的夹角为 60°。

5.2.4 相对极坐标

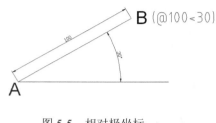

图 5-5   相对极坐标

相对极坐标可以用某点相对上一点的距离以及该点与上一点的连线与 0°方向（通常为 X 轴正方向）的夹角来表示，其格式为：@距离<角度，如图 5-5 所示。

例如@20<60指定一点，该点距上一点 20 个单位，它与上一点的连线与 0°方向的夹角为 60°。

5.2.5 直接输入距离

在绘图的过程中，横平竖直的直线使用频率很高，此时可以打开正交选项，采取直接输入距离的方式进行点的精确定位。

操作步骤如下：

（1）在 AutoCAD 2004 界面下侧的状态栏里单击【正交】按钮，或者利用功能键 F8 进行切换，保证【正交】按钮是按下状态。

（2）激活直线命令。

（3）首先确定第一点坐标。

（4）在确定第一点坐标后，光标在图形窗口中任意移动，发现和以往情况不一样：光标不再能任意移动，而像是被锁上一样只能在上下左右四个正方形间切换。

（5）此时首先保证光标拉出的"橡皮筋"朝向用户希望的方向，然后在命令行中输入这条直线的长度，然后<回车>，则一条指定长度的直线就创建好了。

☞ 技巧：

➤ 【正交】选项的本质是同一时刻只能改变一个坐标方向（比如 X 方向）坐标值，但表现形式是输入一个距离值，不要和前面 4 种坐标系混淆在一起。

➤ 使用这种方法是需要注意首先保证光标拉出的"橡皮筋"朝向用户希望的，然后在命令行中输入距离。

➤ 当用完后及时关闭[正交]选项，即单击或者功能键 F8 切换使其抬起，否则会影响到后面设计绘图的效果。

5.2.6 极轴

当绘图时使用相对极坐标输入坐标时，图形中有多个度数都相等或者是某个角度的倍数时，可以利用极轴追踪的方式输入坐标值。

操作步骤如下：

（1）在 AutoCAD 2004 界面下侧的状态栏里单击【极轴】按钮，或者利用功能键 F10 进行切换，保证【极轴】按钮是按下状态。

（2）在【极轴】按钮上右击，在弹出的快捷菜单中选择【设置】命令，如图 5-6 所示。

（3）在弹出的【草图设置】对话框中进行角度设置，如图 5-7 所示；在【增量角】中设置 36°，表示追踪 36°的所有倍数角度。然后按【确定】按钮。

图 5-6　选择【设置】

（4）激活直线命令。

（5）首先确定第一点坐标。

（6）在确定第一点坐标后，移到光标会发现，当光标到达 36°倍数的方向时，除了"橡皮筋"外还有一条追踪的虚线射线，并且有一个提示信息"极轴：12<36"，如图 5-8 所示；此时在命令行中输入距离 20，则一条长度为 20，极角为 36°的直线就绘制好了，得到如图 5-9 所示的图形。

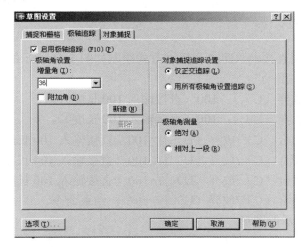

图 5-7　【草图设置】对话框中进行角度设置

图 5-8　极轴方式绘图

图 5-9　输入长度 80

如果用户在输入点坐标时不能按照自己的需要得到图形，您可以检查以下几点：

➢ 是否激活了命令（如直线命令）？

➢ 是否严格地输入了坐标，比如 X 与 Y 之间的"，"，X 与 Y 之间不能有任何其他的空格符号，相对坐标前的@是否加入，极坐标中的"<"号是否正确等。

➢ 是否在英文输入状态下输入坐标？

➢ 数值的正负是否正确，与 X、Y 轴方向相同时是正值（正值前不用加＋号），与 X、Y 轴方向相反时是负值，负值前一定要加"－"号。

➢ 角度的输入是否正确，顺时针方向时是正值（正值前不用加＋号），逆时针方向时是负值，负值前一定要加"－"号，角度值的度不用加"°"符号。

➢ 是否用显示命令把图形调整到合适的大小，因为刚创建的图形相对于图形窗口往往太大或太小，用户看不见图形，所以需要单击工具栏中的 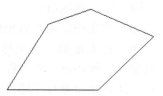 显示全部，就可以看到图形了。

【例 5-2】练习使用各种坐标输入方式。

命令：_line 指定第一点：50，50

指定下一点或［放弃（U）］：150，50

指定下一点或［放弃（U）］：@60，60

指定下一点或［闭合（C）/放弃（U）］：200<45

指定下一点或［闭合（C）/放弃（U）］：@50<200

指定下一点或［闭合（C）/放弃（U）］：c

图 5-10　坐标输入方式练习

效果如图 5-10 所示。

【例 5-3】练习用直接输入距离和极轴方式绘制如图 5-11 所示的五角星图形。

命令：_line 指定第一点：

指定下一点或［放弃（U）］：100（直接输入 100 长度）。

指定下一点或［放弃（U）］：100（直接输入 100 长度）。

指定下一点或［闭合（C）/放弃（U）］：100（直接输入 100 长度）。

指定下一点或［闭合（C）/放弃（U）］：100（直接输入 100 长度）。

指定下一点或［闭合（C）/放弃（U）］：100（直接输入 100 长度）。

指定下一点或［闭合（C）/放弃（U）］：回车，结束命令。

得到如图 5-11 所示的图形。

图 5-11 极轴方式绘制五角星

5.3　精确绘图工具

在设计绘图过程中，AutoCAD 2004 软件提供一些有效的辅助绘图的工具，包括捕捉、栅格、正交等，通过控制状态栏上各个按钮开关，利用这些设置可以有效地提高绘图和设计的速度，并做到精确绘图。如图 5-12 所示，其中任何按钮处于凹的状态表示其功能已被打开，否则为关闭。其开关状态可通过鼠标单击来改变，也可通过功能键进行切换。

图 5-12　状态栏

5.3.1　栅格和捕捉

5.3.1.1　栅格

单击 AutoCAD 2004 软件下面地状态栏中的 栅格 按钮（或者按 F7 功能键切换），可以看到在绘图窗口中出现许多小点构成的网状矩阵，如图 5-13 所示。这些小点是为了将距离形象化，使用户在绘图时有一个参考点，栅格点不会影响最终的打印效果。

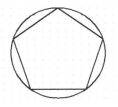

图 5-13　绘图区中的栅格点

激活栅格的方式：

➢　菜单：【工具】→【草图设置】。

➢　快捷菜单：在状态栏上的"捕捉""栅格""极轴""对象捕捉"或"对象追踪"上单击右键，然后选择"设置"。

➢　命令行：dsettings（或 'dsettings，用于透明使用）。

弹出【草图设置】对话框，如图 5-14 所示。

对话框中各选项的含义：

【栅格 X 轴间距】：指定 X 方向相邻两点的间距。如果该值为 0，则栅格采用"捕捉 X 间距"的值。

【栅格 Y 轴间距】：指定 Y 方向相邻两点的间距。如果该值为 0，则栅格采用"捕捉 Y 间距"的值。

【捕捉类型和样式】：控制捕捉模式设置。

【栅格捕捉】：将捕捉类型设置为"栅格捕捉"。

【矩形捕捉】：将捕捉样式设置为标准矩形捕捉模式。当捕捉类型设置为"栅格"并且打开"捕捉"模式时，光标将捕捉矩形捕捉栅格。

【等轴测捕捉】：将捕捉样式设置为等轴测捕捉模式。当捕捉类型设置为"栅格"并

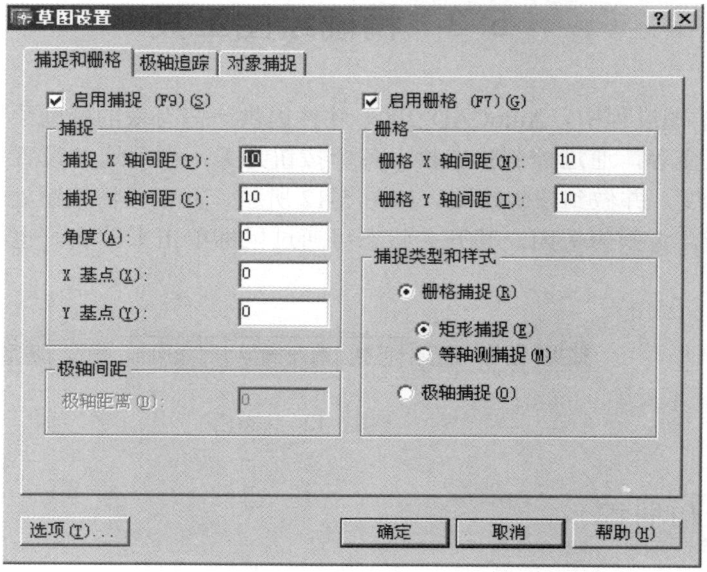

图 5-14 【草图设置】对话框

且打开"捕捉"模式时，光标将捕捉等轴测捕捉栅格。

【极轴捕捉】：在选择"捕捉类型和样式"下的"极轴捕捉"时，设置捕捉增量距离。如果该值为 0，则极轴捕捉距离采用"捕捉 X 间距"的值。"极轴距离"设置与极坐标追踪或对象捕捉追踪结合使用。如果两个追踪功能都未启用，则"极轴距离"设置无效。

注意：

栅格点的界限由 LIMITS 命令控制。

5.3.1.2 捕捉

经常与栅格一起使用的是捕捉。当捕捉打开时，光标不能正常地在绘图窗口中连续移动，只能在栅格点上阶跃地跳动。这样就能保证所绘制的图形特殊点都能准确地定位在栅格上。

打开或关闭捕捉模式，与【栅格】相同。对话框如图 5-14 所示。

对话框中各选项的含义：

【捕捉 X 间距】：指定 X 方向的捕捉间距，间距值必须为正实数。

【捕捉 Y 间距】：指定 Y 方向的捕捉间距，间距值必须为正实数。

【角度】：按指定角度旋转捕捉栅格。

【X 基点】：指定栅格的 X 基准坐标点。

【Y 基点】：指定栅格的 Y 基准坐标点。

【极轴间距】：控制极轴捕捉增量距离。

【极轴距离】：在选择"捕捉类型和样式"下的"极轴捕捉"时，设置捕捉增量距离。如果该值为 0，则极轴捕捉距离采用"捕捉 X 间距"的值。"极轴距离"设置与极坐标追踪或对象捕捉追踪结合使用。如果两个追踪功能都未启用，则"极轴距离"设置无效。

5.3.2 正交

AutoCAD 2004 提供了与绘图人员的丁字尺相类似的绘图和编辑工具——正交。当正交模式被打开，光标将被限制在水平或垂直轴上。

5.3.2.1 激活正交模式的方法

> 状态栏：正交
> 命令行：ortho
> 快捷键：F9

5.3.2.2 过程指导

【例题 5-4】在正交模式下绘制图 5-15 的图形。

激活正交模式<正交 开>
命令：_line 指定第一点：50，50（确定 1 点）
指定下一点或[放弃（U）]：（鼠标向右移确定 2 点）60
指定下一点或[闭合（C）/放弃（U）]：（鼠标向上移确定 3 点）20
指定下一点或[闭合（C）/放弃（U）]：（鼠标向左移确定 4 点）20
指定下一点或[闭合（C）/放弃（U）]：（鼠标向上移确定 5 点）20
指定下一点或[闭合（C）/放弃（U）]：（鼠标向左移确定 6 点）20
指定下一点或[闭合（C）/放弃（U）]：（鼠标向上移确定 7 点）20
指定下一点或[闭合（C）/放弃（U）]：（鼠标向左移确定 8 点）20
指定下一点或[闭合（C）/放弃（U）]：（鼠标向上移确定 9 点）20
指定下一点或[闭合（C）/放弃（U）]：（鼠标向左移确定 10 点）40
指定下一点或[闭合（C）/放弃（U）]：c
得到如图 5-15 所示的图形。

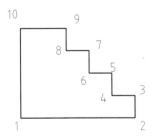

图 5-15　使用正交模式的例图

5.3.3 对象捕捉

确定点的精确位置除了输入点的坐标外，还可以采用对象捕捉将指定点限制在现有对象的确切位置上（如中点或交点等），而不必知道坐标。例如，使用对象捕捉可以绘制到圆心或多段线中点的直线。只要 AutoCAD 2004 提示输入点，就可以指定对象捕捉。

5.3.3.1 打开对象捕捉的方法

> 工具栏：【视图】→【工具栏】→【对象捕捉】，如图 5-16 所示。
> 命令行：输入捕捉名称，具体命令见表。
> 状态栏：【对象捕捉】→【设置】，如图 5-17 所示。
> 按 SHIFT 键并单击鼠标右键以显示对象捕捉菜单，如图 5-18 所示。
> 功能键：F3 进行切换。

图 5-16 对象捕捉的工具栏

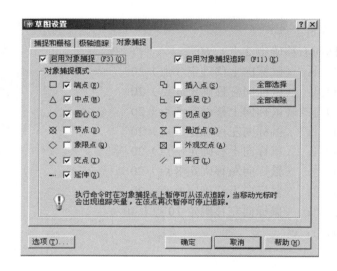

图 5-17 【草图设置】中的对象捕捉对话框

图 5-18 【对象捕捉】快捷菜单

5.3.3.2 过程指导

【例题 5-5】运用对象捕捉功能，完成图 5-19 中的（a）和（b）图。

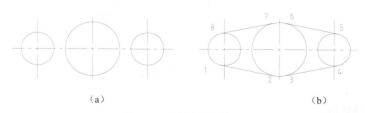

（a）　　　　　　　　　　　　　　　　（b）

图 5-19 捕捉功能练习

（1）在【对象捕捉】选项中单击【全部清除】按钮。
（2）选择【切点】项。

（3）选中【启动对象捕捉】复选按钮。

（4）单击【确定】按钮。

（5）执行下列命令：

命令：_line 指定第一点:把光标放在圆上光标变为切点符号，此时在圆上确定 1 点

指定下一点或[放弃（U）]：在圆上确定 2 点

指定下一点或[放弃（U）]：

命令：_line 指定第一点：在圆上确定 3 点

指定下一点或[放弃（U）]：在圆上确定 4 点

指定下一点或[放弃（U）]：

命令：_line 指定第一点：在圆上确定 5 点

指定下一点或[放弃（U）]：在圆上确定 6 点

指定下一点或[放弃（U）]：

命令：_line 指定第一点：在圆上确定 7 点

指定下一点或[放弃（U）]：在圆上确定 8 点

指定下一点或[放弃（U）]：

 技巧：

➤ 命令行、状态栏和快捷菜单的输入法，对象捕捉仅对指定的下一点生效。而工具栏中的对象捕捉类型设置是"持续"捕捉状态，可以用工具栏的 【无捕捉】按钮，暂时去除所有的"持续"捕捉。

➤ 用户最好把最常用的对象捕捉类型设置成"持续"捕捉状态，其他对象捕捉对象类型保持用户自己手工激活。因为如果全部设定对象捕捉类型为"持续"捕捉状态，将会导致绘图中范围很小的区域内各种特殊类型点的捕捉混乱和干扰，绘图效率反而降低。

5.3.4 对象追踪

有些特殊点无法直接用对象捕捉的方法获得，而绘图时确定这些点需要绘制辅线以完成，在 AutoCAD 2004 软件中，可以利用对象追踪的方式方便快捷地完成此类的图形绘制工作。

【例题 5-6】 在矩形的中心画一个直径为 30mm 的圆。

作图步骤如下：

（1）设置捕捉到中点为"持续"捕捉。

（2）激活状态栏中的【对象追踪】按钮。

（3）利用矩形命令画出一个矩形，如图 5-20（a）所示。

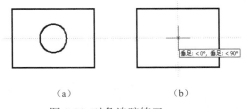

（a）　　　　　　（b）

图 5-20 对象追踪练习

（4）激活【圆】命令。

（5）光标在矩形最左（右）边顶点上悬停（停留片刻），直到出现小十字图标，然后向右（左）拉出对象追踪虚线，如图5-20（b）所示。

（6）紧接着，移动光标到矩形的上（下）边线段中点处悬停（停留片刻），直到出现小十字图标，然后竖直向下（上）拉出对象追踪虚线，当到达两条虚线交点处出现"X"图标时，如图5-20所示，确定圆心。

（7）输入圆半径15。

得到如图5-20所示的图形。

5.4　圆

5.4.1 功能

圆在工程制图中是应用频率很高的对象类型，仅次于直线。在AutoCAD 2004软件中可以用五种方法绘制圆。

5.4.2 激活命令的方法

> 工具栏：⊘

> 菜单：【绘图】→【圆】（如图5-21所示）

> 命令行：circle

> 命令行：C

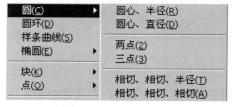

图5-21　画圆的方式

5.4.3 过程指导

当激活圆命令后，在命令行提示：

（1）圆心、半径。

命令：_circle 指定圆的圆心或[三点（3P）/两点（2P）/相切、相切、半径（T）]：（用鼠标在屏幕中任意确定一点）

指定圆的半径或[直径（D）]<30>：30（得到如图5-22所示的圆）

（2）圆心、直径。

命令：_circle 指定圆的圆心或［三点（3P）/两点（2P）/相切、相切、半径（T）］：（用鼠标在屏幕中任意确定一点）

指定圆的半径或［直径（D）］<30>：D

指定圆的直径<40>：60（得到如图 5-23 所示的圆）

图 5-22　圆心、半径画圆

图 5-23　圆心、直径画圆

（3）两点。

命令：_circle 指定圆的圆心或［三点（3P）/两点（2P）/相切、相切、半径（T）］：_2p

指定圆直径的第一个端点：（拾取矩形中的一个交点 1）

指定圆直径的第二个端点：（拾取矩形中的一个交点 2）（得到如图 5-24 所示的圆）

（4）相切、相切、半径。

命令：_circle 指定圆的圆心或［三点（3P）/两点（2P）/相切、相切、半径（T）］：t

指定对象与圆的第一个切点：（光标移到直线上，确定一点）

指定对象与圆的第二个切点：（光标移到圆上，确定一点）（得到如图 5-25 所示的圆）

指定圆的半径 <21>：30。

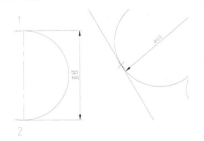

图 5-24　两点画圆

图 5-25　相切、相切、半径画圆

（5）三点。

命令：_circle 指定圆的圆心或［三点（3P）/两点（2P）/相切、相切、半径（T）]：_3p

指定圆上的第一个点：（拾取三角形的交点 A）

指定圆上的第二个点：（拾取三角形的交点 B）

指定圆上的第三个点：（拾取三角形的交点 C）（得到如图 5-26 所示的圆）

（6）相切、相切、相切（此中画圆方式在下拉菜单中拾取）

命令：_circle 指定圆的圆心或［三点（3P）/两点（2P）/相切、相切、半径（T）]：_3p

指定圆上的第一个点：_tan 到（把光标移到三角形的一条边上确定点 1）

指定圆上的第二个点：_tan 到（把光标移到三角形的一条边上确定点 2）

指定圆上的第三个点：_tan 到（把光标移到三角形的一条边上确定点 3）（得到如图 5-26 所示的圆）

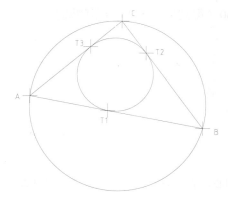

图 5-26　三点画圆和相切、相切、相切画圆

技巧：

➢ 应用相切、相切、半径画圆时要注意：捕捉相切对象不同的位置，导致最终切点有可能不同，最终导致相切关系的不同（内切或外切），一般可根据图形中的相切位置将光标尽可能移到该切点处；输入圆的半径大小要合适，如果输入的半径值不满足两切点之间形成圆的话，则不能创建圆。

➢ 有时画出的圆看似一个多边形，这是圆的显示分辨率较低，可以在【工具】→【选项】选择【显示】，【显示精度】中的圆弧和圆的显示角度中数值选择大些，其值越大，显示的圆越光滑。无论其值多大均不影响出图后圆的光滑度。

5.5　圆　　　弧

5.5.1 功能

可以画出圆心角在 0°＜θ＜360°的圆弧。

5.5.2 激活命令的方法

➢ 工具栏：

➢ 菜单：【绘图】→【圆弧】（如图 5-27 示）

➢ 命令行：Arc

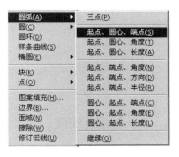

图 5-27　画圆弧的方式

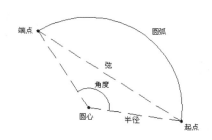

图 5-28　圆弧的几何参数

5.5.3　过程指导

确定圆弧的具体参数组合很多，一般用户没有必要把这些组合都记住，只需要理解各个参数的几何含义就可以了，如图 5-28 所示。使用圆弧命令时，用户根据已知条件，直接调用下拉菜单中对应参数组合就可以了。

与圆弧相关的参数几何含义如表 5-1 所示。

表 5—1　　　　　　　　　　　　　　圆弧的参数几何含义一览表

方　　式	说　　　　　　　　　明
三点法	依次指定起点、圆弧上一点和端点来绘制圆弧
起点、圆心、端点法	依次指定起点、圆心和端点来绘制圆弧
起点、圆心、角度法	依次指定起点、圆心角和端点来绘制圆弧，其中圆心角逆时针方向为正（缺省）
起点、圆心、长度法	依次指定起点、圆心和弦长来绘制圆弧
圆心、起点、端点法	依次指定起点、圆心和端点来绘制圆弧
圆心、起点、角度法	依次指定起点、圆心角和端点来绘制圆弧，其中圆心角逆时针方向为正（缺省）
圆心、起点、长度法	依次指定起点、圆心和弦长来绘制圆弧
起点、端点、角度法	依次指定起点、端点和圆心角来绘制圆弧，其中圆心角逆时针方向为正（缺省）
起点、端点、方向法	依次指定起点、端点和切线方向来绘制圆弧。向起点和端点的上方移动光标将绘制上凸的圆弧，向下方移动光标将绘制下凸的圆弧
起点、端点、半径法	依次指定起点、端点和圆弧半径来绘制圆弧
继续	AutoCAD 将把最后绘制的直线或圆弧的端点作为起点，并要求用户指定圆弧的端点，由此创建一条与最后绘制的直线或圆弧相切的圆弧

【例题 5-7】画电力系统中的电抗器符号。

（1）打开【正交】模式。

（2）用直线命令画一条长度为 50 的直线。

（3）【绘图】→【圆弧】→【起点、圆心、角度】。

　　◇　捕捉直线的端点 A。

　　◇　追踪 A 点，向右移动，输入 20，则确定了圆弧的圆心。

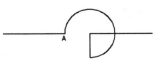

图 5-29　电抗器符号

　　◇　输入-270，确定圆弧的包含角。

（4）画该符号的另外两条直线。结果如图 5-29 所示。

5.6 多 段 线

5.6.1 功能

多段线是作为单个对象创建的相互连接的序列线段。可以创建直线段、弧线段或两者的组合线段。

多段线与直线有不同之处，它有以下一些特点：

> ➢ 多段线是一个或者多个直线或者圆弧组成的单个对象。
> ➢ 多段线可以是直线、圆弧或者直线加圆弧的方式的组合。
> ➢ 多段线有线宽的属性，而且每段都可以有首尾不同宽度的线宽。
> ➢ 多段线便于编辑修改和信息查询。
> ➢ 多段线是生成三维实体过程中一个重要的步骤。

5.6.2 激活命令的方法

> ➢ 工具栏：

> ➢ 菜单：【绘图】→【多段线】
> ➢ 命令行：PLINE
> ➢ 命令行：PL

5.6.3 过程指导

当激活多段线命令后，命令行提示：

命令：_pline

指定起点：（指定一点）

当前线宽为 0

指定下一个点或[圆弧（A）/半宽（H）/长度（L）/放弃（U）/]：

PLINE 命令中各选项的含义：

> ➢ 圆弧（A）：选择该项后 PLINE 命令转为绘圆弧方式，输入"A"系统提示指定圆弧的端点或[/ 圆心（CE）/闭合（CL）/方向（D）/半宽（H）/直线（L）/半径（R）/第二个点（S）/放弃（U）/宽度（W）]：

圆弧选项中的各选项的含义：

> ✧ 圆弧的端点：选择与上一线段相切的圆弧终点。
> ✧ 角度（A）：指定绘制圆弧的圆心角度。
> ✧ 闭合（CL）：指定绘制圆弧的圆心位置。

◇ 方向（D）：指定绘制圆弧的起点切线方向。

◇ 半宽（H）：指定多段线的半宽值。

◇ 直线（L）：返回绘制直线方式。

◇ 半径（R）：指定绘制圆弧的半径。

◇ 第二个点（S）：通过三点绘制一个圆弧，该选项表示指定圆弧上第二点所在的位置。

◇ 放弃（U）：取消刚刚绘制的一段多段线。

◇ 宽度（W）：选中该项将设置多段线的线宽，要求设置起始线宽和终点线宽。

➢ 长度（L）：绘制直线的长度值。

【例题 5-8】绘制由直线和圆弧组合的多段线。

（1）打开【正交】模式。

（2）激活多段线命令。

（3）输入（50，50）确定 1 点，向右移动，输入 50，确定 2 点。

（4）鼠标向上移到，输入 30，确定 3 点。

（5）输入 A，回车，选项转到画圆弧方式，输入 20，确定 4 点。

（6）输入 L，回车，选项转到画直线方式，输入 10，确定 5 点。

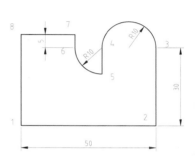

图 5-30　多段线

（7）输入 A，回车，选项转到画圆弧方式。

（8）在画圆弧方式中选择 CE(圆心)，输入（@0，10），确定 6 点。

（9）输入 L，回车，选项转到画直线方式，输入 10，确定 7 点。

（10）鼠标向左移到，输入 25，确定 8 点。

（11）输入闭合选项 C。

得到图形如图 5-30 所示。

【例题 5-9】画出电路图中的线组符号。

（1）打开【正交】模式。

（2）激活多段线命令。

（3）在屏幕中确定 1 点，向上画直线 12（长度＝2）。

（4）输入 A，回车，选项转到画圆弧方式。输入@（8，0），确定 3 点，画出 23 圆弧。

（5）输入方向选项 D，鼠标向上任意确定一点，表示 34 圆弧的切线方向向上。

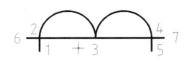

图 5-31 线组符号

（6）输入@（8，0），确定 3 点，画出 34 圆弧。

（7）输入直线方式 L，输入 2，确定 45 线段。

（8）利用追踪模式画出直线 67。

得到图形如图 5-31 所示。

【例题 5-10】利用多段线命令画出避雷器符号。

（1）打开【正交】模式。

（2）激活多段线命令，画出宽 20，高 50 矩形。

（3）利用追踪模式追踪矩形上边的中点，输入 20。

（4）移动鼠标向下，输入 45。

（5）输入宽度设置 W 选项。

（6）起点线宽为 4，终点线宽为 0。

（7）移动鼠标向下，输入 10。

（8）画出接地符号。

得到如图 5-32 所示的图形。

图 5-32　避雷器符号

5.7　矩　　　形

5.7.1　功能

我们能用直线命令或多段线命令画出矩形了，但是那样画图相对麻烦，效率也很低。AutoCAD 2004 软件有专门的矩形命令可以绘制矩形、正方形以及圆角、倒角过渡的矩形和正方形。矩形命令绘制的图形是一个封闭的整体，便于以后进行编辑。

5.7.2　激活命令的方法

➢　工具栏：

➢　菜单：【绘图】→【矩形】

➢　命令行：rectang 或 rectangle

➢　命令行：REC

5.7.3　过程指导

激活矩形命令后，命令行提示：

命令：_rectang

指定第一个角点或[倒角（C）/标高（E）/圆角（F）/厚度（T）/宽度（W）]：

指定另一个角点或[尺寸（D）]：

命令选项中各选项的含义：

➢ 第一个角点：指定矩形的一个角点。

➢ 倒角（C）：设置矩形的倒角距离。

➢ 标高（E）：设置三维矩形距离地平面的高度。

➢ 圆角（F）：指定矩形的圆角半径。

➢ 厚度（T）：设置矩形的三维厚度值。

➢ 宽度（W）：为要绘制的矩形指定多段线的宽度。

➢ 另一个角点：使用指定的点作为对角点创建矩形。

➢ 尺寸（D）：矩形的长度和宽度。

【例题 5-11】利用矩形命令绘制 A3 图纸的图框。

命令：_rectang

指定第一个角点或[倒角（C）/标高（E）/圆角（F）/厚度（T）/宽度（W）]：w

指定矩形的线宽 <0>：0.25

指定第一个角点或[倒角（C）/标高（E）/圆角（F）/厚度（T）/宽度（W）]：0，0

指定另一个角点或[尺寸（D）]：@420，297

命令：_rectang

当前矩形模式：宽度=1

指定第一个角点或[倒角（C）/标高（E）/圆角（F）/厚度（T）/宽度（W）]：w

指定矩形的线宽<1>：0.7

指定第一个角点或[倒角（C）/标高（E）/圆角（F）/厚度（T）/宽度（W）]：25，5

指定另一个角点或[尺寸（D）]：@390，287

得到如图 5-33 所示的图形。

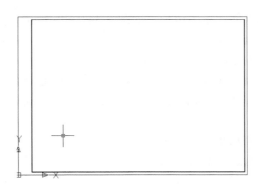

图 5-33　图框

☞ 技巧：

➢ 绘制矩形的命令中有两个选项倒角和圆角，在倒角时，倒角中的两个倒角距离可以相同也可以不同，倒角中两个倒角距离之和不大于矩形较小边长的一半。

➢ 在圆角时，要满足圆角半径不大于矩形较小边长的一半。

5.8 正 多 边 形

5.8.1 功能

正多边形是具有 3 到 1024 条等长边的闭合多段线。超出这个范围不能用正多边形命令创建。正多边形是一个封闭的整体。

5.8.2 激活命令的方法

> 工具栏：⬠
> 菜单：【绘图】→【正多边形】
> 命令行：polygon
> 命令行：pol

5.8.3 过程指导

当激活正多边形命令后，首先要输入正多边形的边数，然后有两大类确定正多边形的方法：

（1）用一个假想圆来创建正多边形，如图 5-34（a）所示。

> 用内接于圆的方法创建正多边形。

命令：_polygon 输入边的数目<4>：6

指定正多边形的中心点或[边（E）]：（在屏幕中确定一点）

输入选项[内接于圆（I）/外切于圆（C）]<I>：（直接回车）

指定圆的半径：30

> 用于外切圆的方法创建正多边形。

命令：_polygon 输入边的数目<6>：

指定正多边形的中心点或[边（E）]：

输入选项[内接于圆（I）/外切于圆（C）]<I>：c

指定圆的半径：30

（2）用正多边形的一条边长来确定正多边形，如图 5-34（b）所示。

命令：_polygon 输入边的数目<6>：

指定正多边形的中心点或[边（E）]：e

指定边的第一个端点：P1（确定第一点）

指定边的第二个端点：20（在正交模式下，鼠标向右移动，输入 20，确定 P2a 点）

命令：_polygon 输入边的数目<6>：

指定正多边形的中心点或[边（E）]：e

指定边的第一个端点：P1（确定第一点）

指定边的第二个端点：20（在正交模式下，鼠标向左移动，输入 20，确定 P2b 点）

 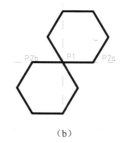

（a）　　　　　　　　　　　　（b）

图 5-34　正多边形

（a）假想圆画正多边形；（b）一条边长来画正多边形

【例题 5-12】利用正多边形命令画具有反馈通道的放大器符号。

（1）把【捕捉】和【栅格】打开，并且把栅格距离设置为 10。

（2）激活正多边形命令，输入边数 3。

（3）选定一点作为正多边形的中心，输入 C（正多边形的外切于圆的画法）。

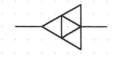

（4）鼠标向右移动一个单位，确定 A 点，画出大三角形。

图 5-35　具有反馈通道的放大器符号

（5）重复正多边形命令，输入边数为 3。

（6）输入选项 E。

（7）捕捉大三角形的两条边的中点 B、C 点，确定小三角形。

（8）绘制符号中的两条线。得到如图 5-35 所示的图。

【例题 5-13】利用正多边形命令画六角螺母一个俯视图。

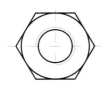

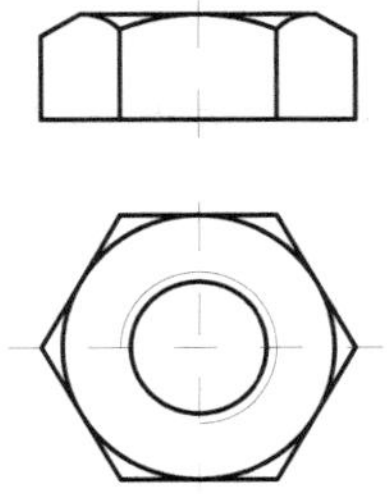

（1）打开【正交】模式。

（2）画出对称中心线。

（3）激活圆命令，分别画出直径为 20 和 40 的圆。

（4）用圆弧命令画出螺纹的大径圆（细实线画四分之三圆弧）。

（5）激活正多边形命令，输入边数 6。

（6）确定中心点在圆心上，输入 C（利用外切于圆的方法画正多边形）。

图 5-36　六角螺母主、俯视图

（7）输入 20，确定正多边形。得到效果图如图 5-36 所示。

（8）主视图可以利用【对象捕捉】和【对象追踪】来画。

5.9　构造线和射线

5.9.1　功能

向一个或两个方向无限延伸的直线分别称为射线和构造线，一般可用作创建其他对象的辅助线或者布置图形位置的参照。

5.9.2　激活命令的方法

> 工具栏：
> 菜单：【绘图】→【构造线】
> 命令行：xline
> 命令行：xl

5.9.3　过程指导

激活构造线命令后，命令行提示：

命令：_xline 指定点或[水平（H）/垂直（V）/角度（A）/二等分（B）/偏移（O）]：（指定点或输入选项）

指定通过点：

各选项的含义：

> 指定点、指定通过点：使用这两个通过点指定无限长线的位置。

水平（H）：创建通过指定点的水平构造线。

垂直（V）：创建通过指定点的垂直构造线。

角度（A）：按指定的角度创建构造线。

> 二等分（B）：创建一条构造线，它经过选定的角顶点，并且将选定的两条线之间的夹角平分。

> 偏移（O）：创建平行于另一个对象的构造线。

【例题 5-14】绘制房屋平面图的轴线。

（1）利用缺省设置新建文件。

（2）将辅助线层设为当前图层。

（3）在【格式】下拉菜单→【图形界限】设置图形界限，左下角为（0，0），右上角为（2000，1500）。

（4）利用显示命令【全部缩放】将图形显示全部。

（5）激活构造线命令，输入 H 选择"水平"选项。输入（0，0）。

（6）直接回车，重复构造线命令。输入 O 选择"偏移"选项。

（7）输入 400。

（8）在第一条构造线上单击鼠标，向上确定一点。

最后得到如图 5-37 所示的图形。

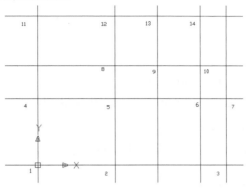

图 5-37 房屋平面图的轴线

5.10 圆 环

5.10.1 功能

圆环是填充环或实体填充圆，即带有宽度的闭合多段线。 要创建圆环，请指定它的内外直径和圆心。通过指定不同的中心点，可以继续创建具有相同直径的多个副本。要创建实体填充圆，请将内径值指定为 0。

5.10.2 激活命令的方法

➢ 菜单：【绘图】→【圆环】

➢ 命令行：DOUNT

➢ 命令行：DO

5.10.3 过程指导

圆环有下面两种方式画法：

命令：_donut

图 5-38　圆环的画法

指定圆环的内径<1>：10
指定圆环的外径<1>：13
指定圆环的中心点或<退出>：50，50
指定圆环的中心点或<退出>：回车（得到如图
5-38（a）所示的图形）

命令：_donut
指定圆环的内径<10>：0
指定圆环的外径<13>：
指定圆环的中心点或<退出>：80，80
指定圆环的中心点或 <退出>：回车（得到如图 5-38（b）所示的图形）

【例题 5-15】绘制如图 5-39 所示的图标。
（1）用圆环命令绘制轮椅（修剪命令在下一章介绍）。
（2）用圆环命令绘制人头。
（3）用多段线命令绘制其他直线。
得到如图 5-39 所示的图形。

图 5-39　图标

5.11　椭　　　圆

5.11.1　功能

椭圆的几何定义是动点到两动点距离之和等于定长的点的集合。在 AutoCAD 中椭圆的形状由其长度和宽度的两条轴决定。较长的轴称为长轴，较短的轴称为短轴。
椭圆参数的定义如图 5-40 所示。

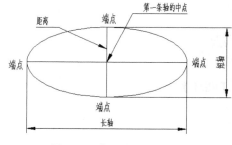

图 5-40　椭圆的参数定义

5.11.2　激活命令的方法

➢　工具栏：　　　（绘制椭圆弧）

78

> 菜单：【绘图】→【椭圆】
> 命令行：ELLIPSE
> 命令行：EL

5.11.3 过程指导

【例题 5-16】利用默认方式绘制椭圆

命令：_ellipse
指定椭圆的轴端点或[圆弧（A）/中心点（C）]：200，50
指定轴的另一个端点：@100，0
指定另一条半轴长度或[旋转（R）]：60
得到如图 5-41 所示的图形。

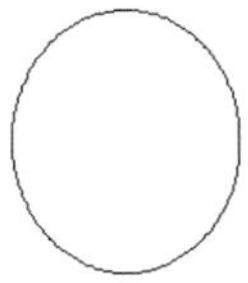

图 5-41 椭圆的画法

【例题 5-17】利用椭圆命令绘制

命令：_ellipse
指定椭圆的轴端点或[圆弧（A）/中心点（C）]：_a
指定椭圆弧的轴端点或[中心点（C）]：220，180
指定轴的另一个端点：@100，0
指定另一条半轴长度或[旋转（R）]：30

图 5-42 椭圆弧的画法

指定起始角度或[参数（P）]：30
指定终止角度或[参数（P）/包含角度（I）]：180
得到如图 5-42 所示的图形。

5.12 样 条 线

5.12.1 功能

样条曲线是创建形状不规则的曲线，可以通过指定点来创建样条曲线，也可以封闭样条曲线，使起点和端点重合。在 AutoCAD 中是使用一种称为非一致有理 B 样条（NURBS）曲线的特殊样条曲线类型，NURBS 曲线在控制点之间产生一条光滑的曲线。

5.12.2 激活命令的方法

> 工具栏：
> 菜单：【绘图】→【样条曲线】
> 命令行：spline
> 命令行：spl

5.12.3 过程指导

激活样条曲线命令，命令行提示：

命令：_spline

指定第一个点或[对象（O）]：（用指定的点创建样条曲线）

指定下一点：（输入点一直到完成样条曲线的定义为止）

指定下一点或[闭合（C）/拟合公差（F）]<起点切向>：

各选项的含义：

➢ 闭合（C）：将最后一点定义为与第一点一致，并使它在连接处相切，这样可以闭合样条曲线。

➢ 拟合公差（F）：修改当前样条曲线的拟合公差。根据新公差以现有点重新定义样条曲线。

➢ 指定起点切向：提示指定样条曲线第一点的切向。

➢ 指定端点切向：提示指定样条曲线最后一点的切向。

如果在样条曲线的两端都指定切向，可以输入一个点或者使用"切点"和"垂足"对象捕捉模式使样条曲线与已有的对象相切或垂直。如果按 ENTER 键，AutoCAD 将计算默认切向。

【例题 5-18】在矩形中（200×60）绘制如图 5-43 所示的类似正弦形状的样条曲线。

命令：_spline

指定第一个点或[对象（O）]：0，150

指定下一点：20，210

指定下一点或[闭合（C）/拟合公差（F）]<起点切向>：40，150

指定下一点或[闭合（C）/拟合公差（F）]<起点切向>：60，210

指定下一点或[闭合（C）/拟合公差（F）]<起点切向>：80，150

指定下一点或[闭合（C）/拟合公差（F）]<起点切向>：100，210

指定下一点或[闭合（C）/拟合公差（F）]<起点切向>：120，150

指定下一点或[闭合（C）/拟合公差（F）]<起点切向>：140，210

指定下一点或[闭合（C）/拟合公差（F）]<起点切向>：160，150

指定下一点或[闭合（C）/拟合公差（F）]<起点切向>：180，210

指定下一点或[闭合（C）/拟合公差（F）]<起点切向>：200，150

指定下一点或[闭合（C）/拟合公差（F）]<起点切向>：220，210

需要点或选项关键字。

指定下一点或[闭合（C）/拟合公差（F）]<起点切向>：回车

指定起点切向：回车

指定端点切向：回车

得到如图 5-43 所示的图形。

图 5-43　样条曲线

　　读者在画图时，每一点都要输入坐标值，万一输入错误还要重新输入，极其不便。用户可以把要确定的样条曲线的所有特殊点先在一个文本编辑器里面编辑好，在激活样条曲线命令后，命令行提示指定第一个点时把整体拷贝输入就可以了。

【例题 5-19】绘制某钢铁厂几年的产量曲线。

时间（年）	1994	1995	1996	1997	1998	1999	2000	2001	2002
产量（万吨）	50	60	50	70	70	80	90	110	140

　　（1）先在文本编辑器里面编辑好以下几个点的坐标：
@20，10
@20，−10
@20，20
@20，0
@20，10
@20，10
@20，20
@20，30
　　（2）用直线命令画出横轴和纵轴。
　　（3）激活样条曲线命令，在平面中确定第一点。
　　（4）在命令行提示：指定下一点时，把光标移到命令行提示点击左键，把其他点坐标整体拷贝输入就可以了。
　　（5）按默认的切线方向直接回车就得到如图 5-44 所示的图形。

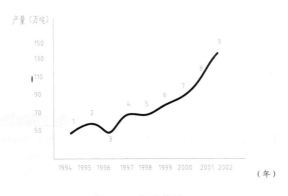

图 5-44　产量曲线

【例题 5-20】利用样条曲线绘制某山地地形图。

（1）激活样条曲线命令。

（2）根据主要点的参数确定地形图的坐标点。

（3）按照地形的形状光滑连接各点，得到如图 5-45 所示的图形。

如果得知各点准确的数据，可以在文本编辑器中输入各坐标值，再在命令行整体拷贝输入就可以了。

图 5-45　山地地形图

5.13　点

5.13.1　功能

点可以作为捕捉对象的节点。作为参照几何图形的点对象对于对象捕捉和相对偏移非常有用。

在默认状态下点对象就是一个个小圆点，不便于显示，为了有更好的可见性，用户可以根据需要修改点的样式。

下拉菜单：【格式】→【点样式】，将弹出点样式对话框，如图 5-46 所示。

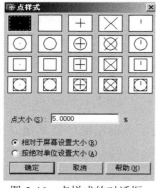

图 5-46　点样式的对话框

☞　技巧：

➤　虽然点对象的样式有各种各样，但是点样式只是为了改善点的可见性，并不说明点对象就是那种样子。

➤　如改变点样式后，该样式将改变整个图形中所有点的样式，也可以认为在一张图纸中只有一种点样式。

5.13.2　激活命令的方法

➤　工具栏：·

➤　菜单：【绘图】→【点】（如图 5-47 所示）

➤　命令行：point

➤　命令行：po

图 5-47　点下拉菜单

5.13.3 过程指导

激活点命令后，命令行提示：

命令：_point

当前点模式：PDMODE=35 PDSIZE=0

指定点：输入点坐标值或者在屏幕中任意点击

这种直接绘制单个点的情况比较少，应用较多的是【定数等分】和【定距等分】的方法绘制点。

【例题 5-21】利用直线命令画一个内切于圆的正六边形。

（1）用圆命令画出圆。

（2）点击【绘图】→【点】→【定数等分】。

（3）命令行提示：命令：_divide。

选择要定数等分的对象：

输入线段数目或 [块（B）]：6（得到如图 5-48（a）所示图形）

（4）打开对象捕捉中【节点】。

（5）用直线命令画出如图 5-48（b）所示的正六边形。

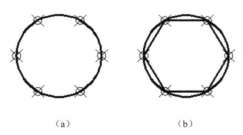

（a）   （b）

图 5-48　画正六多边形

【例题 5-22】将如图 5-49 所示的图形按照每段等于 40mm 距离进行等分。

（1）点击【绘图】→【点】→【定距等分】。

（2）命令行提示：

命令：_measure

选择要定距等分的对象：

指定线段长度或[块（B）]：40（得到如图 5-49 所示图形）

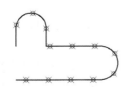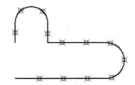

图 5-49　多段线定距等分

大家比较图 5-49 中的两个图形，都是用 40mm 定距等分方法来等分同一条线段，发现左边图形中上边最后一段的距离不足 40mm；而右边图形中下边图形中左边线段不足 40mm，为什么？用【定距等分】来等分一条直线时，它以"选择要定距等分的对象"时鼠标确定的点靠近哪一端，等分时就以该端为起点来等分该直线，不足的部分留在最后一段。

【定数等分】和【定距等分】中都有一个【块（B）】选项，它可以在插入点的位置插入一个事先定义好的块，对于块的概念将在后面章节中介绍。

5.14 多   线

5.14.1 功能

在有些行业的工程图纸中，有大量的一组平行线组成的对象，如建筑图中墙体、管道和道路等。如果用户一条一条的来创建这些平行线，相当麻烦，并且拐角处的编辑工作量也较大。为此 AutoCAD 软件提供了多线对象。

多线包含 1～16 条平行线，这一组平行线是一个对象，但每条平行线的特性可以不同。用户可以设置每条平行线的颜色、线型，以及显示或隐藏多线的接头（接头是那些出现在多线中每个顶点处的线条）。

5.14.2 激活命令的方法

➢ 菜单：【绘图】→【多线】
➢ 命令行：mline
➢ 命令行：ml

5.14.3 过程指导

当激活多线命令后，命令行提示：
命令：_mline
当前设置：对正=上，比例=20.00，样式=STANDARD
指定起点或[对正（J）/比例（S）/样式（ST）]：
选项中各选项的含义：
➢ 对正（J）：确定如何在指定的点之间绘制多线。当选择对正（J）后，命令行提示：
输入对正类型[上（T）/无（Z）/下（B）]<当前类型>：输入选项或按 ENTER 键。
◇ 上（T）：在光标下方绘制多线，因此在指定点处将会出现具有最大正偏移值的直线。

◇ 无（Z）：将光标作为原点绘制多线，因此 MLSTYLE 命令中"元素特性"的偏移 0.0 将在指定点处。

◇ 下（B）：在光标上方绘制多线，因此在指定点处将出现具有最大负偏移值的直线。

➤ 比例（S）：控制多线的全局宽度（该比例不影响线型比例）。比例因子以在多线样式定义中建立的宽度为基础，其宽度是样式定义的宽度的比例因子倍数。

➤ 样式（ST）：指定多线的样式。

在绘制多线之前必须设定多线样式，设定样式后再绘制多线。设定多线样式的方法如下：

在下拉菜单【格式】→【多线样式】，弹出【多线样式】对话框，如图 5-50 所示。

对话框中各选项的含义：

➤ 当前：显示并设置当前多线样式。从列表中选择一个样式名使其成为当前样式。如果有多种样式，当前样式名将处于选中状态。

注意：不能编辑 STANDARD 多线样式或图形中正在使用的任何多线样式的元素和多线特性。如果试图在【元素特性】对话框或【多线特性】对话框中编辑这些选项，这些选项是不可用的。要编辑现有多线样式，必须在使用该样式绘制多线之前进行。

➤ 名称：新建或重命名多线样式。在为新样式输入名称并选择【添加】使其成为当前样式后，元素和多线特性才可用。

➤ 说明：为多线样式添加说明。最多可以输入 255 个字符（包括空格）。

➤ 加载：显示"加载多线样式"对话框，可在其中从指定的 MLN 文件加载多线样式。

➤ 保存：保存或复制多线样式。请输入名称然后选择"保存"。

➤ 添加：将【名称】框中的多线样式添加到【当前】列表中。

➤ 重命名：重命名多线样式。请输入样式名称然后选择【重命名】。

➤ 元素特性：显示【元素特性】对话框，如图 5-51 所示。不能编辑现有多线样式的元素特性。

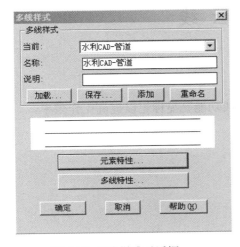

图 5-50 多线样式对话框

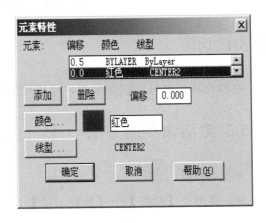

图 5-51 【元素特性】对话框

【例题 5-23】绘制一条直径为 40mm 管道线。

（1）设置好管道的多线样式。

（2）激活多线命令。

（3）按照设计需要画出如图 5-52 所示的图形
（多线的编辑在下一章介绍）。

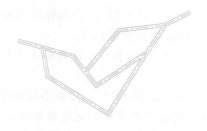

图 5-52 管道线

【例题 5-24】在房屋轴线的基础上画出墙体线。

（1）打开【例题 5-24】中房屋的轴线图。

（2）在【多线样式】对话框中设置好多线的样式。

（3）激活多线命令，设置【对齐】方式为无（ZC）。

（4）按照轴线绘出如图 5-53 所示的图形。

（5）删除辅助线（构造线）得到如图 5-54 所示的图形。

（6）读者在学习编辑命令后可以继续画出门的结构。

图 5-53 墙体线图

5-54 修剪后的墙体线

5.15 修 订 云 线

5.15.1 功能

在检查或用红线圈阅图形时，可以使用修订云线功能亮显标记以提高工作效率。

5.15.2 激活命令的方法

➤ 工具栏： ⬡

➤ 菜单：【绘图】→【修订云线】

➤ 命令行：revcloud

5.15.3 过程指导

执行该命令后，命令行提示："指定起点或[弧长（A）/对象（O）]<对象>："。命令提示中选项的含义：

➢ 弧长（A）：用于设置修订云线中圆弧的最大长度和最小长度。更改弧长时，可以创建具有手绘外观的修订云线。

➢ 对象（O）：用于将闭合对象（圆、闭合的多段线或样条曲线）转换为修订云线。也可以创建外观一致的修订云线。

【例题5-25】用修订云线命令对图形进行标注红线圈。

（1）首先将线型的颜色设置为红色。

（2）激活该命令后，命令行提示：

命令：_revcloud。

最小弧长：15 最大弧长：15

指定起点或[弧长（A）/对象（O）]<对象>：a（设置弧长）

指定最小弧长<15>：10（指定最小弧长）

指定最大弧长<10>：10（指定最大弧长）

指定起点或[对象（O）]<对象>：（用鼠标指定起点）

沿云线路径引导十字光标...　（用鼠标沿着需要圈选的图形位置点击。可以通过修订云线起点和终点闭合或按下 ENTER 键来结束命令）

修订云线完成。

效果图如图 5-55 所示。

图 5-55　修订云线

☞ **技巧：**

➢ 按下 ENTER 键可以在绘制修订云线的过程中终止执行来结束 revcloud 命令，这将生成开放的修订云线。

➢ 打开【正交】和【对象追踪】模式后，可以跟踪修订云线的矩形路径。

第6章 编辑二维对象

AutoCAD 不仅能创建由线、圆、弧及点组成简单图形，而且其优点表现为方便强大的图形编辑功能。用户借助图形的编辑命令来构造、修改图形的大小、形状以及改变图形的属性，可以帮助用户快速、准确地绘制出各种复杂的图形。所以对于一个使用 AutoCAD 的用户来说，熟悉和掌握图形的编辑命令是学习使用 AutoCAD 的一个必要环节。

6.1 对 象 选 择

在 AutoCAD 绘图编辑过程中，大部分编辑命令被激活后，命令行都提示"选择对象"。AutoCAD 把被编辑的图形称为对象。用户只要进行编辑命令操作，就必须快速、准确无误地选择对象，下面介绍在 AutoCAD 软件中一些常用地选择对象的方法。

当激活编辑命令后（以删除命令为例），命令行提示：

命令：_erase

选择对象：?（在提示后输入?，提示如下）

无效选择

需要点或

窗口（W）/上一个（L）/窗交（C）/框（BOX）/全部（ALL）/栏选（F）/圈围（WP）/圈交（CP）/编组（G）/类（CL）/添加（A）/删除（R）/多个（M）/上一个（P）/放弃（U）/自动（AU）/单个（SI）

命令行提示的可选项，表示了 AutoCAD 软件中选择对象的方法。

（1）直接选择。

这是最基本的选择对象的方法。将选择框（此时的靶框变为一个小正方形）移动到欲被选择的对象的任意一部分并单击鼠标左键，该对象将以高亮状态显示，则该对象被选中。选择框的大小可以改变，将在后面章节中介绍如何调整其大小。

（2）默认框选取方式（Box）。

这一方式通过定义一个窗口来选择对象。

一般在"选择对象"提示下，将选择框移到没有图形对象的位置，单击左键，然后移动光标到另一点，并再次单击左键，AutoCAD 就以这两点作为对角点定义一个矩形窗口。

如果该窗口是从左到右定义的，则只有完全落在窗口内的对象才能加入到选择集中，与选择框边界重合的对象被认为在窗口外。如果该窗口是从右到左定义的，则不仅完全落在窗口内的对象会加入到选择集中，与选择框边界相交的对象也被加入选择集。

【例题 6-1】按照要求进行必要的操作。

激活删除命令（单击修改工具栏上的 图标）。

命令：_erase
选择对象：在屏幕上确定 1 点，移动鼠标到 2 点确定
指定对角点：找到 2 个
回车，则 2 个圆被删除。

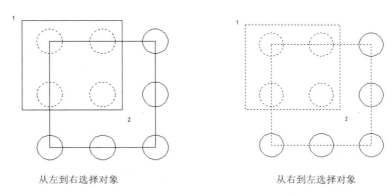

从左到右选择对象　　　　　　　　　　从右到左选择对象

图 6-1　默认框选取方式

同样练习从右到左的方式来选择对象。选择的结果如图 6-1 所示，矩形和四个圆都被选中。

（3）窗口方式（W）。

该方式也是用窗口选择图形对象。在"选择对象"提示下键入 W 并回车，就进入该方式，然后 AutoCAD 提示用户输入两点定义一矩形窗口。与上一种方式不同的是，不管窗口是由左到右定义的还是从右到左定义的，它只将完全落在窗口内的对象加入到选择集中。

（4）交叉窗口方式（C）。

在"选择对象"提示下键入 C 并回车，就进入该方式。该方式与窗口方式相似，区别是不仅完全落在窗口内的对象会加入到选择集中，与选择框边界相交的对象也被加入选择集中。

（5）围栏方式（F）。

在"选择对象"提示下键入 F 并回车，就进入该方式。它定义一不封闭的折线，与折线相交的对象被加入到选择集中，如图 6-2 所示。

（6）不规则窗口方式（WP）。

在"选择对象"提示下键入 WP 并回车，就进入该方式。它与窗口方式类似，通过定义一个多边形来选择对象，完全包含在多边形内的对象被加入到选择集中。

（7）不规则交叉窗口方式（CP）。

在"选择对象"提示下键入 CP 并回车，就进入该方式。它与交叉窗口方式类似，通过定义一个多边形来选择对象，只要对象的任意部分在多边形内就被加入到选择集中。

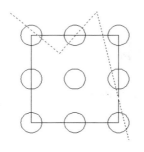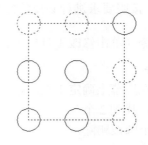

图 6-2　围栏方式

（8）全部（ALL）。

在"选择对象"提示下键入 A 并回车，图形窗口中所有的对象(不包括锁定层或冻结层上的实体)都加入选择集中。

（9）最近方式（L）。

在"选择对象"提示下键入 L 并回车，AutoCAD 选取最近生成的对象加入到选择集中。

（10）上一个前方式（P）。

在"选择对象"提示下键入 P 并回车，AutoCAD 将上一次定义的选择集作为当前选择集。

（11）取消（Undo）。

在"选择对象"提示下键入 U 并回车，取消上一次的选择操作。即上一个操作加入到选择集中的对象从选择集中清除，而上一个操作从选择集中清除的对象重新加入到选择集中。

在进行编辑操作时，用户具体使用哪种选择方式要根据具体情况决定。直接拾取方式是最基本的方式，也是最简单的方式，选取少量的对象时，这是很方便和快捷的一种方法。

6.2　删　　　除

6.2.1　功能

在绘图的过程中，有些对象是临时的或者是不合适的，需要对它进行擦除，这种功能删除命令可以实现。

6.2.2　激活命令的方法

➢　工具栏：

➢　下拉菜单：【修改】→【删除】

- 命令行：erase
- 命令行：e
- 键盘：DELETE 键

6.2.3 过程指导

激活删除 ✎ 命令后，命令行提示："选择对象："。此时光标变为小正方形，用选择对象的方法选中要删除的对象，回车，所选中的对象被删除掉。

AutoCAD 2004 软件中提供了两种编辑修改的方法：

- 第一种是先命令后对象的方法。首先选择编辑命令，在"选择对象"的提示下再选择对象。
- 第二种是先对象后命令的方法。即首先选择要编辑的对象，然后执行编辑命令。在这种方法下通常是选择对象后，然后从快捷菜单中选择编辑命令。

【例题 6-2】将如图 6-3 所示的图形中三角形按要求删除。

（1）首先利用删除命令删除三角形得到如图 A 所示图形。

（2）得到如图 B 图形。

（3）得到如图 C 图形。

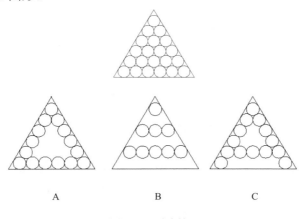

图 6-3　删除练习

6.3　复　　　制

6.3.1 功能

在工程图纸中常常有相同大小的对象，如果一个一个地画，太浪费时间和精力了。在 AutoCAD 2004 软件中提供了对相同的对象进行复制功能。

6.3.2 激活命令的方法

➤ 工具栏：⟨图标⟩

➤ 下拉菜单：【修改】→【复制】

➤ 命令行：COPY

➤ 命令行：CO

6.3.3 过程指导

激活复制命令后，命令行提示：

命令：_copy

选择对象：找到 1 个（鼠标点取圆）

选择对象：（可以继续选择对象，如果不选择对象，按右键结束对象选择）

指定基点或位移，或者[重复（M）]：

各选项的含义：

➤ 基点或位移：

AutoCAD 使用第一个点作为基点（用户在指定第一点时应注意该点是复制到第二点的参考点，如果选择不合适的话，在插入时也就不准确了）。相对于该基点放置单个副本。指定的两个点定义了一个位移矢量，它确定选定对象的移动距离和移动方向。

➤ 重复（M）：使用 COPY 命令生成多重副本。AutoCAD 提示指定选择对象的插入基点。

指定基点：

指定位移的第二点或<使用第一点作为位移>：

如果指定一个点，AutoCAD 在相对于基点的这一点上放置一个副本。关于放置对象的多个副本的提示"指定位移的第二点"反复出现。如果按 ENTER 键，则结束该命令。

【例题 6-3】21 个大小相等的圆堆放成如图 6-4 所示的形状，相互外切，圆的半径为 10 个单位。

（1）用直线命令绘出边长为 100 的正三角形（用正多边形命令也可）。

（2）激活【对象捕捉】和【对象追踪】。

（3）在三角形的一个角点画直径为 10 的圆，得到图 6-4（a）。

（4）先用单个复制的方法复制出如图 6-4（b）所示的图形。

（5）打开【对象捕捉】和【对象追踪】。

（6）使用多个复制方法，画出水平线上的圆，得到图 6-4（c）。

命令：_copy

选择对象：找到 1 个（选中圆）

选择对象：

指定基点或位移，或者[重复（M）]：m

指定基点：（选定在圆心）

指定位移的第二点或<用第一点作位移>：20（自左向右拉出橡皮线后，直接输入距离20）

指定位移的第二点或 <用第一点作位移>：40

指定位移的第二点或 <用第一点作位移>：60

指定位移的第二点或 <用第一点作位移>：80

（7）使用多个复制方法，画出左边线上的圆，得到图 6-4（d）。

具体方法如（6），但要打开【极轴】模式，在增量角中输入 60°，自下向上拉出橡皮线后，在橡皮线上直接输入距离。

（8）同（7）一样画出右边线上的圆。

（9）采用同样的方法画出其他圆。

（10）删除三角形，得到图 6-4（e）。

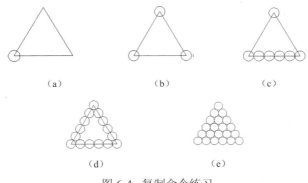

图 6-4　复制命令练习

👉 技巧：

➢ 利用 COPY 命令复制对象时，使用【对象捕捉】模式来准确定位比较方便。

➢ 基点就是复制对象的参考点，偏移点就是要复制的对象在 X、Y、Z 方向相对基点的位置。

➢ 对有规律地大量复制对象可以用阵列（ARRAY）命令来实现，无规律地大量复制对象可用 COPY 命令提示中的"重复"选项来实现。

➢ 用 COPYCLIP 命令可将用户选择的对象复制到剪贴板上，用于其他程序中。

6.4　偏　　移

6.4.1　功能

偏移命令可创建形状与选定对象形状平行的新对象，偏移直线可创建平行线，偏移圆和圆弧可创建直径更大或更小的圆和圆弧，取决于向哪一侧偏移。

偏移时由于图形形状和偏移距离的影响，可能会导致原图形上某些特征蜕化和消失。

6.4.2 激活命令的方法

- ➤ 工具栏：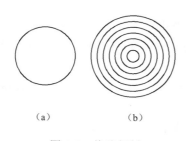
- ➤ 下拉菜单：【修改】→【偏移】
- ➤ 命令行：offset
- ➤ 命令行：o

6.4.3 过程指导

激活偏移命令后，命令行提示：

命令：_offset

指定偏移距离或［通过（T）］<5>：

各选项的含义：

指定偏移距离：在距现有对象指定的距离处创建对象。

通过（T）：创建通过指定点的对象。

【例题 6-4】偏移复制圆

（1）画出直径为 100mm 的圆，如图 6-5（a）所示。

（2）利用偏移命令复制等距离的同心圆，操作步骤如下：

命令：_offset

指定偏移距离或［通过（T）］<5>：10

选择要偏移的对象或<退出>：（拾取圆）

指定点以确定偏移所在一侧：（在圆外单击）

选择要偏移的对象或<退出>：（在刚复制的圆上单击）

指定点以确定偏移所在一侧：（在圆外单击）

选择要偏移的对象或<退出>：（拾取原先画的圆）

指定点以确定偏移所在一侧：（在圆内单击）

指定点以确定偏移所在一侧：以下类同

得到如图 6-5（b）所示的图。

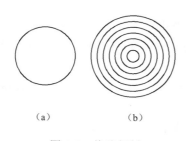

（a）   （b）

图 6-5 偏移复制

【例题 6-5】利用偏移命令将 6-6（a）图复制成图 6-6（b）的图形。

（1）利用多段线命令画出图 6-6（a）。

（2）利用偏移命令进行偏移复制，操作步骤如下：

命令：_offset

指定偏移距离或［通过（T）］<通过>：T（表示通过点的方式）

选择要偏移的对象或<退出>：选择图 6-6（a）中多段线

指定通过点：选择 A 点

选择要偏移的对象或<退出>：（在刚复制的多段线上单击）

指定通过点：选择 B 点

选择要偏移的对象或<退出>：（在刚复制的多段线上单击）

指定通过点：选择 C 点

选择要偏移的对象或<退出>：

得到如图 6-6（b）所示的效果。

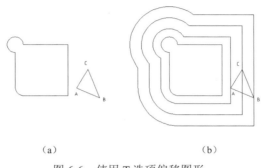

（a）　　　　　　　　　　　　　（b）

图 6-6　使用 T 选项偏移图形

☞ **技巧：**

➤ 利用偏移命令进行偏移对象的操作的过程中，在"选择要偏移的对象"的提示时每次只能用点选方式选择对象，不能用窗口等方式进行选择对象。

➤ 可以用偏移命令进行偏移的对象有：直线、圆弧、圆、椭圆和椭圆弧（形成椭圆形样条曲线）、二维多段线、构造线（参照线）和射线、样条曲线。而点、图块、属性和文本不能进行偏移操作。

6.5　镜　　　像

6.5.1　功能

在工程图纸中有些结构具有对称关系，如上下对称、左右对称等对称关系。对这些图纸如果在创建时全部一个一个地绘制，则浪费时间。AutoCAD 为了提高绘图效率，在绘制具有对称关系的图形时采用镜像命令。镜像命令在创建对称的对象时可以快速地绘制出半个对象，然后利用镜像创建镜像部分，从而完成全部对象。

指定的两个点成为直线的两个端点，该直线称为镜像线（或轴线），选定对象相对于这条直线被镜像。选定的对象叫作原对象，在操作时可以选择是否删除或保留原对象。

6.5.2 激活命令的方法

➢ 工具栏：◭

➢ 下拉菜单：【修改】→【镜像】

➢ 命令行：mirror

➢ 命令行：mi

6.5.3 过程指导

激活镜像命令后，命令行提示：

命令：_mirror

选择对象：指定对角点：找到 6 个[利用窗交方式选中右边的对象，如图 6-7（a）所示]

选择对象：<回车>

指定镜像线的第一点：（对象捕捉打开，选择轴线上两点>

指定镜像线的第二点：

是否删除源对象？[是（Y）/否（N）]<N>：[不删除对象直接回车，得到图 6-7（b）]

如果要删除原对象，则在提示：是否删除源对象？[是（Y）/否（N）]<N>：Y[得到图 6-7（c）]

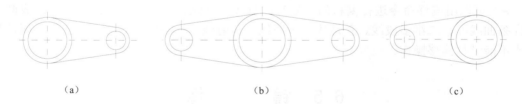

（a）   （b）   （c）

图 6-7 镜像练习

【例题 6-6】画出一个圆心在直线上且与两个已知圆相外切的圆。

（1）以直线为镜像线创建两个已知圆的镜像圆，如图 6-8 所示。

（2）用相切、相切、相切画圆的方式画圆，得到如图 6-8 所示。

（a）   （b）

图 6-8 相切、相切、相切方式创建出所求的圆

96

【例题 6-7】绘制如图 6-8 所示的图形，它表示是手车式开关柜图形。

（1）激活【对象捕捉】和【对象追踪】模式。

（2）在【正交】下画直线和圆。

（3）激活【极轴】模式并设置【增量角】为 45 度，画斜直线。得到图 6-8（a）。

（4）利用镜像命令，镜像出右边对称部分，得到图 6-8（b）。

（5）画出直线，得到如图 6-8（c）所示的图形。

（a）   （b）   （c）

图 6-8 手车式开关柜

☞ 技巧：

➢ 在进行镜像操作时，如果要处理文字对象时，为避免镜像后文字反向显示，可使用系统变量 MIRRTEXT。MIRRTEXT 默认设置为 1（开），此时文字对象同其他对象一样被镜像处理，如图 6-9（b）所示。可改变 MIRRTEXT＝0（关），此时文字对象不做镜像处理，如图 6-9（c）所示。注意在以后绘制粗糙度符号时要应用。

➢ 镜像操作中所确定的镜像线的方向可以是任意的，镜像线不一定是实际的直线，只要确定两个点即可。

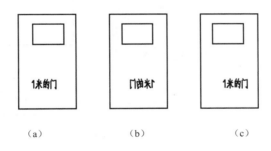

（a）   （b）   （c）

图 6-9 系统变量 MIRRTEXT 控制文字是否镜像

（a）原对象；（b）MIRRTEXT=1；（c）MIRRTEXT=0

6.6 阵 列

6.6.1 功能

在绘图过程中，有一些大小、形状完全相同，并且按照某一规律排列的图形，对这些对象 AutoCAD 提供了阵列命令。

可以在矩形或环形（圆形）阵列中创建对象的副本。对于矩形阵列，可以控制行和列的数目以及它们之间的距离。对于环形阵列，可以控制对象副本的数目并决定是否旋转副本。对于创建多个定间距的对象，排列比复制要快。

6.6.2 激活命令的方法

➢ 工具栏：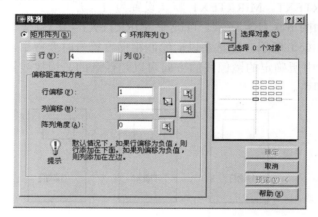

➢ 下拉菜单：【修改】→【阵列】
➢ 命令行：array
➢ 命令行：ar

6.6.3 过程指导

激活阵列命令后，将弹出【阵列】对话框，如图 6-10 所示。

图 6-10　阵列对话框

6.6.3.1 矩形阵列

由选定对象按指定行数和列数的进行阵列创建新的对象。

对话框中各选项的含义：

➢ 行：指定阵列中的行数。如果只指定了一行，则必须指定多列。如果为此阵列指定了许多行和许多列，AutoCAD 可能要花费一些时间来创建副本。默认情况下，在一个命令中可以生成的阵列元素最大数目为 100,000。该限值由注册表中的 MAXARRAY 设置设定。例如，要将上限重设为 200,000，可在命令行提示下输入（setenv "MaxArray" "200000"）。

➢ 列：指定阵列中的列数。如果只指定了一列，则必须指定多行。如果为此阵列指定了许多行和许多列，AutoCAD 可能要花费一些时间来创建副本。默认情况下，在一个命令中可以生成的阵列元素最大数目为 100,000。该限值由注册表中的 MAXARRAY 设置设定。例如，要将上限重设为 200,000，可在命令行提示下输入（setenv "MaxArray" "200000"）。

➤ 行偏移：指定行间距（按单位）。要向下添加行，请指定负值。要使用定点设备指定行间距，请用【拾取两者偏移】按钮或【拾取行偏移】按钮。

◇ 拾取两个偏移：临时关闭【阵列】对话框，这样可以使用定点设备指定矩形的两个斜角，从而设置行间距和列间距。

◇ 拾取行偏移：临时关闭【阵列】对话框，这样可以使用定点设备来指定行间距。AutoCAD 提示用户指定两个点，并使用这两个点之间的距离和方向来指定【行偏移】中的值。

➤ 列偏移：指定列间距（按单位）。要向左边添加列，请指定负值。要使用定点设备指定列间距，请用【拾取两者偏移】按钮或【拾取列偏移】按钮。

拾取列偏移：临时关闭【阵列】对话框，这样可以使用定点设备来指定列间距。AutoCAD 提示用户指定两个点，并使用这两个点之间的距离和方向来指定【列偏移】中的值。

➤ 阵列角度：指定旋转角度。通常角度为 0，因此行和列与当前 UCS 的 X 和 Y 图形坐标轴正交。ANGBASE 和 ANGDIR 系统变量可影响阵列角度。

拾取阵列角度：临时关闭【阵列】对话框，这样可以输入值或使用定点设备指定两个点，从而指定旋转角度。

【例题 6-8】利用阵列命令进行矩形阵列。

（1）绘制如图 6-11 所示的孔图形，圆直径为 10，正六边形内切于圆。

（2）激活阵列命令，弹出阵列对话框：

（3）选择对话框中各选项值，如图 6-12 所示，此时应注意对话框右侧的显示框，看是否是你所需要的规律布置。

（4）在【选择对象】时选中图 1 图形，可以按【预览】按钮来预览图形，此时出现阵列【预览】对话框。如果显示的图形符合你的要求，选择【接受】，如果显示的图形不符合你的要求，选择【修改】，重新修改阵列对话框参数，如图 6-13 所示。

（5）得到如图 6-14 所示的图形。

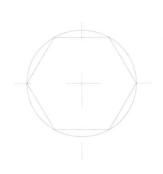

图 6-11 孔图形

图 6-12 阵列对话框

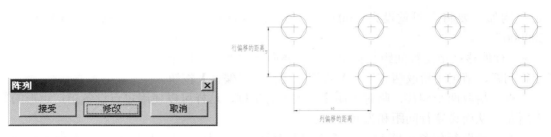

图 6-13 预览确定图 　　　　　　　　　　　　 图 6-14 孔的矩形阵列图

【例题 6-9】绘制如图 6-16（c）所示表格。

（1）用直线命令画出如图 6-16（a）所示的矩形

（2）激活阵列命令，弹出【阵列】对话框，如图 6-15 所示。

（3）选择 6 行，6 列，利用"拾取两个偏移"的方式选择行、列偏移距离，选中矩形的两个对角点（注意选择第一点和第二点的顺序，它决定了行和列的正负号）

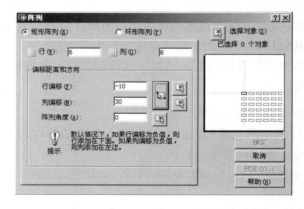

图 6-15　阵列对话框

（4）选择整个矩形作为阵列对象，确定得到如图 6-16（b）所示的图形。

（5）利用删除命令和窗口选择对象的方式删除两条列线，得到如图 6-16（c）所示的图形。

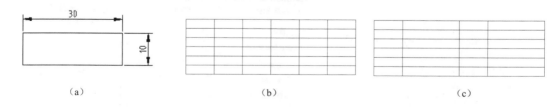

（a）　　　　　　　　　　（b）　　　　　　　　　　（c）

图 6-16　表格的绘制

6.6.3.2 环形阵列

通过围绕圆心复制选定对象来创建阵列。

对话框中各选项的含义：

> 圆心：指定环形阵列的中心点。输入 X 和 Y 轴的坐标值，或选择【拾取中心点】使用定点设备指定位置。

> 拾取中心点：临时关闭【阵列】对话框，使用定点设备在 AutoCAD 绘图区中指定中心点。

> 方法和值：指定用于定位环形阵列中的对象的方法和值。

◇ 方法：设置定位对象所用的方法。此设置控制哪些【方法和值】字段可用于指定值。例如，如果方法为【要填充的项目和角度总数】，则可以使用相关字段来指定值；【项目间的角度】字段不可用。

◇ 项目总数：设置在结果阵列中显示的对象数目。

◇ 填充角度：通过定义阵列中第一个和最后一个元素的基点之间的包含角来设置阵列大小。正值指定逆时针旋转，负值指定顺时针旋转，默认值为 360，不允许值为 0。

◇ 项目间角度：设置阵列对象的基点之间的包含角和阵列的中心。也可以选择拾取键并使用定点设备来为【要填充角度】和【项目间角度】指定值。

◇ 拾取要填充的角度：定义阵列中第一个元素和最后一个元素的基点之间的包含角。

◇ 拾取项目间角度：定义阵列对象的基点之间的包含角和阵列的中心。

> 详细/简略：打开和关闭【阵列】对话框中的附加选项的显示。选择【详细】时，将显示附加选项，此按钮名称变为【简略】。

对象基点：相对于选定对象指定新的参照（基准）点，对对象进行阵列操作时，这些选定对象将与阵列圆心保持不变的距离。为构造环形阵列，AutoCAD 将确定从阵列中心点到最后一个选定对象上的参照（基准）点的距离。所使用的点取决于对象类型，如表 6-1 所示。

表 6-1   对象基点设置

对 象 类 型	默 认 基 点
圆弧、圆、椭圆	圆心
多边形、矩形	第一个角点
圆环、直线、多段线、射线、样条曲线	起点
块、段落文字、单行文字	插入点
构造线	中点

【例题 6-10】绘制如图 6-18 所示的图形。

（1）画一直径为 50 的圆和一个直径为 10 的圆，如图 6-18（a）所示。

（2）激活阵列命令，弹出其对话框，如图 6-17 所示。

（3）选择【中心点】，选中直径为 50 的圆心；项目总数为 6，填充角度为 360 度，选择【复制时旋转项目】。如图 6-17 所示。

（4）圆形阵列后得到如图 6-18（b）所示的图形。

如果不选择【复制时旋转项目】时再重复阵列命令，得到如图 6-18（c）的图形。

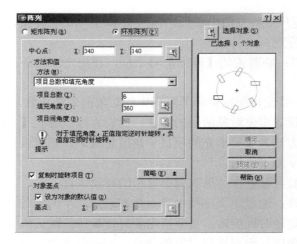

图 6-17　阵列对话框

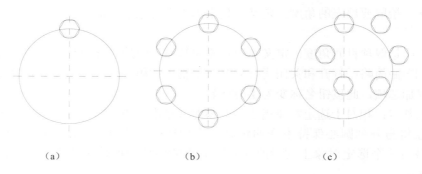

（a）　　　　　　　　　（b）　　　　　　　　　（c）

图 6-18　环形阵列练习

【例题 6-11】绘制如图 6-19 所示的坡度线符号。

（1）利用直线、圆弧命令绘制如图 6-19（a）所示的图形。

（2）激活阵列命令，弹出阵列对话框，选择环形阵列方式，【中心点】选在两条坡度线的交点；【项目总数】为 6；【填充角度】为 90 度；【选择对象】为两条坡度线。

（3）【确定】后，得到如图 6-19（b）所示的图形。

（4）再利用删除和修剪（或延伸）命令进行编辑后，得到如图 6-19（c）所示的图形。

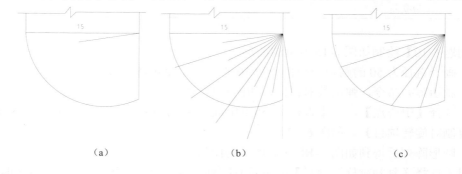

（a）　　　　　　　　　（b）　　　　　　　　　（c）

图 6-19　坡度线符号

➤ 行和列偏移是指阵列对象对应点之间的偏移量，而两对象之间的空隙距离。

➤ 在利用矩形阵列进行阵列复制时，所定义的行数和列数均包含所选择的对象，环形阵列时份数也包含源对象在内。

➤ 在环形阵列时要注意【复制时旋转项目】和【设为对象的默认值】的选择，以免完成的图形不是自己所需要的。

6.7 移　　　动

6.7.1 功能

利用 MOVE 命令可以把单个或多个对象从当前位置移动到新位置，移动时被移动的对象不改变其方向和大小，只是改变了位置。

6.7.2 激活命令的方法

➤ 工具栏：✛

➤ 下拉菜单：【修改】→【移动】

➤ 命令行：MOVE

➤ 命令行：M

➤ 快捷菜单：选择要移动的对象，在绘图区域单击右键，然后选择"平移"

6.7.3 过程指导

【例题 6-12】将矩形和圆移到直线的两个端点上。

（1）激活【移动】命令后，命令行提示：

命令：_move

选择对象：找到 1 个（选择圆）

选择对象：回车

指定基点或位移：（选圆右侧的象限点）

指定位移的第二点或<用第一点作位移>：（移到直线右侧的端点）

（2）重复移动命令把矩形移到直线的左端点，得到如图 6-20 所示的图形。

图 6-20 移动

> 技巧：

> ➤ 在执行【移动】命令的过程中，尽量与夹点、对象捕捉等方式配合使用。
> ➤ 在指定的两个点定义了一个位移矢量，指示选定对象移动的距离和方向。如果在"指定位移的第二点"提示下按 ENTER 键，那么第一点将被作为相对的当前坐标系的 X、Y、Z 位移。

6.8 旋　　转

6.8.1 功能

旋转命令可以对单个或多个对象让其绕指定点旋转某一角度。

6.8.2 激活命令的方法

> ➤ 工具栏：
> ➤ 下拉菜单：【修改】→【旋转】
> ➤ 命令行：ROTATE
> ➤ 命令行：RO
> ➤ 快捷菜单：选择要旋转的对象，然后在绘图区域单击右键并选择"旋转"

6.8.3 过程指导

激活旋转命令后，命令行提示：
命令：_rotate
UCS 当前的正角方向：ANGDIR=逆时针 ANGBASE=0
选择对象：使用对象选择方法并在结束命令时按 ENTER 键
指定基点：指定一点作为旋转基点
指定旋转角度或[参照（R）]：指定角度、指定点或输入 R

➢ 旋转角度：确定对象绕基点旋转的角度。

➢ 参照（R）：指定当前的绝对旋转角度和所需的新旋转角度。"参照"选项用于将对象与用户坐标系的 X 轴和 Y 轴对齐，或者与图形中的几何特征对齐。

【例题 6-13】绘制电气符号中电灯符号。

（1）绘制如图 6-21（a）所示的图形。

（2）激活旋转命令，旋转命令的操作过程如下：

命令：_rotate

UCS 当前的正角方向：ANGDIR= 逆时针 ANGBASE=0

选择对象：选中圆中两条直线，按 ENTER 键

指定基点：指定圆心作为旋转基点

指定旋转角度或[参照（R）]：45

得到如图 6-21（b）所示的图形。

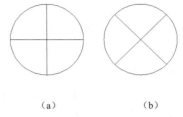

(a)　　　　　(b)

图 6-21　电灯符号

【例题 6-14】将矩形中的 AB 边旋转到与 AC 直线重合。

（1）利用直线和矩形命令绘制出如图 6-22 所示的图形。

（2）利用旋转命令矩形旋转，具体操作步骤如下：

图 6-22　旋转命令执行前后的效果

命令：_rotate

UCS 当前的正角方向：ANGDIR=逆时针 ANGBASE=0

选择对象：找到 1 个（选择矩形）

选择对象：ENTER

指定基点：选择 A 点

指定旋转角度或[参照（R）]：r

指定参照角<0>：对象捕捉 A 点。指定第二点：对象捕捉到 B 点

指定新角度：对象捕捉到 C 点

（3）旋转命令执行后效果如图 6-22 所示。

☞ 技巧：

➢ 指定的旋转角度为正角度，实体将作逆时针方向旋转；若输入角度为负值时，实体将作顺时针方向旋转。

➢ 在"指定参照角<0>："提示后，指定一参照角度，则系统会接着提示"指定新角度："，利用此方法旋转对象适用于某一对象相对于另一对象旋转，即指定当前位置与旋转后位置之间的夹角作为参考角。

➢ 若不知道实体的当前角度，又要把它旋转到一定角度，可使用"参照"选项，如【例题 6-14】，此时应注意参考角度的第一点和第二点的选择顺序。

6.9　缩　　放

6.9.1　功能

　　利用缩放命令可以对所选中对象的尺寸进行改变，执行该命令可以把整个对象或对象的一部分沿 X、Y、Z 方向以相同的比例进行放大和缩小。

6.9.2　激活命令的方法

- ➢　工具栏：□
- ➢　下拉菜单：【修改】→【缩放】
- ➢　命令行：scale
- ➢　命令行：sc
- ➢　快捷菜单：选择要缩放的对象，然后在绘图区域中单击右键并选择"缩放"

6.9.3　过程指导

　　激活缩放命令后，命令行提示：

命令：_scale
选择对象：指定对角点：（选择对象）
选择对象：
指定基点：（缩放时的基准点，即缩放中心点）
指定比例因子或[参照（R）]：
　　　◇　比例因子：按指定的比例放大选定对象的尺寸。大于 1 的比例因子使对象放大，介于 0 和 1 之间的比例因子使对象缩小。
　　　◇　参照（R）：按参照长度和指定的新长度缩放所选对象。如果新长度大于参照长度，对象将放大。反之则缩小。

　　【例题 6-15】将图 6-23（a）的图形缩小一半。
　　（1）利用矩形命令画出 50×30 的矩形。
　　（2）打开【对象捕捉】和【对象追踪】模式，用圆命令在矩形的中心画出直径为 16 的圆。
　　（3）激活缩放命令，提示如下：

命令：_scale
选择对象：（利用窗交方式选择对象）指定对角点：找到 5 个（包括 3 个尺寸）
选择对象：ENTER
指定基点：确定在圆心
指定比例因子或[参照（R）]：0.5（指定缩放比例）

（4）得到如图 6-23（b）所示的图形。

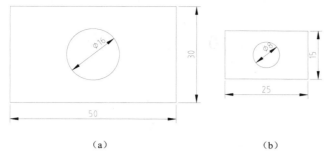

（a）   （b）

图 6-23　缩放前后的效果图

【例题 6-16】用缩放命令中的【参照】选项对图形进行比例缩放。

（1）绘制出如图 6-24（a）所示的图形，长度任意。

（2）要把图 6-24（b）放大，放大的比例为 AC：AC 的值，可利用缩放命令中的【参照】选项对图形进行放大，操作过程如下：

命令：_scale

选择对象：指定对角点：找到 7 个

选择对象：ENTER

指定基点：指定 A 点

指定比例因子或［参照（R）］：R

指定参照长度<1>：（捕捉到 A 点）指定第二点：（捕捉到 B 点）

指定新长度：（捕捉到 C 点，AutoCAD 则以指定参考长度时所确定的第一点 A 点同时作为新长度的第一点，即 AC 为新长度）

（3）得到如图 6-24（b）所示的图形。

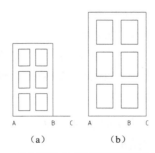

（a）   （b）

图 6-24　【参照】选项对图形进行比例缩放

 技巧：

➤ 基点照选择在实体的几何中心或特殊点上，这样缩放后，新对象任在附近位置，当对象大小变化时，基点保持不动。

➤ 夹点编辑方式和基点组合编辑（MOCORO）方式中的【缩放】选项均可对同一图形在一次命令中进行多次缩放，而 SCALE 命令只能对选定对象进行一次比例缩放。

➢ SCALE 命令是对图形实体的实际尺寸进行比例缩放，而显示命令中 ZOOM 命令仅仅对当前图形在计算机显示器上看起来变大和缩小了，对实体的实际大小无任何变化。

6.10 拉   伸

6.10.1 功能

可以调整对象大小，使其在一个方向上或是按比例增大或缩小。还可以通过移动端点、顶点或控制点来拉伸某些对象。

6.10.2 激活命令的方法

➢ 工具栏：

➢ 下拉菜单：【修改】→【拉伸】

➢ 命令行：stretch

➢ 命令行：s

6.10.3 过程指导

激活拉伸命令后，命令行提示：

命令：_stretch

以交叉窗口或交叉多边形选择要拉伸的对象...

选择对象：（以交叉窗口方式选择对象）

指定基点或位移：（指定拉伸操作的起始点位置）

指定位移的第二个点或<用第一个点作位移>：（指定对象的拉伸位置。如果指定第二点位置，对象将从基点到第二点拉伸矢量距离；如果在此提示下直接按 ENTER 键，系统将把第一点作为 X、Y、Z 的位移值）。

【例题 6-17】请将某墙面上的门从左向右移动 60。

（1）画出如图 6-25（a）所示的图形。

（2）激活拉伸命令，命令行提示：

命令：_stretch

以交叉窗口或交叉多边形选择要拉伸的对象...

选择对象：指定对角点：找到 6 个

选择对象：ENTER

指定基点或位移：（选定门左下端点）

指定位移的第二个点或<用第一个点作位移>：60（向右移动 60）

（3）得到如图 6-25（b）所示的图形，注意尺寸已跟着发生变化。

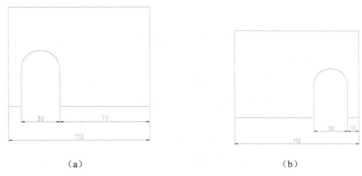

（a）   （b）

图 6-25 拉伸的效果图

 **技巧：**

➤ 若所选实体全部被选中，则该命令将执行移动实体操作，此时该命令与 MOVE 命令相同，只有所选实体与选择框相交，则框内的实体被拉伸。

➤ 当选择对象时，不可避免地选中其他实体时，此时可用 R 命令的单选方式来取消对其他对象的选择。

➤ 对线段、圆弧、多段线等对象可以进行拉伸，但对圆、文本和点不能进行拉伸，对块可以先将块进行分解，再进行拉伸。

6.11　拉　　长

6.11.1 功能

利用拉长命令可以修改圆弧的包含角和某些对象的长度，可以修改开放直线、圆弧、开放多段线、椭圆弧和开放样条曲线的长度。

可以使用多种方法改变长度：

➤ 动态拖动对象的端点。

➤ 按总长度或角度的百分比指定新长度或角度。

➤ 指定从端点开始测量的增量长度或角度。

➤ 指定对象的总绝对长度或包含角。

6.11.2 激活命令的方法

➤ 下拉菜单：【修改】→【拉长】

➤ 命令行：lengthen

➤ 命令行：len

6.11.3 过程指导

激活拉长命令后，命令行提示："选择对象或[增量（DE）/百分数（P）/全部（T）/动态（DY）]："。各选项的含义：

➤ 增量（DE）：以指定的增量修改对象的长度，正值扩展对象，负值修剪对象。

➤ 百分数（P）：按照对象总长度的指定百分数设置对象长度。

➤ 全部（T）：通过指定从固定端点测量的总长度的绝对值来设置选定对象的长度，也按照指定的总角度设置选定圆弧的包含角。

➤ 动态（DY）：通过拖动选定对象的端点之一来改变其长度。其他端点保持不变。

【例题 6-18】将图 6-26（a）中的直线拉长 40mm，圆弧的圆心角增加 180 度。

（1）利用直线和圆弧命令画出如图 6-26（a）所示的图形。

（2）将直线拉长 40mm 的步骤：

激活拉伸命令，命令行提示：

命令：_lengthen

选择对象或[增量（DE）/百分数（P）/全部（T）/动态（DY）]：de（选择增量选项）

输入长度增量或[角度（A）]<10>：40 （增量为 40）

选择要修改的对象或[放弃（U）]：拾取直线的右上端点

选择要修改的对象或[放弃（U）]：回车

得到如图 6-26（b）所示的图形。

（3）将圆弧的圆心角增加 180 度的操作步骤：

命令：_lengthen

选择对象或[增量（DE）/百分数（P）/全部（T）/动态（DY）]：de（选择增量选项）

输入长度增量或[角度（A）]<40>：A（选择角度选项）

输入角度增量<0>：180（增量为 180 度）

选择要修改的对象或［放弃（U）]：拾取圆弧的右上端点

选择要修改的对象或［放弃（U）]：回车

得到如图 6-27（b）所示的图形。

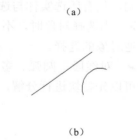

(a)

(b)

图 6-26 直线拉长前后的效果图

（a）直线拉长前的效果；

（b）直线拉长 40mm 后的效果

 技巧：

➤ 在"选择要修改的对象"时，用户要根据实际的需要，正确选择取点位置，系统将在离取点最近的端点处改变其长度。

➤ 利用 LENGTHEN 命令对样条曲线执行拉伸操作，只能对样条曲线进行缩短而不能进行拉长。

图 6-27 圆弧拉长前后的效果图

（a）圆弧拉伸前的效果；（b）圆弧圆心角增加180度后的效果

6.12 延 伸

6.12.1 功能

延伸命令可以延伸直线、圆弧、多段线等对象的端点，使它们精确地延伸至由其他对象定义的边界边。

6.12.2 激活命令的方法

> 工具栏：
> 下拉菜单：【修改】→【延伸】
> 命令行：EXTEND
> 命令行：EX

6.12.3 过程指导

【例题 6-19】将 6-28 图的图形以直线 12 为边界，使其他对象都延伸到直线上。

执行延伸命令的操作过程如下：

命令：_extend

当前设置：投影=UCS，边=无

选择边界的边...

选择对象：找到 1 个 （选择直线 12 作为边界的边）

选择对象：回车

选择要延伸的对象，或按住 Shift 键选择要修剪的对象，或［投影（P）/边（E）/放弃（U）］：（选择直线靠近 A 点，则直线从 A 点延伸到边界）

选择要延伸的对象，或按住 Shift 键选择要修剪的对象，或［投影（P）/边（E）/放弃（U）］：（选择圆弧靠近 D 点，则圆弧从 D 点延伸到边界）

选择要延伸的对象，或按住 Shift 键选择要修剪的对象，或［投影（P）/边（E）/放弃（U）］：（选择圆弧靠近 E 点，则圆弧从 E 点延伸到边界）

选择要延伸的对象，或按住 Shift 键选择要修剪的对象，或[投影（P）/边（E）/放弃（U）]：（按下 SHIFT 键，并同时选择直线 BC 之间任意一点，则直线以直线 12 为边界删除 BC 段，此操作与 TRIM 命令相同）

选择要延伸的对象，或按住 Shift 键选择要修剪的对象，或[投影（P）/边（E）/放弃（U）]：回车

得到如图 6-28 所示的图形。

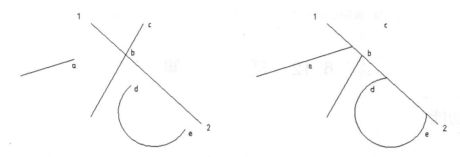

图 6-28　延伸命令举例

技巧：

➢ 在命令行提示"选择边界的边… 选择对象："时，也可以不选择边界边而直接回车，然后选择延伸的对象，这样表示是将所有对象都作为边界的边。

➢ 一次可以选择多个对象作为边界边，选择被延伸的对象时应点取靠近边界的一端，否则会出现错误。

➢ 在延伸的对象时，如果将线性尺寸也进行延伸，则尺寸会自动修正。

➢ 在延伸的过程中，可随时使用"放弃"选项取消上一次的延伸操作。

6.13　修　　剪

6.13.1　功能

利用修剪命令可以使对象缩短或拉长与其他对象的边相交，即利用选择的剪切边修剪掉与剪切边相交的多余部分。

6.13.2　激活命令的方法

➢ 工具栏：

➢ 下拉菜单：【修改】→【修剪】

➢ 命令行：TRIM

➢ 命令行：TR

6.13.3 过程指导

执行该命令后。命令行提示：

当前设置:投影 = 当前 边 = 当前

选择剪切边...

选择对象：选择一个或多个对象作为剪切边，并按 ENTER 键。

选择要修剪的对象或[投影（P）/边（E）/放弃（U）]：选择要修剪的对象，按住 SHIFT 键选择要延伸的对象，或输入其他选项。

【例题 6-20】利用修剪命令以圆为边界，将圆外的多余部分全部删除。

选择剪切边...
激活修剪命令，命令行提示：

命令：_trim

当前设置：投影=UCS，边=延伸

选择剪切边...

选择对象：（单击圆）找到 1 个

选择对象：按 ENTER 键

选择要修剪的对象，或按住 Shift 键选
择要延伸的对象，或[投影（P）/边（E）/放
弃（U）]：依次单击圆外直线的部分

图 6-29　修剪前后效果图

选择要修剪的对象，或按住 Shift 键选择要延伸的对象，或[投影（P）/边（E）/放弃（U）]

选择要修剪的对象，或按住 Shift 键选择要延伸的对象，或[投影（P）/边（E）/放弃（U）]：按 ENTER 键

得到如图 6-29 所示的图形。

【例题 6-21】绘制如图 6-30 所示的指针。

（1）利用圆命令画直径分别为 φ3、φ5 的圆。

（2）画直线与 φ3 相切的长 40 直线。

（3）利用镜像命令镜像出另一条直线。

（4）利用圆弧命令画出 R 为 4 的圆弧，得到如图 6-30 所示的图形。

（5）激活 TRIM 命令，命令行提示：

命令：_trim

当前设置：投影=UCS，边=延伸

选择剪切边...

选择对象：（选择一条直线）找到 1 个

选择对象：（选择另一条直线）找到 1 个，总计 2 个

选择对象：按 ENTER 键

图 6-30 指针符号

选择要修剪的对象，或按住 Shift 键选择要延伸的对象，或[投影（P）/边（E）/放弃（U）]：（点击两条直线之间的圆，则该部分被删除）

选择要修剪的对象，或按住 Shift 键选择要延伸的对象，或[投影（P）/边（E）/放弃（U）]：（再点击两条直线之间的圆的另一部分，则该部分被删除）

选择要修剪的对象，或按住 Shift 键选择要延伸的对象，或[投影（P）/边（E）/放弃（U）]：按 ENTER 键

（6）重复 TRIM 命令，以两条圆弧为剪切边，修剪掉两条圆弧直径的直线。

得到如图 6-30 所示的图形。

技巧：

➤ TRIM 命令可以修剪的对象包括圆弧、圆、椭圆弧、直线、开放的二维和三维多段线、射线、样条曲线和构造线，多线必须被炸开后才能被修剪对象。

➤ 在"选择剪切边…"时可以直接按 ENTER 键，表示选择所有对象作为可能的剪切边。

➤ 选择完剪切边后按"ENTER"键很重要，表示回车前的对象是剪切边，回车后的对象是修剪的对象。

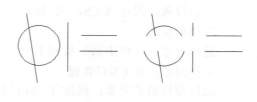

(a)   (b)

图 6-31 延伸修剪

➤ 命令中"边（E）"选项可以修剪实际上不相交但是延长线相交的情况，选择该选项后，命令行提示：输入隐含边延伸模式[延伸（E）/不延伸（N）]<不延伸>：输入 E 表示可以延长线相交进行修剪，表示不能进行延长线相交进行修剪。如图 6-31（a）所示，以两条水平线为剪切边，来修剪左边的圆和直线，修剪后得到如图 6-31（b）所示的图形。

6.14　打　　断

6.14.1　功能

打断命令可以把某个对象部分删除或把对象分解为两部分。

6.14.2　激活命令的方法

➤ 工具栏：

➤ 下拉菜单：【修改】→【打断】

➤ 命令行：break

➤ 命令行：br

6.14.3 过程指导

当激活打断命令后，命令行提示：

选择对象：（使用对象选择方法或指定对象上的第一个打断点）

指定第二个打断点或[第一个点（F）]：（指定第二个打断点或输入 f）

【例题 6-22】将如图 6-32（a）所示的图形分别从 AB 和 CD 段删除。

执行 BREAK 命令的步骤如下：

命令：_break

选择对象：选择圆

指定第二个打断点或[第一点（F）]：F（表示重新选择第一点）

指定第一个打断点：选择 A 点

指定第二个打断点：选择 B 点

命令：直接回车

BREAK 选择对象：

指定第二个打断点或[第一点（F）]：F

指定第一个打断点：选择 C 点

指定第二个打断点：选择 D 点

得到如图 6-32（b）所示的图形。

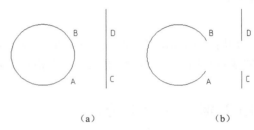

(a)　　　　　　　　　(b)

图 6-32　打断前后效果图

【例题 6-23】将直线 AB 的一半 CB 段改为虚线。

（1）利用直线命令画出直线 AB，选中直线，直线 AB 是一个整体，如图 6-33 所示。

（2）利用 BREAK 命令（或用打断于点的方式，按工具栏 □ 图标）将直线从中点打断，操作步骤如下：

命令：_break 选择对象：

指定第二个打断点或[第一点（F）]：_F

指定第一个打断点：对象捕捉到 C 点，即直线 AB 的中点

指定第二个打断点：@（表示第二个打断点与第一个打断点相同）

命令结束后，再单击直线 CB，可以看出此时直线 AB 已被分成 AC 和 CB 两段了，如图 6-34 所示。

（3）改变直线 CB 的属性，将直线 CB 的图层改变为虚线层（或在对象特性中改变其属性），得到如图 6-35 所示的图形。

图 6-33 编辑前的直线图　　　图 6-34 打断后的直线　　　图 6-35 直线 CB 改变成虚线

☞ *技巧*：

➢ 对于封闭对象执行该命令，打断部分为从第一点到第二点逆时针方向旋转的部分，所以在选择第一点和第二点时应注意他们的顺序，以免出错。

➢ 在"指定第二个打断点："提示时，输入"@"则表示第二个打断点与第一个打断点是同一个点。

6.15 倒　　　角

6.15.1 功能

利用 CHAMFER 是在两条非平行线之间或多段线之间创建直线的方法。利用倒角命令创建直线时，先设定倒角距离，再指定倒角线。

6.15.2 激活命令的方法

➢ 工具栏：⌐

➢ 下拉菜单：【修改】→【倒角】

➢ 命令行：CHAMFER

➢ 命令行：CHA

6.15.3 过程指导

激活倒角命令后，命令行提示：

（"修剪"模式）当前倒角距离 1 = 当前，距离 2 = 当前

选择第一条直线或[多段线（P）/距离（D）/角度（A）/修剪（T）/方法（M）/多个（U）]：

各选项的含义：

➢ 多段线（P）：对整个二维多段线倒角，AutoCAD 将对多段线每个顶点处的相交直线段倒角，倒角成为多段线的新线段。

➢ 距离（D）：设置倒角至选定边端点的距离。

➢ 角度（A）：用第一条线的倒角距离和第二条线的角度设置倒角距离。

➢ 修剪（T）：控制 AutoCAD 是否将选定边修剪到倒角线端点。

➢ 方法（M）：控制 AutoCAD 使用两个距离，还是一个距离和一个角度来创建倒角。

➢ 多个（U）：给多个对象集加倒角。AutoCAD 将重复显示主提示和"选择第二个对象"提示，直到用户按 ENTER 键结束命令。

【例题 6-24】将图 6-36（a）中两个角进行倒角，AB 和 BC 的倒角为 10×10，BC 和 DE 的倒角为 10×20。

具体的操作过程如下：

命令：_chamfer

（"修剪"模式）当前倒角距离 1 =0，距离 2 = 0

选择第一条直线或[多段线（P）/距离（D）/角度（A）/修剪（T）/方式（M）/多个（U）]：d（改变倒角的距离）

指定第一个倒角距离<0>：10

指定第二个倒角距离<10>：直接回车，表示与第一个倒角距离相等

选择第一条直线或[多段线（P）/距离（D）/角度（A）/修剪（T）/方式（M）/多个（U）]：选择 AB 直线

选择第二条直线：选择 BC 直线

命令：_chamfer

（"修剪"模式）当前倒角距离 1=10，距离 2 =10

选择第一条直线或[多段线（P）/距离（D）/角度（A）/修剪（T）/方式（M）/多个（U）]：d

指定第一个倒角距离<10>：选择默认值 10

指定第二个倒角距离<10>：20

选择第一条直线或[多段线（P）/距离（D）/角度（A）/修剪（T）/方式（M）/多个（U）]：选择 BC 直线

选择第二条直线：选择 DE 直线

得到如图 6-36（b）所示的图形。

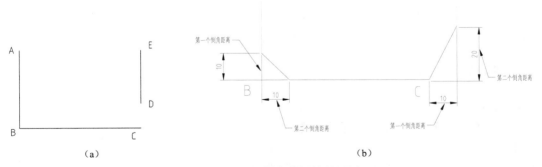

图 6-36 进行倒角前后的效果图

【例题 6-25】将图 6-37（a）所示台阶进行倒角，分别得到如图 6-36（b）和图 6-36（c）所示的效果。

（1）利用 PLINE 命令，从图 A 点开始绘制台阶到 B 点结束，再利用直线命令绘制 BA 直线。

（2）利用多段线（P）选项绘制如图 6-37（b）所示的图形，具体步骤如下：

命令：_chamfer

（"修剪"模式）当前倒角距离 1 =10，距离 2 = 20

选择第一条直线或［多段线（P）/距离（D）/角度（A）/修剪（T）/方式（M）/多个（U）］：d

指定第一个倒角距离<10>：8

指定第二个倒角距离<8>：

选择第一条直线或［多段线（P）/距离（D）/角度（A）/修剪（T）/方式（M）/多个（U）］：p

选择二维多段线：

14 条直线已被倒角

2 条平行

（3）利用多个（U）选项绘制如图 6-37（c）的图形，具体步骤如下：

命令：_chamfer

（"修剪"模式）当前倒角距离 1 = 8，距离 2 =8

选择第一条直线或［多段线（P）/距离（D）/角度（A）/修剪（T）/方式（M）/多个（U）］：u

选择第一条直线或［多段线（P）/距离（D）/角度（A）/修剪（T）/方式（M）/多个（U）］：（从 A 点开始一次选择垂直直线）

选择第二条直线：（选择水平直线）

（以下相同方法）

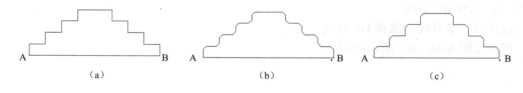

（a）　　　　　　　　（b）　　　　　　　　（c）

图 6-37 倒角的练习

👉 技巧：

➤ 若指定的两直线未相交，使用倒角命令将延长使其相交，然后再倒角。

➤ 若【修剪】选项设置为【修剪】时，则倒角生成，倒角以外的部分被修剪掉，若【修剪】选项设置为【不修剪】时，则线段不会被剪切，如图 6-38 所示。

➤ 若用户需要指定新的倒角距离值，则需要两次执行该命令。

➤ 当倒角距离为 0 时，则两条直线相交并修剪掉多余的线段。

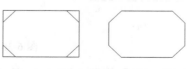

（a）　　　　　　（b）

图 6-38 【修剪】和【不修剪】对比图

（a）不修剪；（b）修剪

6.16 圆　　角

6.16.1 功能

用指定半径的圆弧光滑连接两个已知线段。

6.16.2 激活命令的方法

- ➢ 工具栏：⌐
- ➢ 下拉菜单：【修改】→【圆角】
- ➢ 命令行：fillet
- ➢ 命令行：f

6.16.3 过程指导

激活圆角命令后，命令行提示：

命令：_fillet

当前设置：模式=不修剪，半径=0

选择第一个对象或［多段线（P）/半径（R）/修剪（T）/多个（U）］：

各选项的含义：

- ➢ 多段线（P）：在二维多段线中两条线段相交的每个顶点处插入圆角弧。
- ➢ 半径（R）：定义圆角弧的半径。
- ➢ 修剪（T）：控制 AutoCAD 是否修剪选定的边使其延伸到圆角弧的端点。
- ➢ 多个（U）：给多个对象集加圆角。AutoCAD 将重复显示主提示和"选择第二个对象"提示，直到用户按 ENTER 键结束命令。

【例题 6-26】将矩形的四个直角改为圆弧过渡。

（1）利用矩形命令绘制出 45×30 的矩形。

（2）激活圆角命令，操作步骤如下：

命令：_fillet

当前设置：模式 = 不修剪，半径 = 2

选择第一个对象或［多段线（P）/半径（R）/修剪（T）/多个（U）］：t（表示要选择修剪）

输入修剪模式选项［修剪（T）/不修剪（N）］<不修剪>：t（选择修剪选项）

选择第一个对象或［多段线（P）/半径（R）/修剪

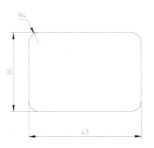

图 6-39 圆弧过渡的效果图

（T）/多个（U）］：P（表示要选择的对象为多段线）

选择二维多段线：（选择矩形）

4条直线已被圆角。

（3）最后得到如图6-39所示的图形。

也可以用其他方法得到图形。

【例题6-27】用半径为20的圆弧连接两个已知圆弧。

激活圆角命令，具体操作步骤如下：

命令：_fillet

当前设置：模式＝修剪，半径＝4

选择第一个对象或［多段线（P）/半径（R）/修剪（T）/多个（U）］：R（改变半径为20）

指定圆角半径<4>：20（半径为20）

选择第一个对象或［多段线（P）/半径（R）/修剪（T）/多个（U）］：T（选择修剪选项）

输入修剪模式选项［修剪（T）/不修剪（N）］<修剪>：N（表示不修剪）

选择第一个对象或［多段线（P）/半径（R）/修剪（T）/多个（U）］：选择φ16的圆

选择第二个对象：选择φ24的圆

得到如图6-40所示的图形。

此图可以有多种方法得到，读者可以试试几种方法，比较哪种方法最简单？

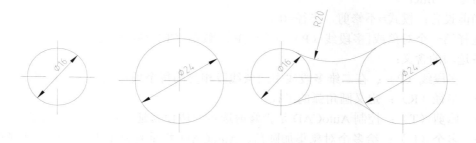

图6-40 利用圆弧过渡画连接圆弧

6.17 分　　　解

6.17.1 功能

在 AutoCAD 软件中，有很多种将几个对象组合为一个整体对象，通过分解命令可以把它们分解为单个对象。我们已经学过的命令有：矩形、多线、多段线，在后面章节中还可以学到标注、块、三维实体、多行文字等。

6.17.2 激活命令的方法

➢ 工具栏：

➢ 下拉菜单：【修改】→【分解】

➢ 命令行：explode

➢ 命令行：x

6.17.3 过程指导

【例题 6-28】在图 6-41 基础上开门洞。

（1）打开图形。

（2）把墙体线用分解命令进行分解，则多线被分解为单个直线。

（3）用直线命令在需要开门的地方，画两条 1000mm 的平行线。

（4）用修剪命令进行修剪。

（5）最后得到如图 6-41 所示的图形。

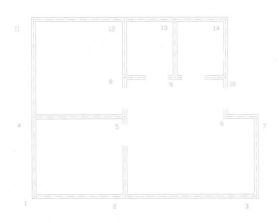

图 6-41　基础上开门洞

技巧：

➢ 利用 EXPLODE 命令分解带属性的图块后，图块的属性值将消失，并还原为属性定义的选项。用 MINSERT 命令插入的图块、外部参照对象不能用 EXPLODE 命令分解。

➢ 利用 EXPLODE 命令分解具有一定宽度的多段线后，多段线的宽度和切线的信息将被放弃，并且分解后的多段线的宽度、线型、颜色随当前层而改变。

6.18 编辑多段线

6.18.1 功能

利用 PEDIT 命令可以编辑任何类型的多段线的属性或是将直线命令绘制的直线编辑为多段线，也可以编辑多边形网格。

6.18.2 激活命令的方法

- 工具栏：【修改Ⅱ】工具栏
- 下拉菜单：【修改】→【对象】→【多段线】
- 命令行：PEDIT
- 命令行：PE

6.18.3 过程指导

激活 PEDIT 命令后，命令行提示：

选择多段线或 [多选（M）]：使用对象选择方法选择对象或输入 m

选定的对象不是多段线

是否将其转换为多段线?<Y>

输入选项

[闭合（C）/合并（J）/宽度（W）/编辑顶点（E）/拟合（F）/样条曲线（S）/非曲线化（D）/线型生成（L）/放弃（U）]：选择编辑的选项

各选项的含义：

- 闭合（C）：连接第一条与最后一条线段，创建多段线的闭合线段。
- 打开（O）删除多段线的闭合线段。
- 合并（J）：将直线、圆弧或多段线添加到开放的多段线端点并删除曲线拟合多段线的曲线拟合。
- 宽度（W）：指定整条多段线新的统一宽度。使用"编辑顶点"选项的"宽度"选项可修改线段的起点宽度和端点宽度。
- 编辑顶点（E）：修改多段线的端点。当选择该选项后，在多段线的第一个起点上出现一个 X 的标记，如果已经指定这个顶点的切线方向，还将在这个方向上绘制一个箭头。系统提示"[]<当前选项>："其各选项含义如下：
  - ✧ 下一个（N）：将标记 X 移动到下一个顶点。即使多段线闭合，标记也不会从端点绕回到起点。
  - ✧ 上一个（P）：将标记 X 移动到上一个顶点。即使多段线闭合，标记也不会从起点绕回到端点。

    ◇   打断（B）：将 X 标记移到任何其他顶点时，保存已标记的顶点位置。如果指定的一个顶点在多段线的端点上，得到的将是一条被截断的多段线。如果指定的两个顶点都在多段线端点上，或者只指定了一个顶点并且也在端点上，则不能使用"打断"选项。

    ◇   插入（I）：在多段线的标记顶点之后添加新的顶点。

    ◇   移动（M）：移动标记的顶点。

    ◇   重生成（R）：重生成多段线。

    ◇   拉直（S）：将 X 标记移到任何其他顶点时，保存已标记的顶点位置。

    ◇   切向（T）：将切线方向附着到标记的顶点以便用于以后的曲线拟合。

    ◇   宽度（W）：修改标记顶点之后线段的起点宽度和端点宽度。

    ◇   退出（X）：退出"编辑顶点"模式。

  ➢ 拟合（F）：创建圆弧拟合多段线（由圆弧连接每对顶点的平滑曲线）。该曲线通过多段线的所有顶点并使用指定的切线方向。

  ➢ 样条曲线（S）：对多段线进行样条拟合成曲线，该曲线将通过第一个和最后一个控制点，除非原多段线是闭合的。

  ➢ 非曲线化（D）：删除拟合曲线或样条曲线插入的多余顶点，并拉直多段线的所有线段。

  ➢ 线型生成（L）：通过多段线的顶点生成连续线型，不能用于改变线宽的多段线。

  ➢ 放弃（U）：取消上一次操作。

【例题 6-29】将图 6-42 中的线段该变为多段线，其宽度为 1mm。

命令：_pedit

选择多段线或[多条（M）]：（拾取左端直线）

选定的对象不是多段线是否将其转换为多段线?<Y>（回车，或单击右键）

输入选项

[闭合（C）/合并（J）/宽度（W）/编辑顶点（E）/拟合（F）/样条曲线（S）/非曲线化（D）/线型生成（L）/放弃（U）]：j

选择对象：指定对角点：找到 3 个（用交叉窗口方式选择其他三条线段）

选择对象：（回车）

3 条线段已添加到多段线

输入选项

[闭合（C）/合并（J）/宽度（W）/编辑顶点（E）/拟合（F）/样条曲线（S）/非曲线化（D）/线型生成（L）/放弃（U）]：w

指定所有线段的新宽度：1（输入新的线宽 1）

输入选项

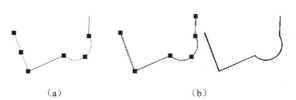

      (a)   (b)

图 6-42 编辑多段线

(a) 编辑前由四个对象组成；

(b) 编辑后由一个对象组成

[闭合（C）/合并（J）/宽度（W）/编辑顶点（E）/拟合（F）/样条曲线（S）/非曲线化（D）/线型生成（L）/放弃（U）]：回车结束命令。

☞ *技巧：*

若选择的对象不是多段线，系统提示"选定的对象不是多段线是否将其转换为多段线?<Y>"，选择 Y，则对象将改变为二维多段线。但圆、椭圆、多线不能编辑为多段线。

6.19 夹 点 编 辑

6.19.1 功能

除了上面介绍的编辑命令外，AutoCAD 还有一种编辑方式叫夹点编辑。

夹点是一些实心的小方框，使用鼠标单击指定对象时，对象关键点上将出现蓝色夹点，如图 6-43 所示的一些常用对象的夹点。在某一夹点上单击，则该夹点变成实心的红色小方块，可以拖动这些红色的夹点快速拉伸、移动、旋转、缩放或镜像对象。

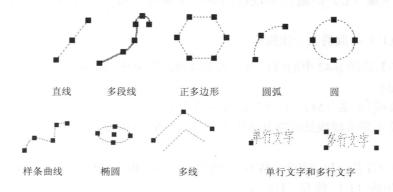

| 直线 | 多段线 | 正多边形 | 圆弧 | 圆 |

| 样条曲线 | 椭圆 | 多线 | 单行文字和多行文字 |

图 6-43 常用对象的夹点位置

6.19.2 激活命令的方法

在命令行没有输入任何命令时，单击对象，出现该对象的夹点，就可以进行夹点编辑。

6.19.3 过程指导

6.19.3.1 使用夹点拉伸对象

** 拉伸 **

指定拉伸点或[基点（B）/复制（C）/放弃（U）/退出（X）]：

【例题 6-30】使用夹点拉伸以直线。

（1）选择要拉伸的直线，如图 6-44（a）所示。

（2）在直线上选择两个端点作为基夹点，红色亮显选定夹点，并激活默认夹点模式"拉伸"。

（3）移动鼠标并单击，如图 6-44（b）所示。

（4）随着夹点的移动拉伸选定直线，如图 6-44（c）所示。

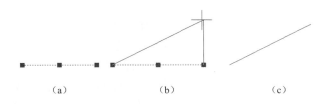

（a）　　　　　　　（b）　　　　　　　（c）

图 6-44　拉伸直线

【例题 6-31】使用夹点拉伸圆和圆弧。

（1）选择要拉伸的圆，如图 6-45（a）所示。

（2）选择圆的象限点，红色亮显选定夹点，并激活默认夹点模式"拉伸"。

（3）移动鼠标并单击，如图 6-45（b）所示。

（4）随着夹点的移动拉伸向外拉伸则圆放大，向内移动，则圆缩小，如图 6-45（b）所示。

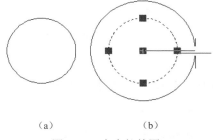

（a）　　　　　（b）

图 6-45　夹点拉伸圆

6.19.3.2 使用夹点移动对象

** 拉伸 **

指定拉伸点或 [基点（B）/复制（C）/放弃（U）/退出（X）]：_move（在右键快捷菜单中选择移到）

【例题 6-32】将圆以圆心为基点，移到矩形的左上角。

（1）选择要移到的圆。

（2）选择圆的圆心，红色亮显选定夹点。

（3）将鼠标移到、捕捉到矩形的左上角点，得到如图 6-46 所示的图形。

图 6-46　夹点移到对象操作

☞ 技巧：

➢ 以直线的中点为夹点，直接移动该直线。

➢ 以圆的圆心为夹点，直接移动该圆。

125

➢ 如以对象的任意夹点为基准点进行移到，则选择夹点后单击右键快捷菜单选择移到选项再移动

6.19.3.3 使用夹点旋转对象

** 拉伸 **

指定拉伸点或［基点（B）/复制（C）/放弃（U）/退出（X）］：_rotate

【例题 6-33】将画出灯的符号

选中圆内的两条直线，单击直线的中点，如图 6-47 所示。

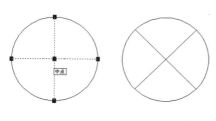

图 6-47 灯的符号

命令行提示：

** 拉伸 **

指定拉伸点或［基点（B）/复制（C）/放弃（U）/退出（X）］：_rotate

** 旋转 **

指定旋转角度或［基点（B）/复制（C）/放弃（U）/参照（R）/退出（X）］：45 输入旋转角度

得到如图 6-47 所示的图形。

6.19.3.4 使用夹点复制对象

** 拉伸 **

指定拉伸点或［基点（B）/复制（C）/放弃（U）/退出（X）］：c

** 拉伸（多重）**

指定拉伸点或［基点（B）/复制（C）/放弃（U）/退出（X）］：

【例题 6-34】绘制三相变压器符号

利用圆命令画一个圆，如图 6-48 所示。

单击圆，选择任一个夹点单击，命令行提示：

** 拉伸 **

指定拉伸点或［基点（B）/复制（C）/放弃（U）/退出（X）］：c（选择复制选项，或单击右键快捷菜单选择复制）

图 6-48 变压器符号

** 拉伸（多重）**

指定拉伸点或［基点（B）/复制（C）/放弃（U）/退出（X）］：移到鼠标把圆移到合适的位置

最后得到如图 6-48 所示的图形。

6.19.3.5 使用夹点缩放对象

** 拉伸 **

指定拉伸点或［基点（B）/复制（C）/放弃（U）/退出（X）］：_scale

** 比例缩放 **

指定比例因子或［基点（B）/复制（C）/放弃（U）/参照（R）/退出（X）］

6.19.3.6 使用夹点创建镜像

** 拉伸 **

指定拉伸点或［基点（B）/复制（C）/放弃（U）/退出（X）］：_mirror

** 镜像 **

指定第二点或［基点（B）/复制（C）/ 放弃（U）/退出（X）］

6.20 对 象 特 性 编 辑

6.20.1 功能

在 AutoCAD 中所有的对象都具有相同和不同的特性。下列基本特性为大部分 AutoCAD 对象和所共有：

➢ 颜色：指定对象的颜色。

➢ 图层：指定对象的当前图层。

➢ 线型：指定对象的当前线型。

➢ 线型比例：指定对象的线型比例因子。

➢ 打印样式：列出 NORMAL、BYLAYER、BYBLOCK 以及包含在当前打印样式表中的任何打印样式。

➢ 线宽：指定对象的线宽。

➢ 超链接：将超链接附着到图形对象。如果超链接指定有说明，将显示此说明。如果没有指定说明，将显示 URL 地址。

➢ 厚度：设置当前的三维实体厚度。此特性并不应用到所有对象。

有些特性是不同的对象具有不同的对象特性，如直线有两个端点坐标、角度和长度等特性；圆具有圆心、直径、半径、面积和周长等特性。

AutoCAD 2004 还沿用了有关图形输出、视点设置、坐标系的特性修改，使特性编辑更为全面快捷，利用对象特性编辑命令可以对上述的对象特性进行对象编辑。

6.20.2 激活命令的方法

➢ 工具栏：【标准】→【对象特性】工具栏

➢ 下拉菜单：【工具】→【对象特性管理器】

➢ 命令行：PROPERTIES

➢ 命令行：CH、DDCHPROP、DDMODIFY、MO、PROPS

➢ 快捷菜单：选择要查看或修改其特性的对象，在绘图区域单击右键，然后选择"特性"。或者，可以在大多数对象上双击以显示"特性"选项板。

6.20.3 过程指导

激活对象特性后，弹出【特性】对话框，如图 6-49 所示，在该对话框中提供目标选择的快捷方式——选择集。点击选择目标的下拉按钮，可选择已定义的选择集，或者点击【快速选择】按钮，弹出【快速选择】对话框，如图 6-50 所示，可重新定义选择集。

图 6-49 特性对话框　　　　　　　　　图 6-50 快速选择对话框

此时可以选择对象，则显示选择对象的特性，如选择直线，如图 6-51 所示，在对话框中显示直线的特性，用户可以在其中改变直线的图层、起终点的坐标等特性值。

如果选择圆，如图 6-52 所示，用户可以在其中改变圆的圆心坐标、半径、面积等特性值。例如将对话框中的直径 24 改为 40，则圆对象在保持圆心不变情况下直径变为 40，类似可以改变其他参数值。

图 6-51 直线的特性　　　　　　　　图 6-52 圆的特性

不同的对象的【特性】对话框显示的内容不同，读者可以在使用的过程中一一尝试。

6.21 特 性 匹 配

6.21.1 功能

特性匹配（MATCHPROP）命令用于将目标实体的特性（如颜色、图层、线型等）复制给目标实体。可以在【特性设置】对话框中控制所需特性匹配的参数，【特性设置】对话框如图 6-53 所示。

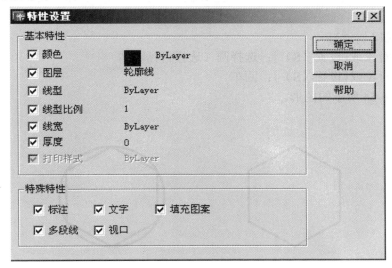

图 6-53 特性设置对话框

6.21.2 激活命令的方法

➢ 工具栏：【标准】→【对象特性】工具栏

➢ 下拉菜单：【修改】→【特性匹配】

➢ 命令行：MATCHPROP

➢ 命令行：MA

6.21.3 过程指导

激活特性匹配命令后，命令行提示：

MATCHPROP

选择源对象：选择

当前活动设置：颜色　图层　线型　线型比例　线宽　厚度　打印样式文字　标注　填充图案

多段线视口（在特性设置中已选择的匹配特性）

选择目标对象或［设置（S）］：（选择【设置（S）】选项，弹出【特性设置】的对话框）

选择目标对象或［设置（S）］：选择目标实体。

【例题 6-35】 将图 6-54 中的圆的特性改为与正六边形的特性一致。

MATCHPROP

选择源对象：选择正六边形（源目标实体）

当前活动设置：颜色 图层 线型 线型比例 线宽 厚度 打印样式 文字 标注 填充图案

多段线 视口

选择目标对象或［设置（S）］：选择圆（选择目标实体）

选择目标对象或［设置（S）］：回车

得到如图 6-54 所示的图形。

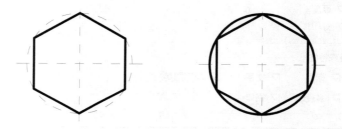

图 6-54 用特性匹配命令对图形进行特性匹配

☞ 技巧：

在预设情况下，所有可应用的特性都自动地从选定地源目标实体复制道目标实体上。如果不希望一个或多个特定的特性被复制，请使用【特性设置】选项禁止该特性的复制。可以在执行该命令的过程中的任何时候选择【设置】选项。

第7章　文本标注与编辑

一张完整的图纸，除了有表达形状特征的图形外，还需要对图形进行一些说明、技术要求等内容，这就需要在图纸中添加文字、数字及其他符号以表达设计对象的特点、型号规格等内容。

7.1　文　字　样　式

文字样式包括字体和字型。要在 AutoCAD 中标注文本，用户必须现设置字体和字型。字体是具有一定固有形状，由若干个单词组成的描述库。如 Arial、Times New Roman、Italic 等字体。字型是具有字体、字高、倾斜度、文本方向等特性的文本样式。在使用 AutoCAD 绘图时，所有的文本标注都需要定义文本的样式，即需要预先设定文本的字型，只有在设置文本字型之后才能决定在标注文本时使用的字体、字高、倾斜度、文本方向等文本特性。

AutoCAD 2004 不仅支持中文大字体，同时也支持 Windows 系统的字体。

7.1.1　激活命令的方法

➢ 工具栏：【文字】→【文字样式】工具栏

➢ 下拉菜单：【格式】→【文字样式】

➢ 命令行：style

➢ 命令行：st

7.1.2　过程指导

激活该命令后，弹出【文字样式】对话框，如图 7-1 所示。

7.1.2.1　"样式名"区域

（1）选取已有的文字样式。

在左上方的下拉列表中，单击右侧的向下箭头可以选取当前图形中已经定义的文字样式，如图 7-2 所示。选取后可以对它进行修改。

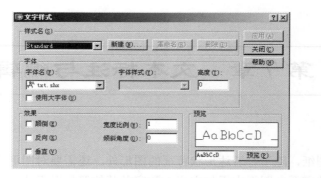

图 7-1 文字样式对话框

（2）新建文字样式。

单击【新建】按钮将弹出【新建文字样式】对话框，如图 7-3 所示。在【样式名】编辑框中输入新建文字样式的名称，输入的名称不能与已经存在的样式名称重复。

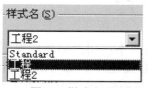

图 7-2 样式名列表框

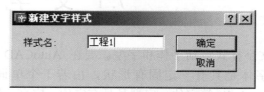

图 7-3 新建文字样式对话框

（3）重新命名文字样式。

当在【样式名】选项的下拉列表框中选择了除 Standard 之外的用户自建样式名之后，可以单击【重命名】按钮，弹出【重命名文字样式】对话框，如图 7-4 所示，在此对话框中可以为所选的文字样式输入新的名称。

（4）删除文字样式。

在【样式名】选项的下拉列表框中选择了除 Standard 之外的用户自建样式名之后，单击【删除】按钮可以将所选的文字样式删除，系统弹出警告对话框，如图 7-5 所示。

图 7-4 重命名文字样式对话框

图 7-5 警告对话框

7.1.2.2 "字体" 区域

（1）字体名：列出了操作系统中自带的 TTP 字体、AutoCAD 本身的源（SHP）型和编译（SHX）型字体。

（2）字体样式：设置字体的格式，如正规、斜体、加粗。当选择【使用大字体】选项时，在此列表中可以选择大字体。

（3）高度：设置文本的高度。当设置为零时，在每次使用这个字型标注图形时，

AutoCAD 都会要求输入文本的高度。在此设置字高后，在标注文本时不再提示输入文本的高度，在没有重新设置字高前都使用此字高标注。当使用同一高度设置时，TTP 字体将会比 SHX 字体高度略小一些。

（4）使用大字体：选中此项，可以使用汉字标注文本。

☞ *技巧*：

AutoCAD 2004 中文版提供了符合国标的类似手写仿宋体的 SHX 型字体文件 gbenor.shx（正体）、gbcbig.shx（大字体）、gbeitc.shx（斜体）。

7.1.2.3 "效果"区域

（1）颠倒文字：选中该项，文字将翻转 180 度。

（2）宽度比例：设置文字的宽度与高度的比值。输入 1.0 时，文字的宽度和高度相等。输入小于 1.0 的值，文字变得细长。输入大于 1.0 的值，则文字变得粗短。

（3）反向：选中该项，文字将反向显示。

（4）倾斜字体：设置文字的倾斜角。输入一个-85 和 85 之间的值将使文字倾斜，当文字处于水平方向向上时，此时的倾斜角度为 0 度。

（5）竖直：选中该项，文字将垂直对齐的显示。只有在选定字体支持双向"垂直"可用。TrueType 字体的垂直定位不可用。

7.1.2.4 "预览"

当设置完成后，可以立即在【预览】显示区中预览文字的效果。

注意：预览文字不反映文字实际高度。

7.1.2.5 "保存"

新建或修改好文字样式后，单击【文字样式】对话框右上方的【应用】按钮，该文字样式就会生效了。

7.2 单行文字和多行文字

设置好字型后，就可以在图形中标注各种样式的文本了。在 AutoCAD 2004 中文版中，可以使用单行文字和多行文字等命令进行文本标注。

7.2.1 单行文字

用单行文字（TEXT）命令标注的文本，每行都是一个单独的对象，该命令主要用于图形中如设备明细表、技术说明、注意事项、图例等文字。

7.2.1.1 激活命令的方法

> 工具栏：【文字】→【单行文字】工具栏 AI

> 下拉菜单：【绘图】→【文字】→【单行文字】
> 命令行：dtext（或 TEXT）
> 命令行：dt

7.2.1.2 过程指导

（1）建立单行文字。

激活单行文字命令后，命令行提示如下：

命令：_dtext

当前文字样式：工程 当前文字高度：3

指定文字的起点或[对正（J）/样式（S）]：（指定文字的起点）

指定高度<3>：10（由于在文字样式"工程"中的高度设为 0，所以利用单行文字在执行时要重新输入高度。）

水利水电工程CAD

图 7-6 单行文字

指定文字的旋转角度<0>：回车

输入文字：水利水电工程 CAD （输入文本）

输入文字：回车（结束命令）

命令执行的效果如图 7-6 所示。

（2）文字对正

对正：设置标注文本的对齐方式，选择"对正"选项后，命令行出现提示：

"［对齐（A）／调整（F）中心（C）／中间（M）右（R）／左上（TL）中上（TC）／右上（TR）／左中（ML）／正中（MC）／右中（MR）左下（BL）／中下（BC）右下（BR）］："，

其中的各选项含义如下：

✧ 对齐：输入文本基线的起点和终点后，标注文本将在文本基线上均匀排列，字符的高度视文本的多少自动调整。

✧ 调整：指定文字按照由两点定义的方向和一个高度值布满一个区域。只适用于水平方向的文字。

✧ 中心：从基线的水平中心对齐文字，此基线是由用户以点指定的。

✧ 中间：指定一个坐标点，然后输入标注文本的高度和旋转角度标注文本的中心和旋转角度。

✧ 右：指定标注文本右对齐。

✧ 左上：指定标注文本顶部左端点。

✧ 中上：指定标注文本顶部中点。

✧ 右上：指定标注文本顶部右端点。

✧ 左中：指定标注文本左端中心点。

✧ 正中：指定标注文本中部中心点。

✧ 右中：指定标注文本右端中心点。

◇ 左下：指定标注文本左侧起始点，确定与水平方向的夹角为文本的旋转角，这样通过该点的直线就是标注文本中最低字符字底的基线。

◇ 中下：同"左下"，不同的是给定标注文本最低字符字底的基线的中点。

◇ 右下：同"左下"，不同的是给定标注文本最低字符字底的基线的右侧起始点。

【例题 7-1】设置标注"水利水电工程 CAD"，右对齐，字高 10，倾斜度 60 度。

命令：_dtext

当前文字样式：工程 当前文字高度：10

指定文字的起点或[对正（J）/样式（S）]：s

输入样式名或[?]<工程>：

当前文字样式：工程 当前文字高度：10

指定文字的起点或 [对正（J）/样式（S）]：j

输入选项

[对齐（A）/调整（F）/中心（C）/中间（M）/右（R）/左上（TL）/中上（TC）/右上（TR）/左中（ML）/正中（MC）/右中（MR）/左下（BL）/中下（BC）/右下（BR）]：r

指定文字基线的右端点: 指定直线的右上端点

指定高度<10>：

指定文字的旋转角度<0>：60

输入文字：水利水电工程 CAD

输入文字：回车结束命令

命令执行的效果如图 7-7 所示。

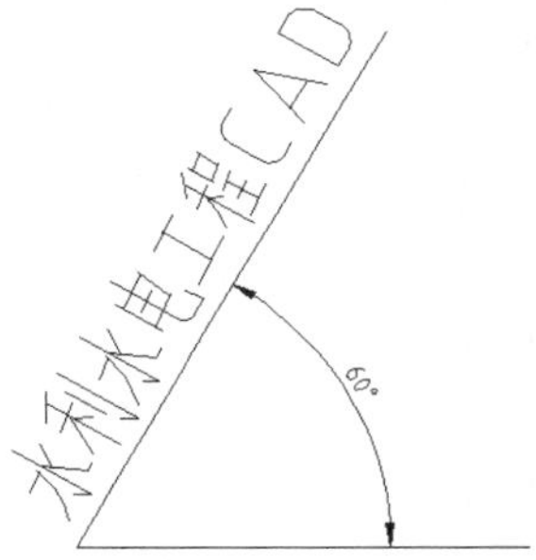

7.2.2 多行文字

7.2.2.1 激活命令的方法

图 7-7　执行旋转选项的文字标注

➢ 工具栏：【文字】→【单行文字】工具栏　Ａ

➢ 下拉菜单：【绘图】→【文字】→【多行文字】

➢ 命令行：mtext

➢ 命令行：mt

7.2.2.2 过程指导

激活多行文字命令后，命令行提示如下：

命令：_mtext 当前文字样式："工程" 当前文字高度：3

指定第一角点：（指定一点确定作为多行文字书写区域的一个角点）

指定对角点或 [高度（H）/对正（J）/行距（L）/旋转（R）/样式（S）/宽度（W）]：（确定另一个角点）

系统弹出【文字格式】对话框，如图 7-8 所示。

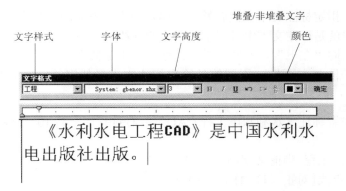

图 7-8　文字样式对话框

各选项的含义如下：

➢　文字样式：向多行文字对象应用文字样式。当前样式保存在 TEXTSTYLE 系统变量中。如果将新样式应用到现有的多行文字对象中，用于字体、高度和粗体或斜体属性的字符格式将被替代。堆叠、下划线和颜色属性将保留在应用了新样式的字符中。

➢　字体：为新输入的文字指定字体或改变选定文字的字体。

➢　文字高度：按图形单位设置新文字的字符高度或更改选定文字的高度。如果当前文字样式没有固定高度，则文字高度是 TEXTSIZE 系统变量中存储的值。多行文字对象可以包含不同高度的字符。

➢　粗体：为新输入文字或选定文字打开或关闭粗体格式。此选项仅适用于使用 TrueType 字体的字符。

➢　斜体：为新输入文字或选定文字打开或关闭斜体格式。此选项仅适用于使用 TrueType 字体的字符。

➢　下划线：为新输入文字或选定文字打开或关闭下划线格式。

➢　放弃：在多行文字编辑器中撤销操作，包括对文字内容或文字格式的更改。也可以使用 CTRL+Z 组合键。

➢　重做：在多行文字编辑器中重做操作，包括对文字内容或文字格式的更改。也可以使用 CTRL+Y 组合键。

堆叠：如果选定文字中包含堆叠字符，则创建堆叠文字（例如分数）。如果选定堆叠文字，则取消堆叠。使用堆叠字符、插入符（^）、正向斜杠（/）和磅符号（#）时，堆叠字符左侧的文字将堆叠在字符右侧的文字之上。默认情况下，包含插入符（^）的文字转换为左对正的公差值。包含正斜杠（/）的文字转换为置中对正的分数值，斜杠被转换为一条同较长的字符串长度相同的水平线。包含磅符号（#）的文字转换为被斜线（高度与两个字符串高度相同）分开的分数。斜线上方的文字向右下对齐，斜线下方的文字向左上对齐。

➢　文字颜色：为新输入文字指定颜色或修改选定文字的颜色。可以为文字指定与所在图层关联的颜色（BYLAYER）或与所在块关联的颜色（BYBLOCK）。也可以从颜色列表中选择一种颜色，或单击"其他"打开"选择颜色"对话框。

➤ 关闭：关闭多行文字编辑器并保存所做的任何修改。也可以在编辑器外的图形中单击以保存修改并退出编辑器。要关闭多行文字编辑器而不保存修改，请按 ESC 键。

➤ 标尺栏：首行缩进标记和段落缩进标记，它与 Windows 相同。

➤ 文字编辑框：在此可以进行文字书写和编辑工作。其大小是与执行命令开始时确定的书写区域大小相同，也可以对右边框进行拖动放大。

 **技巧：**

MTEXT 和 TEXT 命令有所不同，用 MTEXT 命令输入的文本，无论有多少行，都是一个实体，对它进行编辑和选择时都是整体操作；而 TEXT 命令输入的文本，尽管也有多行，但每一行是一个整体，只能对每行进行选择和编辑等操作。

7.2.3 特殊字符标注

AutoCAD 2004 中文版对于文字标注还提供了其他一些功能，如隐藏对象、特殊字符的标注等。

7.2.3.1 隐藏对象

有时在绘制较复杂的图形时，需要标注很多文字。由于这些文字要占用很大的空间，当在执行移动、复制、刷新等命令时会明显感觉到计算机的运行速度降低。AutoCAD 专门提供了 QTEXT 命令来解决此问题。

执行 QTEXT 命令后，图中文字会显示为方框，缩短了重新显示文字所用的时间。

在命令行中输入 QTEXT 可执行 QTEXT 命令，命令行中会显示"输入模式［开（ON）／关（OFF）]＜关＞："。此提示下有两个选项。在预设时的模式为"关（OFF）"，这时图形中文字不以方框显示。"开（ON）"选项表示打开以方框显示文字的模式。图 7-9 所示为使用 QTEXT 命令后文字显示方式的变化。

7.2.3.2 在文字中使用特殊字符

在绘制工程图中，经常要在标注文字时用到如直径、度这样的符号。这些符号无法直接从键盘上输入，但可以使用 AutoCAD 提供的％％n 格式来输入，其中 n 表示某个特殊字符所对应的字母，如表 7-1 所示。

表 7-1　　　　　　　　　常用的特殊字符号和代码表

格　式	对　应　符　号
％％c	直径符号 φ
％％d	度符号°
％％p	公差符号
％％％	百分比符号％

【例题 7-2】利用文本标注功能标注出公差 $1000^{+0.02}_{-0.03}$ 、分数（ $\frac{1}{4}$ 、 $\frac{2}{5}$ ）等表示法。

（1）激活多行文字命令。

（2）在多行文字编辑器中输入 1000+0.02^-0.03，如图 7-9 所示。

（3）选中要堆叠文字+0.02^-0.03 之后，单击堆叠按钮 。

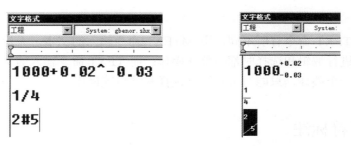

图 7-9   在编辑器中输入内容

（4）最后得到的效果如图 7-10 所示。

（5）选择堆叠文字，单击右键并从快捷菜单中选择【特性】，打开【堆叠特性】对话框，如图 7-11 所示，在对话框中可以编辑堆叠文字以及修改堆叠文字的类型、对正和大小等设置。

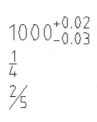

图 7-10   得到的效果

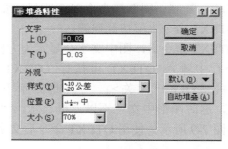

图 7-11   堆叠特性对话框

7.3 文 本 编 辑

7.3.1 编辑文本对象

当输入的标注文本不符合绘图的要求时，需要在原有的基础上进行修改，可利用 DDEDIT 命令来增加或替换字符、编辑文本特性和修改文本的特性

7.3.1.1 激活命令的方法

➢ 工具栏：【文字】→【编辑文字】工具栏

> 下拉菜单：【修改】→【对象】→【文字】→【编辑】
> 命令行：DDEDIT
> 命令行：ED

7.3.1.2 过程指导

激活编辑文字命令后，命令行提示如下：

命令：_ddedit

选择注释对象或[放弃（U）]：（此时在图形窗口选择要编辑的文字对象）

选择的对象不同，弹出的对话框也不同。

> 如果是单行文字对象，则弹出【编辑文字】对话框，如图 7-12 所示。在其中修改好新的文字内容，然后单击【确定】按钮即可。

> 如果是多行文字对象，则弹出【多行文字编辑器】对话框，如图 7-13 所示。在其中修改好新的文字内容，然后

图 7-12　编辑文字对话框

单击【确定】按钮即可。除了修改新的文字内容，多行文字编辑器还可以在文字的样式进行调整。文字编辑器中【样式】、【字体】、【字高】、【粗体】、【颜色】等内容。

图 7-13　多行文字编辑器对话框

 技巧：

使用 DDEDIT 命令可以修改单行文字的内容，但不能文字对象的格式和特性，当要修改内容、文字样式、位置、方向、大小、对正和其他特性是，使用【特性】窗口进行编辑，如图 7-14 所示。

图 7-14　特性窗口

7.3.2 缩放文本

在进行绘图中，特别在建筑绘图中，一个图形可能含有数以百计的需要设置比例的文字对象，单独设置这些比例会很浪费时间，可使用 SCALETEXT 命令来更改一个或多个文字对象（如文字、多行文字和属性）的比例。可以指定相对比例因子或绝对文字高度或者调整选定文字的比例来匹配现有文字的高度。每个文字对象使用同一个比例因子设置比例，并且保持当前的位置。

7.3.2.1 激活命令的方法

➢ 工具栏：【文字】→【编辑文字】工具栏 ![A]

➢ 下拉菜单：【修改】→【对象】→【文字】→【比例】

➢ 命令行：SCALETEXT

7.3.2.2 过程指导

执行 SCALETEXT 命令后，系统提示：

选择对象：在该提示下，选择缩放比例的标注文字，选择对象后，系统提示：

输入缩放的基点选项[现有（E）/左（L）中心（C）/中间（M）右（R）/左上（TL）中上（TC）/右上（TR）/左中（ML）/正中（MC）/右中（MR）左下（BL）/中下（BC）右下（BR）]<现有>：

该提示中部分选项与执行与 TEXT 命令的选项相同，在此仅介绍其中"现有"的选项：

现有：指系统预设的基点。输入 E 后，系统提示"指定新高度或[匹配对象（M）/缩放比例（S）]："该提示中各选项含义如下：

➢ 新高度：为标注文本设置新的高度。

➢ 匹配对象：缩放最初选定的文字对象以便与选定的文字对象大小匹配。

➢ 缩放比例：按参照长度和指定的新长度比例缩放所选文字对象。

【例题 7-3】请将如图 7-15 所示的多行文字的字高由 10 号字改为 20 号字。

（1）利用多行文字命令写出如图所示的文字。

（2）激活文本缩放命令：

命令：_scaletext

选择对象：指定对角点：找到 1 个

选择对象：回车

输入缩放的基点选项

[现有（E）/左（L）/中心（C）/中间（M）/右（R）/左上（TL）/中上（TC）/右上（TR）/左中（ML）/正中（MC）/右中（MR）/左下（BL）/中下（BC）/右下（BR）]<现有>：选择默认选项，回车

指定新高度或[匹配对象（M）/缩放比例（S）]<5>：20

（3）命令结束后，得到的效果如图 7-15 所示。

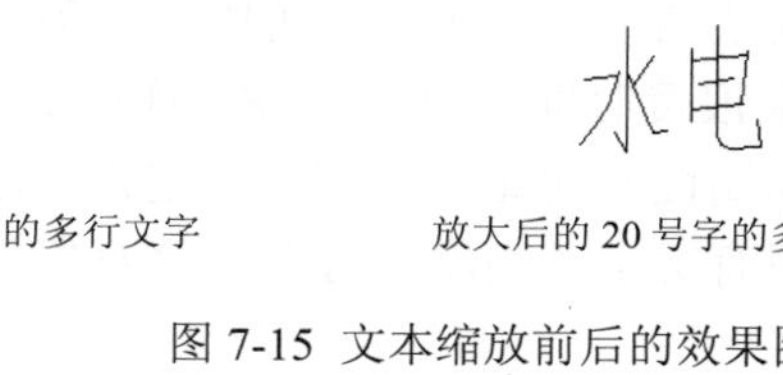

水利
水电

水利

水电

10 号字的多行文字　　　　放大后的 20 号字的多行文字

图 7-15 文本缩放前后的效果图

7.3.3 文本检查

利用 FIND 命令可以对图形中用 TEXT 命令标注的文本进行查找和替换。

7.3.3.1 激活命令的方法

➤ 工具栏：【文字】→【编辑文字】工具栏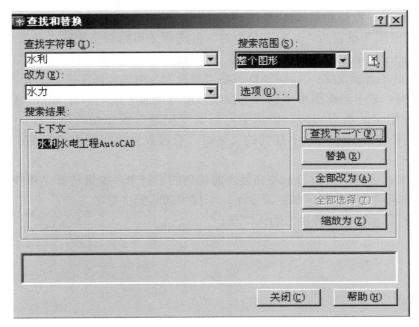

➤ 下拉菜单：【编辑】→【查找】

➤ 命令行：FIND

7.3.3.2 过程指导

执行 FIND 命令后，系统将弹出【查找和替换】对话框，如图 7-16 所示。其中各项含义如下：

➤ 查找字符串：输入要查找的字符串或从列表中最近使用过的六个字符串中选择一个。

➤ 改为：输入一个字符串或从列表中最近使用过的六个字符串中选择一个，用于替换找到文字的字符串

➤ 搜索范围：指定是在整个图形中查找还是仅在当前选择中查找。如果已选择某选项，"当前选择"将为默认值。如果未选择任何选项，"整个图形"将为默认值。可以用"选择对象"按钮临时关闭该对话框，并创建或修改选择集。

➤ 选择对象按钮：临时关闭该对话框以便可以在图形中选择对象。按 ENTER 键返回对话框。当选择对象时，"搜索范围"将显示"当前选择"。

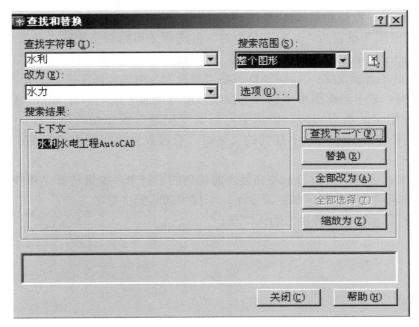

图 7-16　查找和替换对话框

➢ 选项：显示"查找和替换选项"对话框，如图 7-17 所示从中可以定义要查找对象的类型和文字。

➢ 查找/查找下一个：查找在"查找字符串"中输入的文字。如果没有在"查找字符串"里输入文字，则该选项不可用。AutoCAD 在"上下文"区域显示找到的文字。一旦找到第一个匹配的文本，"查找"选项变为"查找下一个"。用"查找下一个"可以查找下一个匹配的文本。

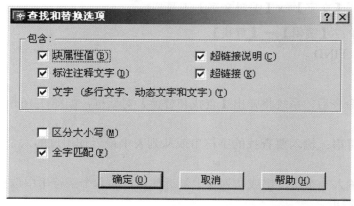

图 7-17 查找和替换选项的对话框

➢ 替换：用在"替换为"中输入的文字替换找到的文字。

➢ 全部替换：查找所有与在"查找字符串"中输入的文字匹配的文本，并用在"替换为"中输入的文字替换。AutoCAD 根据"搜索范围"中的设置，在整个图形或当前选择中进行查找和替换。状态区对替换进行确认并显示替换次数。

➢ 全部选择：查找并全部选择包含在"查找字符串"中输入的文字的已加载对象。只有当"搜索范围"设置为"当前选择"时，此选项才可用。当选择"全部选择" 时，该对话框将关闭，AutoCAD 在命令行显示一条信息说明找到并选择的对象数目。注意，"全部选择"并不替换文字；AutoCAD 忽略"替换为"中的任何文字。

➢ 缩放为：显示当前图形中包含查找或替换结果的区域。尽管 AutoCAD 搜索模型空间和图形中定义的所有布局，但只能对当前"模型"或布局选项卡中的文字进行缩放。当缩放到在多行文本对象中找到的文字时，有时找到的字符串可能不在图形的可视区里显示。

➢ 上下文：在上下文中显示并亮显当前找到的字符串。如果选择"查找下一个"，AutoCAD 将刷新"上下文"区域并显示下一个找到的匹配字符串。

➢ 状态：显示查找和替换的确认信息。

第8章 尺寸标注

在工程制图中，几何图形绘制好后，要把反映其精确尺寸表达出来，就需要进行标注。通过尺寸标注，能精确地反映物体的形状、大小和相互关系，方便加工、制造、检验和施工等工作的进行。标注针对不同行业和不同对象，有许多不同的规范要求，标注需要调整很多参数以适用这些要求。能够准确、规范而快速地进行标注是工程设计和计算机辅助设计绘图中十分重要的内容。

8.1 尺寸标注的基本知识

8.1.1 尺寸标注的类型

AutoCAD 共提供了 6 种基本尺寸标注类型，它们分别是：线性型尺寸标注、径向型尺寸标注、角度型尺寸标注、坐标尺寸标注、引线标注和中心标注。其中线性型尺寸标注又分为水平尺寸标注、垂直尺寸标注、指定倾斜角度标注、对齐尺寸标注、基线尺寸标注和连续尺寸标注。径向尺寸标注包括半径尺寸标注和直径尺寸标注。坐标尺寸标注主要用于标注所指点的坐标值，其尺寸值位于引出线上。中心标注指圆心标注。

8.1.2 尺寸标注的组成

尺寸标注，一般由尺寸界线、尺寸线、尺寸数值、尺寸箭头、旁注线标注、中心标记组成（如图 8-1 所示）。尺寸标注的格式设置，也就是分别对这几个组成部分进行设置，然后再用这个格式对图形进行标注，这样才能获得一个完整、正确的尺寸。

尺寸标注各部分的形式与基本要求：

➢ 尺寸线：在图纸中使用尺寸来标注距离或角度。在预设状态下，尺寸线位于两个尺寸界线之间，尺寸线的两端有两个箭头，尺寸文本沿着尺寸线显示。

➢ 尺寸界线：尺寸界线是由测量点引出的延伸线。通常尺寸界线用于直线型及角度型尺寸的标注。在预设状态下，尺寸界线与尺寸线是互相垂直的，用户也可以将它改变为所需的角度。AutoCAD 可以将尺寸界线隐藏起来。

➢ 尺寸箭头：箭头位于尺寸线与尺寸界线相交处，表示尺寸线的终止端。在不同的情况下通常使用不同样式的箭头符号来表示。在 AutoCAD 中，可以用箭头、短斜线、开口箭头、圆点及白定义符号来表示尺寸的终止。

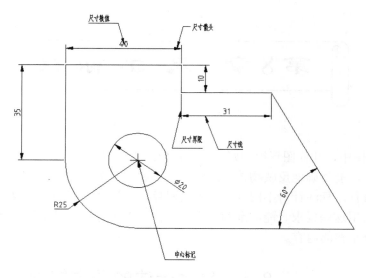

图 8-1 尺寸标注的基本组成

➤ 尺寸文本：尺寸文本是用来标明图纸中的距离或角度等数值及说明文字的。标注时可以使用 AutoCAD 中自动给出的尺寸文本，也可以自己输入新的文本。尺寸文本的大小和采用的字体可以根据需要重新设置。

➤ 引出线：引出线是从尺寸文本指向标注对象的线。引出线的一端带有箭头或其他指引符号，以此来表示引出点。在引出线的尾部是说明标注对象的尺寸文本。

➤ 圆心标记和中心线：圆心标记通常用来标示圆或圆弧的中心，它由两条相互垂直的短线组成，交叉点就是圆的中心。中心线是在圆心标记的基础上，将两条短线延长至圆或圆弧的圆周外。在 AutoCAD 中可以设置自动标注圆心标记或中心线，即标注圆或圆弧的尺寸时自动画出。

8.2　尺寸标注样式

用户在进行尺寸标注前，首先应设置在本张图纸中的尺寸标注格式。用户可根据本行业制图的规范以及所标注图形的具体要求对尺寸标注样式进行设置。

尺寸标注样式控制尺寸各组成部分的外观形状。在没有改变尺寸标注样式时，当前的尺寸标注样式将作为默认的标注样式。

8.2.1　激活尺寸标注样式的命令

➤ 下拉菜单：【格式】→【标注样式】
➤ 工具栏：标注工具栏的
➤ 命令行：DDIM
➤ 命令行：D

8.2.2 过程指导

激活【标注样式】命令后，将弹出【标注样式管理器】对话框，如图 8-2 所示。

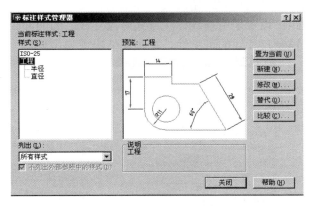

图 8-2　标注样式管理器对话框

➤　当前标注样式：显示当前标注样式，在没有改变当前样式时，系统将使用标注指定的"工程"样式。

➤　样式：在列表框中显示当前所采用的标注样式名称及全部标注样式的名称。

➤　列出：在该列表框中，可控制"样式"列表框中所显示的标注样式类型。

➤　所有样式：显示所有标注样式。

➤　正在使用的样式：仅显示被当前图形中的标注引用的标注样式。

➤　预览：预览显示用所选的标注样式标注图形所能达到的效果。

➤　置为当前：将标注样式设置为当前标注样式。

8.2.2.1　设置新标注样式

单击"新建"按钮后，弹出【创建新标注样式】对话框，如图 8-3 所示。该对话框主要有以下功能：

对话框中各选项的含义：

➤　新样式名：在此编辑框中输入所要建立的新标注格式名称。

➤　基础样式：设置新的标注格式前，可以先选择一个已有格式，在此基础上进行修改，从而提高工作效率。

图 8-3　创建新标注样式对话框

➤　用于：限定所选标注格式只用于某种确定的标注形式，用户可以在下拉式列表框中选取所要限定的标注形式。

➤　继续：开始设置新的尺寸标注格式。单击此按钮可弹出【建标注样式】对话框，如图 8-4 所示。

（1）"直线和箭头"选项卡。

➤　"尺寸线"区域：

◇　颜色：设置尺寸线的颜色。在下拉列表框中选取任意一种颜色，也可以选取"选择颜色"选项，在弹出的"选择颜色"对话框中选取任意一种颜色。

◇　线宽：设置尺寸线的宽度，可在下拉式列表框中直接选择。

◇　超出标记：设置尺寸线超出尺寸界限的长度。

◇　基线间距：设置采用基线标注方式时尺寸线之间的间距。

◇　隐藏：控制尺寸线的可见性，在预设情况下为可见。

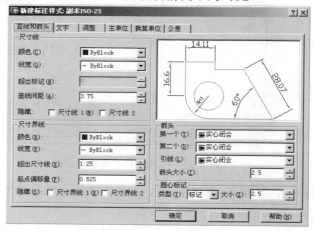

图 8-4　新建标注样式对话框

➢　"尺寸界线"区域：

◇　颜色：设置尺寸界线的颜色。在下拉列表框中选取任意一种颜色，也可以选取"选择颜色"选项，在弹出的"选择颜色"对话框中选取任意一种颜色。

◇　线宽：设置尺寸界线的宽度，可在下拉列表框中直接选择。

◇　超出尺寸线：设置尺寸界线超出尺寸线的距离。

◇　起点偏移量：设置尺寸界线与被标注物体间的间距。

◇　隐藏：控制尺寸界线的可见性。在预设情况下为可见。

➢　"箭头"区域：在该区域中控制尺寸箭头的外观特性。

◇　第一个：设置第一条尺寸线的箭头。当改变第一个箭头的类型时，第二个箭头将自动改变成与第一个箭头相匹配。第一个尺寸线箭头的名称存储在 D1MBLK1 系统变量中。要指定用户定义的箭头块，可选择"用户箭头"选项。显示"选择自定义箭头块"对话框。如果要选择用户定义的箭头块的名称，则该箭头块必须在当前图形中。"选择自定义箭头块"对话框，如图 8-5 所示。

◇　第二个：设置第二条尺寸线的箭头。第二个尺寸线箭头的名称存储在 D1MBLK2 系统变量中。要指定用户定义的箭头块，可选择"用户箭头"选项。显示"选择自定义箭头块"对话框。如果要选择用户定义的箭头块的名称，该箭头块必须在当前图形中。

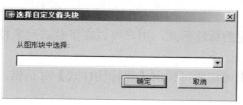

图 8-5　选择自定义箭头对话框

◇ 引线：设置引线箭头。引线箭头的名称存储在 DIMLDRBLK 系统变量中。

◇ 箭头大小：设置尺寸箭头的尺寸。通过输入的数值来控制尺寸箭头长度方向尺寸，尺寸箭头的宽度按长度自动调整。

➢ "圆心标记"区域：在该区域中控制直径标注和半径标注的圆心标记。

◇ 类型：设置圆心标记的类型，AutoCAD 提供 3 种标记类型：无、标记、直线。

◇ 大小：设置圆心标记大小。

➢ "屏幕预览"区域：可预览由用户所设置的标注样式所得到的效果。

（2）"文字"选项卡，如图 8-6 所示

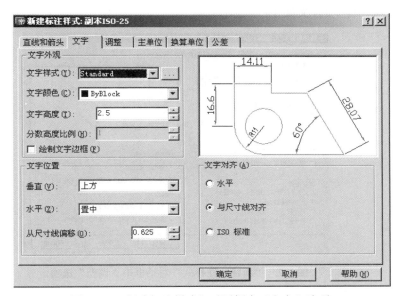

图 8-6 "新建标注样式"对话框中"文字"选项

➢ "文字外观"区域：在该区域中控制标注文字的格式与大小。

◇ 文字样式：显示和设置当前标注文字样式。可在列表框中选择所需的样式。以满足标注时使用。

◇ 文字颜色：设置标注文字的颜色。

◇ 文字高度：设置标注文字的高度。

◇ 分数高度比例：设置相对于标注文字的分数比例。

◇ 绘制文字边框：在标注文字的周围绘制一个边框，选择此选项将把存储在系统变量 DIMGAP 中的值变为负值。

➢ "文字位置"区域：在该区域中，可控制标注样式的位置。

◇ 垂直：控制标注文字相对尺寸线的垂直位置。垂直位置存储在 DIMTAD 系统变量中。系统提供了 4 种文本垂直位置方式。

◇ 水平：控制标注文字相对于尺寸线和尺寸界线的水平位置。水平位置存储在 DIMJUST 系统变量中。

◇ 从尺寸线偏移：设置当前文字间距，文字间距是指当尺寸线断开以容纳标注文字时标注文字周围的距离。

➤ "文字对齐"区域：控制尺寸文本的书写方向。决定尺寸文本的书写方向是保持水平还是与尺寸界线平行。

◇ 水平：水平放置文字。

◇ 与尺寸线对齐：标注文字始终与尺寸线保持平行。

◇ ISO 标准：当文字在尺寸界线内时，文字与尺寸界线对齐；当文字在尺寸界线外时，文字水平排列。

（3）"调整"选项卡。

如图 8-7 所示，单击"调整"选项卡，在该对话框中可以设置标注文字与尺寸箭头的格式。该对话框中各项含义如下：

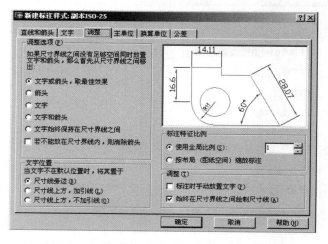

图 8-7　"新建标注样式"对话框中"调整"选项

➤ "调整选项"区域：用于控制基于尺寸线之间的文字箭头的位置。

在标注尺寸时，标注文字与尺寸箭头没有足够的空间全部显示在尺寸界线内部时，可选择以下的摆放形式来安排标注文字与尺寸箭头的摆放位置。

◇ 文字或箭头，取最佳效果：按照下列方式放置文字和箭头。

当尺寸界线间的距离足够放置文字和箭头时，文字和箭头都放在尺寸界线内。否则，AutoCAD 将按最佳布局移动文字或箭头。

当尺寸界线间的距离仅够容纳文字时，将文字放在尺寸界线内，而将箭头放在尺寸界线外。

当尺寸界线间的距离仅够容纳箭头时，将箭头放在尺寸界线内，而将文字放在尺寸界线外。

当尺寸界线间的距离既不够放文字又不够放箭头时，文字和箭头都放在尺寸界线外。

◇ 箭头：按照下列方式放置文字和箭头。

当尺寸界线间的距离足够放置文字和箭头时，文字和箭头都放在尺寸界线内。

当尺寸界线间距离仅够放下箭头时，将箭头放在尺寸界线内，而文字放在尺寸界线外。

当尺寸界线间距离不足以放在箭头时，文字和箭头都放在尺寸界线外。

◇ 文字：按照下列方式放置文字和箭头：

当尺寸界线间的距离足够放置文字和箭头时，文字和箭头都放在尺寸界线内。

当尺寸界线间的距离仅能容纳文字时，将文字放在尺寸界线内，而将箭头放在尺寸界线外。

当尺寸界线间距离不足以放下文字时，文字和箭头都放在尺寸界线外。

◇ 文字和箭头：当尺寸界线间距离不足以放下文字和箭头时，文字和箭头都放在尺寸界线外。

◇ 文字始终保持在尺寸界线之间：始终将文字放在尺寸界线之间。

◇ 若不能放在尺寸界线内，则消除箭头：当尺寸界线内没有足够的空间时，则自动隐藏箭头。该值存储在 DIMSOXD 系统变量中。

➢ "文字位置"区域：设置特殊尺寸文本的摆放位置。当标注文字不能按"调整选项"区域的选项所规定位置摆放时，可以通过以下的选项来确定其位置。

◇ 尺寸线旁边：将标注文字放在尺寸线旁边。

◇ 尺寸线上方，加引线：将标注文字放在尺寸线上方，并自动加上引线。

◇ 尺寸线上方，不加引线：将标注文字放在尺寸线上方，不加引线。

➢ "标注特征比例"区域：设置尺寸标注的比例因子。所设置的比例因子将影响整个尺寸标注所包含的内容。

◇ 使用全局比例：设置标注样式的比例值。

◇ 按布局（图纸空间）缩放标注：根据当前模型空间视口和图纸空间之间的比例确定比例因子。

➢ "调整"区域：在该区域中可以设置其他调整选项。

◇ 标注时手动放置文字：在标注尺寸时，人工调节标注文字位置。

◇ 始终在尺寸界线之间绘制尺寸线：始终在测量点之间绘制尺寸线，AutoCAD 将箭头放在测量界线之外。

（4）"主单位"选项卡。

该选项卡用于设置主标注单位的格式和精度，并设置标注文字的前缀和后缀，如图 8-8 所示。单击"主单位"选项卡，该对话框中各项含义如下：

➢ "线性标注"区域：在该区域中可以设置线性标注的格式和精度。

◇ 单位格式：设置除"角度"之外的所有标注类型的当前单位格式。在列表框中列出了 6 种单位格式，它们分别为：科学、小数、工程、建筑、分数、Windows 桌面。

◇ 精度：设置标注文字中的小数位数。

◇ 分数格式：设置分数格式。在列表中列出了 3 种格式：水平、对角、非堆叠。

◇ 小数分隔符：设置标注文字中小数点的形式。在列表框中列出了 3 种小数点类型：句点、逗点、空格。

◇ 舍入：设置测量尺寸的整数值。

◇ 前缀：增加标注文字的前缀。可输入标注文字的说明文字或者类型代号。

◇ 后缀：增加标注文字的后缀。可输入标注文字的单位或者说明文字。

➢ "测量单位比例"区域：设置测量比例。

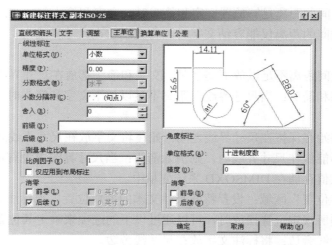

图 8-8 "新建标注样式"对话框中"主单位"选项

❖ 比例因子：设置线性标注测量值的比例因子。AutoCAD 按照输入的数值放大标注测量值。例如，如果输入 2，AutoCAD 会将一英寸的标注显示为两英寸。该值不应用于角度标注，也不应用于舍入值或正负公差值。

❖ 仅应用到布局标注：仅对在布局中创建的标注应用线性比例值。这使长度比例因子可以反映模型空间视口中的对象的缩放比例因子。

➢ "消零"区域：控制线性尺寸前面或后面的零是否可见。

❖ 前导：控制尺寸小数点前面的零是否显示。例如：0.8500 变为.8500。

❖ 后续：控制尺寸小数点后面的零是否显示。例如：17.500 变成 17.5；25.0000 变成 25。

❖ 0 英尺：当距离小于一英尺时，不输出英尺－英寸型标注中的英尺部分。

❖ 0 英寸：当距离是整数英尺时，不输出英尺－英寸型标注中的英寸部分。

➢ "角度标注"区域：设置角度尺寸的标注样式。

❖ 单位格式：设置角度单位格式。在列表框中共有 4 种形式：十进制度数、度 / 分 / 秒、百分度、弧度。

❖ 精度：设置角度标注的小数位数。

➢ "消零"区域：控制角度尺寸小数点前面或末尾的零点是否可见。

➢ "屏幕预览"区域：可预览显示以上设置标注图形时的效果。

（5）"换算单位"选项卡。

该选项卡用于指定标注测量值中换算单位的显示并设置格式和精度。单击"换算单选项卡，如图 8-9 所示。该对话框中各选项含义如下：

显示换算单位：为标注文字添加换算测量单位。只有勾选此项时，该对话框的其他选项才能使用。

➢ "换算单位"区域：设置除"角度"之外的所有标注类型的当前换算单位的格式。

❖ 单位格式：设置换算单位格式。

❖ 精度：设置换算单位中的小数位数。

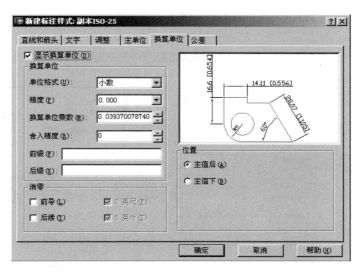

图 8-9 "新建标注样式"对话框中"换算单位"选项

◇　换算单位乘数：选择两种单位的换算比例。

◇　舍入精度：设置除"角度"之外的所有标注类型换算单位的舍入规则。

◇　前缀：指定标注文字前辍。

◇　后缀：指定标注文字后辍。

➤　"消零"区域：控制换算单位中零的可见性。

➤　"位置"区域：控制换算单位的位置。

◇　主值后：设置换算单位在主单位的后面。

◇　主值下：设置换算单位在主单位的下面。

（6）"公差"选项卡。

控制标注文字中公差的显示与格式。单击"公差"选项卡，如图 8-10 所示，该对话框各项含义如下：

➤　"公差格式"区域：该区域用于设置公差标注样式。

◇　方式：设置尺寸公差标注类型。AutoCAD 提供了 5 种尺寸公差标注类型：无公差、对称、极限偏差、极限尺寸、基本尺寸。

◇　精度：设置尺寸公差的小数位数。

◇　上偏差：设置上偏差值。

◇　下偏差：设置下偏差值。

◇　高度比例：设置公差文字的当前高度。此比例因子是相对于标注文字的。例如标注文字的字高为 10.0，若比例因子设置为 0.5，则公差数字高度为 5.0。

◇　垂直位置：控制尺寸公差的摆放位置。此列表框中有 3 个选项：下、中、上。

➤　"消零"区域：设置公差中零的可见性。

➤　"换算单位公差"区域：设置换算单位中尺寸公差的精度和消零规则。

以上操作完成后，用户就可以建立一个新的尺寸标注格式，单击"确定"按钮完成新建标注样式的设置，回到"标注样式管理器"对话框，将此格式设置为当前标注格式，按下"关闭"按钮，结束尺寸标注样式的设置。这样，就可以用设置的标注样式进行尺寸标注了。

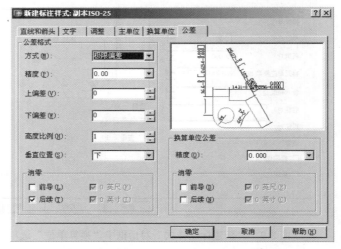

图 8-10   "新建标注样式"对话框中"公差"选项

8.2.2.2 修改标注格式

点取"修改"按钮，系统弹出"修改标注样式"对话框，如图 8-11 所示。对当前标注格式进行修改。在该对话框中各选项的使用方法与"新建标注样式"对话框相同，用户可以参照前面的步骤来完成。

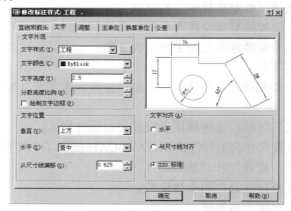

图 8-11   修改标注样式对话框

8.3 常用尺寸标注

8.3.1 线性标注

线性标注主要用于在当前用户坐标系 XY 屏幕上两点间的距离的测量值，它标注垂直、水平和指定角度的尺寸。

8.3.1.1 激活命令的方法

➢ 下拉菜单：【标注】→【线性】
➢ 工具栏：标注工具栏按钮 ⊢⊣
➢ 命令行：dimlinear

8.3.1.2 过程指导

激活该命令后，命令行提示：

指定第一条尺寸界线原点或<选择对象>：按下 Enter 键

指定尺寸线位置或[多行文字（M）／文字（T）／角度（A）／水平（H）／垂直（V）／旋转（R）]：

该提示中各选项含义如下：

➢ 多行文字：改变当前多行标注文字，或者给多行标注文字添加前缀或后缀。
➢ 文字：改变当前标注文字，或者给标注文字添加前缀或后缀。
➢ 角度：修改标注文字的角度。
➢ 水平：创建水平线性标注。
➢ 垂直：创建垂直线性标注。
➢ 旋转：创建旋转线性标注。

技巧：

➢ 使用"线性标注"命令虽然可以标注倾斜的标注文字，但一般只用它标注垂直和水平方向的线性对象，对于倾斜的线性对象，一般使用"对齐"标注命令进行标注。

➢ 在"指定第一条尺寸界线原点或<选择对象>："提示后有两种操作方式：第一种方法：如果选取一点后按下 Enter 键，则提示"指定第二条尺寸界线原点："，选取第二点，这两点为尺寸界线第一、第二定位点。第二种方法：如果直接按下 Enter 键，相同提示"选择标注对象："，在采用该方法标注时，系统会自动确认尺寸界线的端点，但对于没有对象连接的两个特殊点间的距离不能使用此种方法，只能采用第一种方法。

➢ 在使用用两点确定尺寸界线第一、第二定位点方法时，一定要打开【对象捕捉】模式，否则凭眼睛观察，得到的数值将很难精确。

8.3.2 对齐标注

对齐尺寸标注是指尺寸线始终与标注对象保持平行，若是圆弧则对齐尺寸标注的尺寸线与圆弧的两个端点所连接的弦保持平行，即标注弦长。

8.3.2.1 激活命令的方法

➢ 下拉菜单：【标注】→【对齐】

➢ 工具栏：标注工具栏按钮 ⬉⬊

➤ 命令行：dimaligned

8.3.2.2 过程指导

【例题 8-1】用对齐标注命令标注如图 8-12 所示图中两个尺寸。

具体的操作步骤如下：

命令：_dimaligned

指定第一条尺寸界线原点或<选择对象>：捕捉到 3 点

指定第二条尺寸界线原点：捕捉到 4 点

指定尺寸线位置或[多行文字（M）/文字（T）/角度（A）]：

标注文字=37

命令：_dimaligned

指定第一条尺寸界线原点或<选择对象>：捕捉到 1 点

指定第二条尺寸界线原点：捕捉到 2 点

指定尺寸线位置或[多行文字（M）/文字（T）/角度（A）]：

标注文字=35

得到的效果如图 8-12 所示，读者可以试一试用线性标注是否能标注。

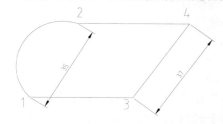

图 8-12 用对齐标注命令标注的图形

8.3.3 坐标标注

坐标标注是用一条简单的引线显示某点的 X 或 Y 坐标值。AutoCAD 使用当前用户坐标系（UCS）确定的 X 或 Y 坐标值。按照通行的坐标标注标准，采用绝对坐标值。

8.3.3.1 激活命令的方法

➤ 下拉菜单：【标注】→【坐标】

➤ 工具栏：标注工具栏按钮

➤ 命令行：dimordinate

8.3.3.2 过程指导

激活该命令后，命令行提示：

指定点坐标：指定点或捕捉对象

指定引线端点或[X 基准（X）/Y 基准（Y）/多行文字（M）/文字（T）/角度（A）]：

<正交 开>

各项含义如下：

➢ 引线端点：使用点坐标和引线端点的坐标差可确定它是 X 坐标标注还是 Y 坐标标注。

➢ X 基准（X）：测量 X 坐标并确定引线和标注文字的方向。

➢ Y 基准（Y）：测量 Y 坐标并确定引线和标注文字的方向。

➢ 多行文字（M）：显示多行文字编辑器，可用它来编辑标注文字。

➢ 文字（T）：在命令行自定义标注文字。

➢ 角度（A）：修改标注文字的角度。

【例题 8-2】标出图 8-13 中各孔的中心坐标值。

（1）激活坐标标注命令。

（2）依次单击各圆心，分别拉出 X、Y 值。

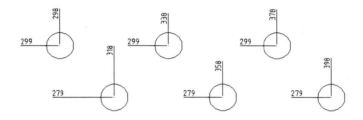

图 8-13　坐标标注

 技巧：

➢ 打开【正交】模式可方便地输入校准型尺寸引线。【正交】模式关闭后，拖动并拾取端点，引线中间会自动绘制一个正交断裂符号。

➢ 一般地用户比较关心相对尺寸，而对绝对坐标并不在意，所以坐标标注地应用频率不高。

8.3.4 半径标注

半径标注用来标注圆或者圆弧的半径值。

8.3.4.1 激活命令的方法

➢ 下拉菜单：【标注】→【半径】

➢ 工具栏：标注工具栏按钮 ◎

➢ 命令行：dimradius

➢ 命令行：dia

激活该命令后，命令行提示：

选择圆弧或圆：拾取圆或圆弧

标注文字=15 （系统自动测量出的半径值）

指定尺寸线位置或［多行文字（M）/文字（T）/角度（A）］：此时用户拖动鼠标指定半径的尺寸线的位置，系统自动标上 R 和半径值。

☞ **技巧**：

在尺寸格式设置时，可设置一个只用于弧度尺寸标注的附属格式，以满足弧度尺寸标注的要求。

8.3.5 直径标注

直径标注用来标注圆或者圆弧的半径值。

8.3.5.1 激活命令的方法

➢ 下拉菜单：【标注】→【直径】

➢ 工具栏：标注工具栏按钮

➢ 命令行：dimdiameter

➢ 命令行：ddi

8.3.5.2 过程指导

激活该命令后，命令行提示：

选择圆弧或圆：（拾取圆或圆弧）

标注文字=20 （系统自动测量出的直径值）

指定尺寸线位置或 ［多行文字（M）/文字（T）/角度（A）］：此时用户拖动鼠标指定直径的尺寸线的位置，系统自动标上Φ和直径值。

☞ **技巧**：

在非圆视图上标注直径时，只能用"线性标注"命令标注，并加上前缀"Φ"（％％C）。

8.3.6 角度标注

角度标注可以标注出夹角、圆弧的角度。

8.3.6.1 激活命令的方法

➢ 下拉菜单：【标注】→【角度】

➢ 工具栏：标注工具栏按钮

➢ 命令行：dimangular

➢ 命令行：dan

8.3.6.2 过程指导

标注角度有多种方法：

（1）一般直线夹角的标注。

命令：_dimangular

选择圆弧、圆、直线或<指定顶点>：（拾取角的一条边）

选择第二条直线：（拾取角的另一条边）

指定标注弧线位置或[多行文字（M）/文字（T）/角度（A）]：（移动鼠标指定角度标注的位置）

标注文字=76 （显示角度的度数）

得到的效果如图 8-14 所示。

通过移动鼠标可以指定该角度的对顶角和外角的角度标注。如图 8-15 所示。

图 8-14 一般直线标注 　图 8-15 对顶角和外角的角度标注

（2）大于 180 度角的标注（三点标注）。

命令：_dimangular

选择圆弧、圆、直线或 <指定顶点>：（直接回车，确认默认选项）

指定角的顶点：（对象捕捉角的顶点）

指定角的第一个端点：（对象捕捉到角的上面一条边的另外一个顶点）

指定角的第二个端点：（对象捕捉到角的下面一条边的另外一个顶点）

指定标注弧线位置或[多行文字（M）/文字（T）/角度（A）]：（移动鼠标指定角度标注的位置）

图 8-16 大于 180 度角的角度标注

标注文字=284

得到的效果如图 8-16 所示。

（3）圆弧的圆心角的标注。

命令：_dimangular

选择圆弧、圆、直线或<指定顶点>：（拾取圆弧）

指定标注弧线位置或[多行文字（M）/文字（T）/角度（A）]：（移动鼠标指定角度标注的位置）

标注文字=129

得到的效果如图 8-17 所示。

命令：_dimangular

选择圆弧、圆、直线或<指定顶点>：（选择点 1 作为第一条尺寸界线的原点，圆的圆心是角度的顶点。）

指定角的第二个端点：（选择点 2）

指定标注弧线位置或[多行文字（M）/文字（T）/角度（A）]：（移动鼠标指定角度标注的位置）

标注文字=141

得到的效果如图 8-18 所示。

图 8-17　圆弧的圆心角的标注

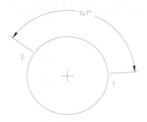

图 8-18　圆上两点的圆心角的标注

8.3.7 连续标注

在某个方向上有一系列连续的线性尺寸，并且每个尺寸都从前一个尺寸的第二条尺寸界线开始，这样的尺寸标注用连续标注进行标注。

8.3.7.1 激活命令的方法

➢ 　下拉菜单：【标注】→【连续】

➢ 　工具栏：标注工具栏按钮 ▦

➢ 　命令行：dimcontinue

➢ 　命令行：dco

8.3.7.2 过程指导

【例题 8-3】标注出如图所示的尺寸。

激活该命令，命令行提示：

选择连续标注：（选择尺寸 12 的右边尺寸界线）

指定第二条尺寸界线原点或[放弃（U）/选择（S）]<选择>：（对象捕捉到 2 点）

标注文字=30

指定第二条尺寸界线原点或[放弃（U）/选择（S）]<选择>：（对象捕捉到 3 点）

标注文字=36

指定第二条尺寸界线原点或[放弃（U）/选择（S）]<选择>：（对象捕捉到 4 点）

标注文字=23

指定第二条尺寸界线原点或[放弃（U）/选择（S）]<选择>：回车，结束命令

得到的效果如图 8-19 所示。

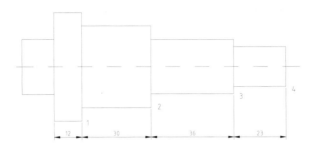

图 8-19　连续标注

技巧：

➢　在进行"连续标注"前需要先进行一个线性标注，否则无法进行连续标注。

➢　在使用"连续标注"时，尺寸文本是自动测量的，所以用户在画图时必须准确，标注时打开【对象捕捉】模式，否则将会出现错误。

8.3.8　基线标注

在某个方向上有一系列相同基准线的线性尺寸，并且每个尺寸都从第一个尺寸的第一条尺寸界线开始，这样的尺寸标注用基线标注进行标注。

8.3.8.1　激活命令的方法

➢　下拉菜单：【标注】→【基线】

➢　工具栏：标注工具栏按钮

➢　命令行：dimbaseline

➢　命令行：dba

8.3.8.2　过程指导

【例题 8-4】标注出如图所示的尺寸。

激活该命令，命令行提示：

命令：_dimbaseline

选择基准标注：（选择尺寸 12 的左边（第一条）尺寸界线）

指定第二条尺寸界线原点或[放弃（U）/选择（S）]<选择>：（对象捕捉到 2 点）

标注文字=42

指定第二条尺寸界线原点或[放弃（U）/选择（S）]<选择>：（对象捕捉到 3 点）

标注文字=78

指定第二条尺寸界线原点或[放弃（U）/选择（S）]<选择>：（对象捕捉到 4 点）

标注文字=101

指定第二条尺寸界线原点或[放弃（U）/选择（S）]<选择>：回车，结束命令

得到的效果如图 8-20 所示。

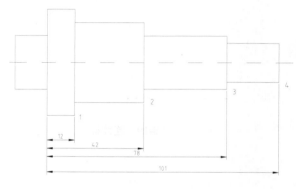

图 8-20　基线标注

 技巧：

➢ 在进行"基线标注"前也需要先进行一个线性标注，否则无法进行连续标注。

➢ 在使用"基线标注"时，尺寸文本是自动测量的，所以用户在画图时必须准确，标注时打开【对象捕捉】模式，否则将会出现错误。

➢ 应用基线标注有一个统一的标注间隔，标注间隔也可以进行手工调整。

8.3.9　快速引线标注

对于某个技术要求、数据而要加以注释说明，可以应用快速引线标注。引线是连接注释和图形的线，注释标注在引线的端点。单行文字、多行文字和几何公差都可以是注释的内容。

8.3.9.1　激活命令的方法

➢ 下拉菜单：【标注】→【引线】

➢ 工具栏：标注工具栏按钮

➢ 命令行：qleader

➢ 命令行：qe

8.3.9.2 过程指导

在执行快速引线标注前，要根据绘图的需要进行【引线设置】，【引线设置】对话框如图 8-21 所示。

各选项的含义：

➢ 注释：设置引线注释类型，指定多行文字选项，并指明是否需要重复使用注释。

  ◇ 注释类型：设置引线注释类型。选择的类型将改变 QLEADER 引线注释提示。

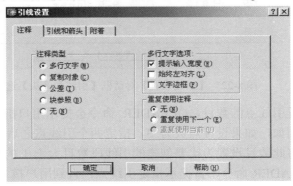

图 8-21 【引线设置】对话框【注释】选项

✓ 多行文字：提示创建多行文字注释。

✓ 复制对象：提示复制多行文字、单行文字、公差或块参照对象。

✓ 公差：显示"公差"对话框，用于创建将要附加到引线上的特征控制框。

✓ 块参照：提示插入一个块参照。

✓ 无：创建无注释的引线。

  ◇ 多行文字选项：设置多行文字选项。只有选定了多行文字注释类型时该选项才可用。

✓ 提示输入宽度：提示指定多行文字注释的宽度。

✓ 始终左对齐：无论引线位置在何处，多行文字注释应靠左对齐。

✓ 文字边框：在多行文字注释周围放置边框。

  ◇ 重复使用注释：设置重复使用引线注释的选项。

✓ 无：不重复使用引线注释。

✓ 重复使用下一个：重复使用为后续引线创建的下一个注释。

✓ 重复使用当前：重复使用当前注释。选择"重复使用下一个"之后重复使用注释时，则 AutoCAD 自动选择此选项。

➢ 引线和箭头：设置引线和箭头格式。如图 8-22 所示。

  ◇ 引线：设置引线格式。

✓ 直线：在指定点之间创建直线段。

✓ 样条曲线：用指定的引线点作为控制点创建样条曲线对象。

  ◇ 箭头：定义引线箭头。从"箭头"列表中选择箭头。这些箭头与尺寸线中的可用箭头一样。

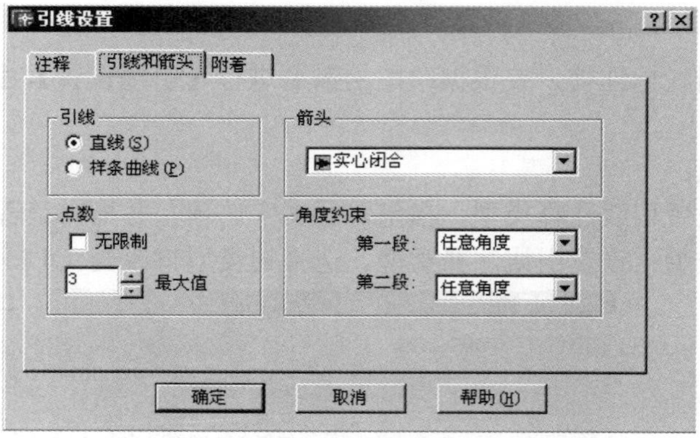

图 8-22　【引线设置】对话框【引线和箭头】选项

✓　点数：设置引线点的数目，QLEADER 命令会提示用户指定这些点，然后提示用户输入引线注释。例如，如果设置点数为 3，指定两个引线点之后，QLEADER 命令自动提示指定注释。请将此数目设置为比要创建的引线段数目大于 1 的数。如果此选项设置为"无限制"，则 QLEADER 命令一直提示指定引线点，直到用户按 ENTER 键。

❖　角度约束：设置第一条与第二条引线的角度约束。

✓　第一段：设置第一段引线的角度。

✓　第二段：设置第二段引线的角度。

➤　附着：设置引线和多行文字注释的附加位置。只有在"注释"选项卡上选定"多行文字"时，此选项卡才可用。如图 8-23 所示。

❖　第一行顶部：将引线附加到多行文字的第一行顶部。

❖　第一行中间：将引线附加到多行文字的第一行中间。

❖　多行文字中间：将引线附加到多行文字的中间。

❖　最后一行中间：将引线附加到多行文字的最后一行中间。

❖　最后一行底部：将引线附加到多行文字的最后一行底部。

❖　最后一行加下划线：给多行文字的最后一行加下划线。

图 8-23　【引线设置】对话框【附着】选项

【例题 8-5】利用快速引线标注命令标注如图所示的尺寸。

（1）激活快速引线标注命令，进入【引线设置】对话框。

（2）在【注释】选项中选择"多行文字"，【多行文字】选项选择"始终左对齐"。

（3）在【直线和箭头】中选择"箭头"，【引线】选择"直线"，【点数】选择 3 点。

（4）在【附着】中【文字在右边】中选择"多行文字中间"。

（5）回到快速引线标注命令执行的过程：

指定第一个引线点或［设置（S）］<设置>：

指定下一点：指定第一点

指定下一点：指定第二点

指定下一点：<正交 开>指定第三点

输入注释文字的第一行<多行文字（M）>：

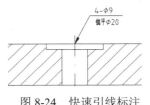

图 8-24　快速引线标注　　　　　4-%%c9

输入注释文字的下一行：锪平%%c20

输入注释文字的下一行：回车，结束命令

得到的效果图如图 8-24 所示。

8.3.10　圆心标注

给圆、圆弧和椭圆加上圆心标记，圆心标记可以是小十字符号，也可以是直线，如图 8-25 所示。

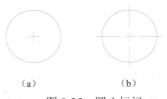

（a）　　　　（b）

图 8-25　圆心标记

8.3.10.1　激活命令的方法

➢　下拉菜单：【标注】→【圆心】

➢　工具栏：标注工具栏按钮 ⊕

➢　命令行：dimcenter

➢　命令行：dce

8.3.10.2　过程指导

圆心标记的类型有两种类型，修改圆心标记类型如下：

图 8-26　圆心标记修改对话框

➢　单击【格式】下拉菜单中的【标注样式】。

➢　弹出【标注样式】对话框，选中【修改】选项，弹出【修改标注样式】对话框。

➢　在【修改标注样式】对话框选择【文字和箭头】选项，修改【圆心标记】选项，如图 8-26 所示。

> 在【类型】中如选择"标记"时，效果如图 8-25（a）所示；选择"直线"，效果
如图 8-25（b）所示。

8.3.11 形位公差标注

工程设计图纸中经常用到公差，用以表明实际尺寸同理想尺寸的偏差。公差有尺寸公
差、形状和位置公差等，尺寸公差在上一章已介绍，现介绍形状和位置公差的标注。

8.3.11.1 激活命令的方法

> 下拉菜单：【标注】→【公差】

> 工具栏：标注工具栏按钮

> 命令行：tolerance

> 命令行：tol

8.3.11.2 过程指导

激活公差命令后，弹出【形状公差】对话框，如图 8-27 所示。

单击符号下的黑方块，弹出【符号】对话框，如图 8-28 所示。在【符号】对话框中选
择所需要的符号，单击该符号，则退出【符号】对话框，返回【形位公差】对话框，在其
中设置好所有参数。单击【确定】按钮，然后在图纸中指定公差的位置即可。

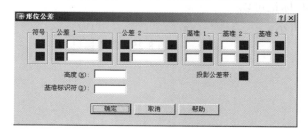

图 8-27　【形状公差】对话框

图 8-28　【符号】对话框

☞ 技巧：

> 公差往往和引线标注联合使用，表示引出对象的形位公差。方法是在引线标注的
注释中选择公差即可。

> 公差要和相对应的基准配合使用。

8.4 编 辑 标 注 尺 寸

由于尺寸标注具有关联性，因此用户可以通过 AutoCAD 的拉伸、剪切等编辑命令以及
夹点编辑功能同时对图形对象和与之相关的尺寸标注进行修改。同时 AutoCAD 也提供尺寸
标注编辑命令对标注的文字及形式进行编辑。

8.4.1 编辑标注文字位置

DIMTEDIT 命令只用于改变标注文字的位置和角度。

8.4.1.1 激活命令的方法

➢ 下拉菜单：【标注】→【对齐文字】

➢ 工具栏：标注工具栏按钮

➢ 命令行：dimtedit

8.4.1.2 过程指导

执行 DIMTEDIT 命令后，系统提示"指定标注："，在该提示下，选择需要编辑的标注，选择标注后，系统提示"指定标注文字的新位置或[左（L）／右（R）／中心（C）／默认（H）／角度（A）]："。

该提示中各选项含义如下：
➢ 标注文字的新位置：拖动时动态更新标注文字的位置。
➢ 左：沿尺寸线靠左对齐标注文字。
➢ 右：沿尺寸线靠右对齐标注文字。
➢ 中心：设置标注文字在尺寸线中间。
➢ 默认：设置标注文字自动调整到尺寸格式设置的方向。
➢ 角度：改变标注文字的角度。

8.4.2 编辑标注文字位置

DIMEDIT 命令用于编辑尺寸标注中的尺寸文本、尺寸界线的位置以及修改尺寸文本的角度。

8.4.2.1 激活命令的方法

➢ 下拉菜单：【标注】→【对齐文字】

➢ 工具栏：标注工具栏按钮

➢ 命令行：dimedit

8.4.2.2 过程指导

执行 DIMEDIT 命令后，命令行将出现如下提示："输入标注编辑类型[默认（H）／新建（N）／旋转（R）／倾斜（O）]<默认>："，其中各选项含义如下：
➢ 默认：将尺寸文本移动到默认位置。
➢ 新建：用多行文本窗口修改尺寸文本的内容。
➢ 旋转：编辑旋转尺寸文本的角度。

> 倾斜：调整线性尺寸标注中尺寸界线的角度。

☞ 技巧：

> 在对尺寸标注进行修改时，如果对象的修改内容相同，则用户可选择多个对象一次性完成修改。

> 如只需要修改尺寸标注文本值，可以用 DDEDIT 命令选择尺寸标注文本值后，在弹出的"多行文字编辑器"对话框中修改，只须重新输入新值。

> 在"倾斜"选项中，输入旋转角度值时，被选择对象的旋转角度等于旋转方向，正值为顺时针旋转，负值为逆时针旋转。

> 该命令的"倾斜"选项对于更改局部或选定尺寸的形式特别有效，例如在更改尺寸际注格式后，可用该命令输入 0°，即可用新尺寸标注格式代替原尺寸标注格式。

> 在"多行文字编辑器"对话框中，用户可以输入各种类型的数值及文本串。如果用户想恢复原来的尺寸值，则在"多行文字编辑器"对话框中输入"< >"即可。

> 使用 DIMEDIT 命令无法对尺寸文本重新定位，但用 DIMTEDIT 命令则可对尺寸文本重新定位。

8.4.3 标注更新

标注更新命令用于存储、替换、显示当前的标注样式。

8.4.3.1 激活命令的方法

> 下拉菜单：【标注】→【更新】

> 工具栏：标注工具栏按钮

> 命令行：dimstyle

8.4.3.2 过程指导

执行 DIMSTYLE 命令后，命令行将出现如下提示："输入标注样式选项[保存（S）/ 恢复（R）/ 状态（S）/ 变量（V）应用（A）/?]<恢复>:"，其中各选项含义如下：
> 保存：用于存储一种新的标注格式。
> 恢复：用新的标注格式替代原有标注形式。
> 状态：在文本窗口中显示当前标注格式的设置数据。
> 变量：选择一个尺寸标注，自动在文本窗口中显示有关数据。
> 应用：将所选择的标注格式应用到被选择的标注对象上，并替代原有的标注格式。

8.4.4 夹点编辑尺寸标注

可以在图形中选择尺寸标注和标注对象，利用图形对象显示的夹点可以对尺寸标注进行编辑。

选择图形中的尺寸标注，可以拖曳一个尺寸上任意一个夹点的位置，修改尺寸界线的引出点位置、文字位置及尺寸线的位置。

特别地当图形对象和其对应的尺寸标注同时选择时，选择尺寸界线引出点与图形对象特征点重合的夹点时，可以动态拖动图形对象，其尺寸标注与图形对象相关联，即：尺寸标注随着图形对象的变化而变化，如图 8-29 所示。

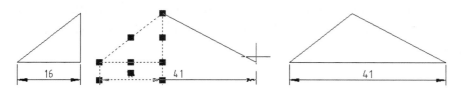

图 8-29　夹点编辑尺寸标注

8.4.5 用特性管理器编辑尺寸标注

特性管理器用于管理图形中的所有图形对象，对尺寸标注也可以编辑。

➤　编辑尺寸标注。

◇　激活特性管理器，其激活方式在前面已经详细介绍过。

◇　在图形窗口中选择要编辑的尺寸标注。

◇　在特性窗口中很直观地修改尺寸标注的设置，图形中的尺寸标注动态地随着设置的变化而变化。

➤　修改的标注样式保存为一个新的标注样式。

◇　如果需要保存新的样式设置，在图形窗口中选择修改后的尺寸标注，并单击鼠标右键。

◇　从鼠标右键菜单中选择标注样式下的另存为新样式，如图 8-30 所示。

◇　在自动弹出的【另存为新标注样式】对话框中的【样式名】输入框中输入新样式的定义名称，然后选择【确定】按钮，如图 8-31 所示。

◇　这样，用特性管理器编辑后的尺寸标注样式就可以作为一个新的标注样式，在后续的标注中被采用。

图 8-30　另存为新样式的右键快捷菜单　　　　图 8-31　另存为新样式的对话框

8.4.6 引线编辑

➤　编辑引线注释。

引线和注释间是相关联的，但在图形中引线与注释是完全分开的。编辑引线不影响注释，编辑注释也不影响引线。虽然可用 DIMCLRT、DIMTXT 和 DIMTXSTY 系统变量创建文字注释，但是注释的颜色、高度和样式不能用这些系统变量修改，因为它不是真正的标注对象。必须把它当作文字对象进行编辑。

➢ 编辑引线。

对引线注释位置的任何修改都会影响引线所关联的端点位置，旋转注释也会引起引线的变化。引线可以作为 TRIM 和 EXTEND 的边界，但它不能被修剪或延伸。要调整引线大小，可以对它拉伸或比例缩放。拉伸修改引线端点与注释间的位置，比例缩放只修改所选择对象的缩放比例。

第 9 章 图 块 与 属 性

9.1 块 的 基 本 知 识

我们在制图过程中，会经常遇到重复出现相同的图形，如一些标准件、规定的符号等，如果每次总是从头画起，势必化费很多时间和精力，为此 AutoCAD 引入了图块的概念。图块使用户能够方便地重复相同地图形文件，大大提高了绘图效果。

块的主要作用如下：

➢ 提高绘图的效率和质量。

把反复使用的图形定义为块，即以一个缩放图形文件的方式保存起来，并可按类别建立专用的图块库。在绘图时，用户直接调用。这样既可减少大量重复性的工作，又可提高绘图的质量和效率。

➢ 节省存储空间。

图块作为一个整体对象，每次插入时，系统不再重复记录保存该块中每一个对象的特征参数，仅保存该图块的特征参数，如图块的插入点坐标、缩放比例等参数。图块越复杂，插入次数越多，节省的存储空间越明显。

➢ 便于修改图形。

在设计图纸的初始阶段，需要经常反复修改图形。如果对一些相同的对象，一个一个地修改地话肯定浪费时间，并不能保证都能修改正确，如果要修改的是图块的话，则只需重新定义一个同名的块，相同将会自动更新所有与该图块相同名字的块。

➢ 对块可以加入属性。

关于属性，见 9.5 节的介绍。

9.2 创 建 块

9.2.1 激活该命令的方法

➢ 下拉菜单：【绘图】→【块】→【创建】

➢ 工具栏：绘图工具栏

➢ 命令行：B LOCK

➢ 命令行：B

9.2.2 过程指导

激活该命令后，相同弹出【块定义】对话框，如图 9-1 所示，在该对话框中进行块的一些操作，其中的各项含义如下：

➢ 名称：在该框中输入将要定义的图块名。单击列表框右侧的下拉按钮；系统将显示本张图形中已定义的图块名。如果输入的图块名与图形中已定义的图块名称相同，系统将提示该图块已定义，是否重新定义它。

➢ "基点"区域：该区域用于指定图块的插入基点。该区域中各选项含义如下：

✧ 拾取点：在绘图中点取一点作为图块插入基点。注意该点选取必须要与图块在插入时的参考点要一致。

✧ X、Y、Z：通过输入坐标值方式确定图块的插入基点。在 X、Y、Z 文本框输入坐标值可实现精确定位图块的插入基点。

"对象"区域：指定新块中要包含的对象，以及选择创建块以后是保留或删除选定的对象还是将该对象转换成块引用。该区域中各项含义如下：

✧ 选择对象：选取组成块的实体。

✧ 保留：将图形中所选的对象创建块以后，将选定对象保留在图形中。用户选择此方式可以对各实体进行单独编辑、修改，而不牵涉其他实体，与定义块之前的状态相同。

✧ 转换为块：将图形中所选的对象创建块以后，将选定对象转换成图形中的块引用。

✧ 删除：将图形中所选的对象生成块后，删除源实体。

✧ 快速选择：显示【快速选择】对话框，如图 9-2 所示，在该对话框中定义选择集。

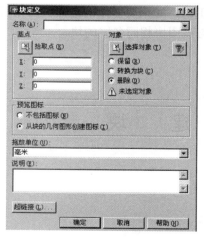

图 9-1　【块定义】对话框

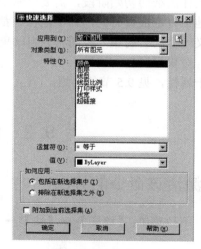

图 9-2　【快速选择】对话框

➢ "预览图标"区域：确定是否随块定义一起保存预览图标并指定图标源文件。当在"名称"列表中选择一个已经存在的图块名时，如果该图块含有预览图标，则在"预览

170

图标"区域的右边显示该图块的形状。通过预览图标的设置，可方便用户直观地区分不同的图块，以免混淆。

    ◇   不包括图标：指定图块不包含预览图标。

    ◇   从块的几何图形创建图标：根据块中对象的几何图形创建预览图标，并随块一起保存。

    ◇   拖放单位：指定从 AutoCAD 设计中心拖动块时，用以缩放块的单位。

▷   说明：该输入框输入对图块进行相关说明的文字，这些说明文字与预览图标一样是随着块定义保存的，用以区分不同图块的特性、功能等。当用户在"名称"列表中指定一个已存在的图块，就出现相应的图标和说明文字。

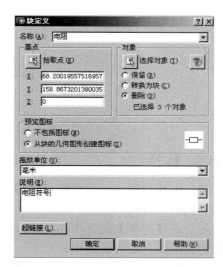

图 9-3　创建电阻块的对话框

【例题 9-1】用 BLOCK 命令对图 9-3 所示电阻图形定义名为电阻块。

（1）在名称下拉表框中，输入"电阻"的名称，名称最好是便于用户从名称中得知其含义。

（2）点取【拾取点】按钮，回到绘图界面，确定插入块时的基准点，也是块进行缩放、旋转等操作的基准点。根据图形的结构选择基准点的位置，如中心点、端点等特殊点。也可在 X、Y、Z 文本框输入坐标值。

（3）点取【对象选择】按钮，回到绘图界面，在绘图界面内选择构成图块的所有对象，选择完毕回车或单击鼠标右键返回对话框。选择定义块后对源对象的处理方式。

（4）此时在预览图标中选择"从块的几何图形创建图标"，在右侧的预览框中显示块的形状。

（5）在说明栏中可以对该块进行一些说明文字。

（6）单击【确定】按钮。

【例题 9-2】将图 9-4 的配电干线和设备创建成块。

（1）利用直线命令绘制出基本图形。

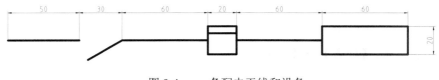

图 9-4　一条配电干线和设备

（2）标注出文字，并利用复制命令复制出另一条干线，形成一层的配电系统图，如图 9-5 所示。

（3）将图 9-5 创建成图块，名称为标准层配电系统图，如图 9-6 所示。

读者分别单击图 9-6 和图 9-7，比较创建成块后与未创建成块的区别。

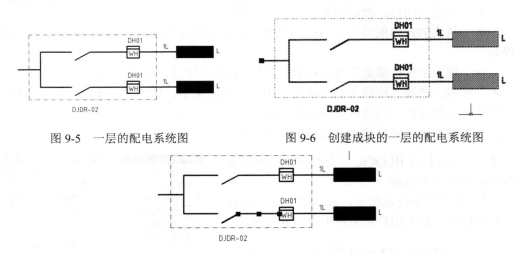

图 9-5 一层的配电系统图　　　　　图 9-6 创建成块的一层的配电系统图

图 9-7 未创建成块的一层的配电系统图

☞ **技巧：**

➢ 创建块时，一定要确定块的三要素：名称、基点和对象，对其他选项用户可以根据自己的需要进行设定。

➢ 在【对象】选区中，如选择"删除"后，发现定义成块的对象已被删除，但该对象已定义成块，随时被调用。

➢ 用创建块命令创建的块仅能在当前图形中调用，在另外的图形中调用在后面章节中介绍。

➢ 用户可以把自己经常要用的图形、符号、标准件等创建成块。

9.3 插 入 块

创建好的块，用户就可以随时调用了，调用块的方法称为插入块。

9.3.1 单个插入块

9.3.1.1 激活该命令的方法

➢ 下拉菜单：【插入】→【块】

➢ 工具栏：绘图工具栏

➢ 命令行：INSERT

➢ 命令行：I

9.3.1.2　过程指导

激活该命令后，相同弹出【插入】对话框，如图 9-8 所示，该对话框中的各项含义如下：

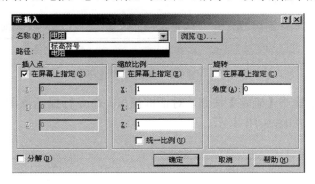

图 9-8　【插入】对话框

➢　　名称：该输入框可输入或在下拉列表框中选择欲插入的块名。

➢　　浏览：用于浏览文件。单击该按钮，将打开"选择图形文件"对话框，用户可在该对话框中选择欲插入的外部块文件名。

➢　　路径：显示外部块的路径。

➢　　"插入点"区域：该区域用于选择图块基点在图形中的插入位置。

◇　　在屏幕上指定：选择该项，指定由鼠标在当前图形中拾取插入点。

◇　　X、Y、Z：此 3 项输入框用于输入坐标值确定在图形中的插入点。当选用"在屏幕上指定"后，此 3 项呈灰色，表示不能使用。

➢　　"缩放比例"区域：将在图块插入图形中时可任意改变图块的大小。

◇　　在屏幕上指定：选择该项，指定在命令行输入 X、Y、Z 轴比例因子，或由鼠标在图形中点取决定。

◇　　X、Y、Z：此 3 项输入框用于预先输入图块在 X 轴、Y 轴、Z 轴方向上缩放的比例因子。这 3 个比例因子可以相同，也可以不同。当选择"在屏幕上指定"选项后，此 3 项不能使用。

◇　　统一比例：该复选框用于统一 3 个轴向上的缩放比例。当选中"统一比例"后，Y、Z 输入框呈灰色，在 X 轴输入框输入比例因子后，Y、Z 输入框中显示相同的值。

➢　　"旋转"区域：图块在插入图形中时可任意改变其角度，用"旋转"区域确定图块的旋转角度。

◇　　在屏幕上指定：选中该复选框表示在命令行输入旋转角度或在图形上用鼠标点取决定。

◇　　角度：该输入框用于预先输入旋转角度值，预设值为 0。

➢　　分解：该复选框确定是否将图块在插入时分解成原有组成实体，而不再作为一个整体。

【例题 9-3】在直线的端点和中点插入电阻符号。

（1）激活该命令。在【插入】对话框中按照图 9-9 进行设置。

图 9-9 插入块设置举例

（2）单击对话框中【确定】按钮，对话框消失，命令行提示该图块的插入点、输入 X、Y、Z 方向的比例，如图 9-10 所示。

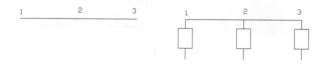

图 9-10 三次插入电阻块

☞ 技巧：

➤ 将比例因子设为负值时，则图块插入后沿基点旋转 180°后缩放与其绝对值相同的比例。

➤ 如果图块在插入时选择了旋转角度的值时，每次都要进行重新设置，如上图中电阻要插入 3 次，每次都要设置。旋转的方向是相对与创建块时的方向而言。

➤ 如果图块在插入时选择了"分解"项，插入图块会自动分解成单个对象，其特性如层、颜色、线型等也恢复为生成块之前对象具有的特性。图块分解后，其块定义依然存在，可随时重新调用。

9.3.2 阵列插入块

用 MINSERT 命令将图块以矩阵复制方式插入块，并将插入的矩阵视为一个实体。

9.3.2.1 激活该命令的方法

命令行：MINSERT

9.3.2.2 过程指导

激活 MINSERT 命令后，系统提示：

输入块名或[?]<标高符号>：（输入要插入的图块名）

指定插入点或[比例（S）/X/Y/Z/旋转（R）/预览比例（PS）/PX/PY/PZ/预览旋转（PR）]：（指定点或输入选项）

输入 X 比例因子，指定对角点，或[角点（C）/XYZ]<1>：（输入 X 方向的比例因子）

输入 Y 比例因子或<使用 X 比例因子>：（输入 Y 方向的比例因子）

指定旋转角度<0>：（指定图块在插入时旋转的角度）

输入行数（---）<1>：（输入矩阵的行数）

输入列数（|||）<1>：（输入矩阵的列数）

输入行间距或指定单位单元（---）：（输入矩阵的行间距）

指定列间距（|||）：（输入矩阵的列间距）

【例题9-4】绘制某住宅的一个单元各层配电系统图。

激活激活 MINSERT 命令

输入块名或[?]<标准层配电系统图>：选择插入的图块名称

指定插入点或[比例（S）/X/Y/Z/旋转（R）/预览比例（PS）/PX/PY/PZ/预览旋转（PR）：（在图形中选择插入点）

输入 X 比例因子，指定对角点，或[角点（C）/XYZ]<1>：0.4

输入 Y 比例因子或<使用 X 比例因子>：

指定旋转角度<0>：

输入行数（---）<1>：6

输入列数（|||）<1>：

输入行间距或指定单位单元（---）：65

得到如图9-11所示的效果。

读者可以画出连接线、总配电箱等就可以得到住宅的配电系统图了。

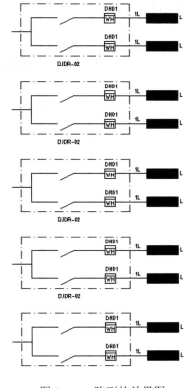

图 9-11　　阵列的效果图

 技巧：

用 MINSERT 命令插入的块阵列是一个整体，不能被分解，可以用 CH 命令修改整个矩阵的插入点、X、Y、Z 三轴向的比例因子、旋转角、阵列的行数、列数以及行距、列距等。

9.4　写　　　块

前面介绍了 BLOCK 命令创建的块仅仅用于当前图形中，而在其他文件中无法调用创建块命令所定义的块。在实际的工程设计中需要把定义好的块进行共享，为了使所创建的图块在其他图形中也能被调用，AutoCAD 提供了另一个命令 WBLOCK 写块，写块命令是将图块单独以图形文件的形式保存。

9.4.1 激活该命令的方法

命令行：WBLOCK

9.4.2 过程指导

激活写块命令，弹出【写块】对话框，如图 9-12 所示。

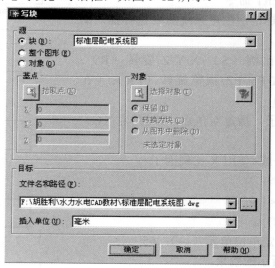

图 9-12 【写块】对话框

对话框中各选项的含义：

➢ "源"选区：是指创建块对象来源的三种形式。

♦ 块：是指定当前图形文件中已经存在的块的对象。

♦ 整个图形：把当前图形全部对象都选定。

♦ 对象：用户选择作为块的对象。

➢ "基点和对象"选区：当用户选择了"对象"时才显示，其操作与创建块相同。

➢ "目标"选区：通过指定文件名和该文件的位置来确定块。

【例题 9-5】请将块"标准层配电系统图"写成文件块。

（1）在命令行中输入 WBLOCK 命令。

（2）弹出【写块】对话框，在对话框中进行设置，如图 9-13 所示。

（3）单击确定按钮，则图块被按照定义时的插入点、对象等参数保存在指定的文件内。

☞ 技巧：

➢ 在写块时可以将本图形中的块作为【源】的一部分被新块嵌套，一般选择【对象】作为写块操作的源对象。

176

- 用 WBLOCK 命令创建的块也是一个图形文件，其扩展名为".dwg"。
- 可以在计算机中专门建立一个文件夹作为存放图块的图库，下次调用时方便查找。

图 9-13　将块"标准层配电系统图"写成文件的对话框

9.5　块　的　属　性

在前面定义的块中，只包含图形信息，而有些情况下需要定义块的非图形信息，属性可以定义块中非图形信息。在 AutoCAD 中，属性是从属于块的文本信息，是块的组成部分，并依赖于图块而存在，当用户对块进行编辑时包含在块中的属性也被编辑。

9.5.1　定义属性

9.5.1.1　激活该命令的方法

- 下拉菜单：【绘图】→【块】→【定义属性】

- 工具栏：绘图工具栏

- 命令行：ATTDEF

- 命令行：ATT

9.5.1.2　过程指导

激活该命令后，系统弹出【属性定义】对话框，如图 9-14 所示。该对话框中各选项含义如下：

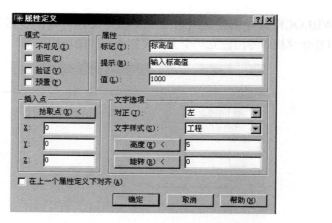

图 9-14 【属性定义】对话框

➢ "模式"区域：在该区域中设置属性模式。

✧ 不可见：设置属性的可见性，当选取该项时，属性在屏幕上不可见。

✧ 固定：设置属性值是否为常量，当选取该项时，属性值被设置为常量。

✧ 验证：选择该项后，在插入属性块时，系统将提醒用户核对输入的属性值是否正确。

✧ 预置：预设置属性值，将用户指定的属性默认值作为预设值，在以后的属性块插入过程中，不再提示用户输入属性值。

➢ "属性"区域：该区域用于设置属性标记、提示内容以及预设属性值。

✧ 标记：指定所定义属性的标志。

✧ 提示：指定在插入属性块时在命令行中将提示的内容。

✧ 值：设置属性的预设值。

➢ "文字选项"区域：该区域用于设置属性文本对齐方式及样式等特性。

✧ 对正：指定文本的对齐方式，单击该列表框右侧的下拉按钮，在弹出的下拉列表中选择所需的文本对齐方式。

✧ 文字样式：指定文本的字体，单击列表框右侧的下拉按钮，在弹出的下拉列表中选择所需的文本字体。

✧ 高度：单击该按钮可在绘图区中指定文本的高度，也可在按钮右侧的文本框中输入高度值。

✧ 旋转：单击该按钮可在绘图区中指定文本的高度，也可在按钮右侧的文本框中输入旋转角度值。

➢ "插入点"区域：在该区域中，确定属性在块中的位置。

✧ 拾取点：单击该按钮，在绘图区中拾取一点作为图块的插入点。

✧ 在上一个属性定义下对齐：选择该项，表示该属性采用上一种属性的字体、字高以及倾斜角度，且与上一属性对齐。

【例题 9-6】创建一个标高属性块。

（1）绘制标高符号，如图 9-15 所示。

（2）选择文字样式"工程"。

（3）【绘图】—【块】—【定义属性】。

（4）在【属性定义】对话框设置各个项目及参数如图 9-16 所示。

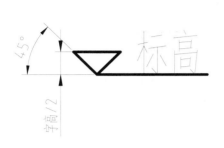

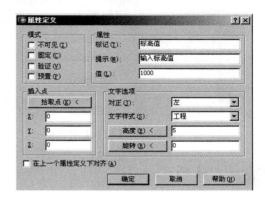

图 9-15　标高符号图形　　　　　　　　　图 9-16　【属性定义】对话框

（5）单击拾取点按钮，对话框自动隐藏。在标高符号上拾取插入点。

（6）单击【确定】按钮关闭对话框，得到图 9-17 所示的图形。把该图保存在自己定义的图库文件夹中。

（7）在命令行输入 WBLOCK ，弹出【写块】对话框。

（8）在文件名文本框中输入块名"标高符号"。

（9）单击位置下拉列表框后面的按钮，指定图块存盘路径。

图 9-17　定义属性

（10）单击【拾取点】按钮，选择标高符号的下角点为插入基点。

（11）单击【选择对象】按钮，同时选择属性"标高值"和标高符号。对象处理方式为【保留】。

（12）单击【确定】按钮。完成创建属性块的操作。

接下来插入刚创建的属性块：

（13）启动 INSERT 命令。

（14）在弹出的【插入】对话框中单击【浏览】按钮，如图 9-18 所示，找到要插入块的路径，双击要插入块的名字，返回【插入】对话框，各项参数接受缺省值。

（15）单击【确定】按钮。命令行提示：

命令：_insert

指定插入点或[比例（S）／X／Y／Z／旋转（R）／预览比例（PS）／PX／PY／PZ／预览旋转（PR）]：（在屏幕中确定一点）

输入属性值

输入标高值<1000>：5000　回车，结束命令

结果如图 9-19 所示，将该图保存为"标高符号"。

图 9-18 【插入】对话框

图 9-19 插入属性块

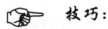 技巧：

当属性定义没有生成块之前，其属性标记只是文本文字，可用编辑文本的所有命令对它进行修改、编辑。当一个图形符号具有多个属性时，可重复执行属性定义命令，当命令提示"指定起点："时，直接按下 Enter 键，即可将额外增加的属性标记写在已存在的标签下方。

9.5.2 修改属性定义

对已经定义好的带属性的块，发现某一属性不符合要求，就需要进行修改，而不必重新创建，在 AutoCAD 中，修改属性定义方法如下。

9.5.2.1 激活该命令的方法

➢ 下拉菜单：【修改】→【对象】→【文字】→【编辑】

➢ 工具栏：文字工具栏

➢ 命令行：DDEDIT

9.5.2.2 过程指导

激活 DDEDIT 命令后，命令行提示：

选择注释对象或［放弃（U）］：

选择要编辑的对象后，如选择图 9-20 中"标高值"，弹出如图所示的对话框，在该对话框中，可修改属性的标记、提示以及缺省值。

如果还要修改属性的其他参数，需要使用【特性】管理器来编辑。

选中要编辑的属性，然后弹出【特性】对话框，如图 9-21 所示。

在【特性】对话框中，除了可以实现 DDEDIT 命令的功能外，还可以修改属性文字的样式、对正方式、文字高度、旋转角度等特性。

图 9-20 【编辑属性定义】对话框　　　　图 9-21　利用【特性】对话框修改属性定义

9.5.3 编辑图块中属性值

在 AutoCAD 2004 中，修改图块中属性值。

9.5.3.1 激活该命令的方法

➢ 下拉菜单：【修改】→【对象】→【属性】→【编辑】

➢ 工具栏：修改 II 工具栏

➢ 命令行：EATTEDIT

9.5.2.2 过程指导

激活该命令后，系统提示"选择块："，在该提示下选取要修改的属性值得块，选择块后，系统弹出如图 9-22 所示的对话框，在该对话框中显示选取的属性块的名称，对话框中各选区的含义如下：

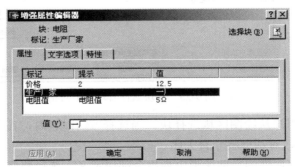

图 9-22　【增强属性编辑器】对话框

➤ "属性"：显示指定给每个属性的标记、提示和值。在【值】框中更改属性值。

➤ "文字选项"：设置定义属性文字在图形中的显示方式的特性。在"特性"选项卡上修改属性文字的颜色。

➤ "特性"：定义属性所在的图层以及属性文字的线宽、线型和颜色。如果图形使用打印样式，可以使用"特性"选项卡为属性指定打印样式。

➤ 修改完一个属性块后，可以继续点击选择块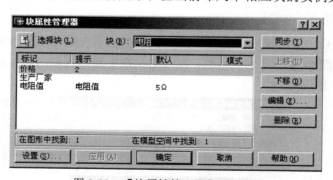按钮重新编辑另一个属性块。

9.5.4 块属性管理器

管理当前图形中块的属性定义。可以在块中编辑属性定义、从块中删除属性以及更改插入块时系统提示用户属性值的顺序。

9.5.4.1 激活该命令的方法

➤ 下拉菜单：【修改】→【对象】→【属性】→【块属性管理器】

➤ 工具栏：修改Ⅱ工具栏

➤ 命令行：BATTMAN

9.5.4.2 过程指导

激活该命令后，系统弹出【块属性管理器】对话框，如图 9-23 所示，对话框中的各项的含义：

选定块的属性显示在属性列表中。默认情况下，标签、提示、默认和模式属性特性显示在属性列表中。选择"设置"，可以指定要在列表中显示的属性特性。 对于每一个选定块，属性列表下的说明都会标识在当前图形和在当前布局中相应块的实例数目。

图 9-23 【块属性管理器】对话框

➤ 选择块：用户从绘图区域选择块。当选择"选择块"时，在用户从图形中选择块或按 ESC 键取消之前，对话框将一直关闭。

➤ 块：在具有属性的当前图形中列出全部块定义。选择要修改其属性的块。

➤ 上移：在提示序列的早期阶段移动选定的属性标签。

> 下移：在提示序列的后期阶段移动选定的属性标签。

> 编辑：打开【编辑属性】对话框，如图9-24所示，从中可以修改属性特性。

图9-24　【编辑属性】对话框

> 删除：从块定义中删除选定的属性。如果在选择"删除"之前已选择了"设置"对话框中的"将修改应用到现有的参照"，将删除当前图形中全部块实例的属性。对于仅具有一个属性的块，"删除"按钮不可使用。

> 设置：打开"设置"对话框，从中可以自定义"块属性管理器"中属性信息的列出方式。

> 应用：使用所做的属性更改更新图形，同时将"块属性管理器"保持为打开状态。

【例题9-7】将粗糙度符号定义成带有属性的块。

（1）绘制出粗糙度符号，如图9-25所示。

（2）定义属性，参数设置如图9-26所示。

（3）创建块，块名为"粗糙度符号"，并存在自己的"图库"中。

插入刚刚建立的"粗糙度符号"块。

（4）激活插入块的命令，弹出【插入块】的对话框，然后在命令行的提示中输入不同的粗糙度值，如图9-27所示。

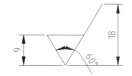

图9-25　粗糙度符号

图9-26　【属性定义】对话框

图9-27　不同的粗糙度的符号

【例题9-8】不同的单位其标题栏有不同的要求，试将设计通用标题栏（A2-A4）创建为带属性的块。

（1）利用直线命令、偏移命令和修剪等编辑命令画出标题栏。

（2）利用文字标注命令填写出相应的文字，如图9-28所示。

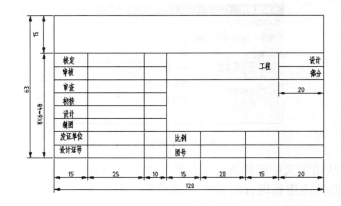

图9-28　设计通用标题栏

（3）定义属性，弹出【属性定义】对话框，在对话框中对应相应的属性值，如图9-29所示。重复定义其他各属性。

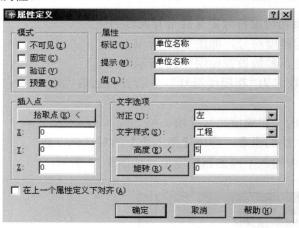

图9-29　【属性定义】对话框

（4）创建块，选择标题栏中所有的对象，包括刚定义的属性（把尺寸标注的图层关闭）。

（5）激活插入块的命令，弹出【插入块】的对话框，按【确定】按钮。命令行提示：

命令：_insert

指定插入点或［比例（S）/X/Y/Z/旋转（R）/预览比例（PS）/PX/PY/PZ/预览旋转（PR）］：（在屏幕上指定一点）

指定旋转角度<0>：

输入属性值

单位名称：水利设计院

工程：××改造工程

日期：2004.3.20

图号：211

比例：1:1

设计证号：×××

发证单位：×××

制图：胡峰

设计：马明

校核：张民

审查：张民

审核：柳元

核定：柳元

（6）最后在屏幕上出现填写好的标题栏，如图 9-30 所示。

（7）如果要修改块属性值，可利用块属性管理器来进行。

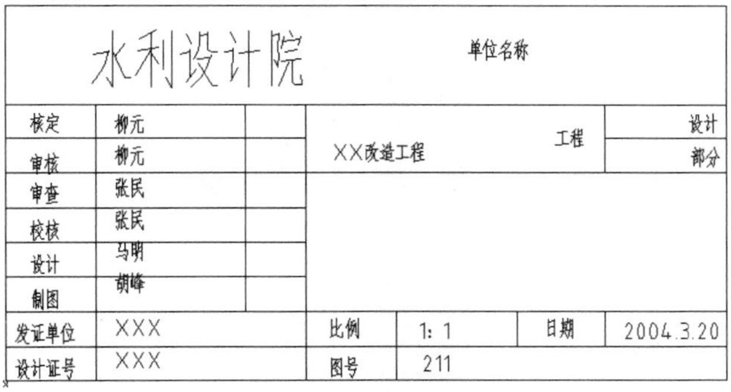

图 9-30　填写好的标题栏

9.6　外　部　参　照

我们要完成一个比较大的工程设计项目时，往往需要一个团队共同合作来完成。团队中每个人按照事先分配的任务完成相应的设计和图纸，然后再综合起来完成整个项目。如果简单地把每个人的设计图纸组合在一起，无论用复制的方法还是块插入的方法，都有很多缺点，如文件太多、不便于修改等。为了克服这些问题，AutoCAD 就引入外部参照的概念。

采用外部参照的优点有：

➢　应用外部参照，可以集成多个人的设计结果为一体，提高了工作效率；

➢　外部参照的信息不保存在本文件中，所以本文件的大小可以很小；

➢　外部参照可以方便地进行修改和在位编辑操作，使得团队的设计很方便地在引用方和被引用方的图纸中进行修改，修改后的结果自动反映在引用外部参照的图形文件中。

9.6.1 激活外部参照的方法

➢ 下拉菜单：【插入】→【外部参照】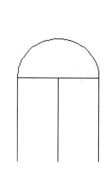

➢ 工具栏：【参照】→【附着外部参照】

➢ 命令行：xattach

9.6.2 插入外部参照

应用外部参照的步骤：

（1）打开一个文件（例如"外部参照（a）dwg"文件）作为当前文件，如图9-31所示。

（2）激活外部参照命令，弹出【选择参照文件】对话框，如图9-32所示。

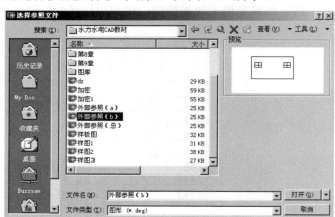

图9-31 外部参照（a）图形　　　　　图9-32 【选择参照文件】对话框

（3）在【选择参照文件】对话框中，选择另一个文件（例如"外部参照（b）.dwg"文件），单击【打开】按钮，弹出【外部参照】对话框，如图9-33所示。

（4）【外部参照】对话框中各选项的含义如下：

插入外部参照，和插入块类似，也要指定插入点位置、插入比例和旋转角度。

【参照类型】分两类。

【附加型】附着的外部参照可以被嵌套，即可以附着包含另一外部参照的外部参照。可以根据需要附着任意多个具有不同位置、缩放比例和旋转角度的外部参照副本。

【覆盖型】也可以覆盖图形中的外部参照。与附着的外部参照不同，当图形作为外部参照附着或覆盖到另一图形中时，不包括覆盖的外部参照。覆盖外部参照用于在网络环境中共享数据。通过覆盖外部参照，无须通过附着外部参照来修改图形便可查看图形与其他编组的图形的相关方式。

（5）单击【确定】按钮，插入外部参照，如图9-34所示的图形。

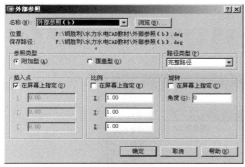

图 9-33 【外部参照】对话框

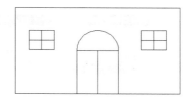

图 9-34 插入外部参照的效果图

此时图形文件"外部参照 a.dwg"所包含的"外部参照 b.dwg"的图形就按照外部参照的方式插入到图形文件"外部参照 a.dwg"中，而此时的图形文件"外部参照 b.dwg"的图形信息并不是保存在本文件中，而仍然保存的图形文件"外部参照 b.dwg"中，只是在这两个文件间建立了一种链接关系。

9.6.3 修改外部参照

如果设计团队中某个人在设计中发现某部分设计有错误，可以利用修改外部参照，通过修改外部参照的图形，修改后的变化自动地反映到图形文件中。

9.6.3.1 激活该功能的方法

- ➢ 工具栏:【参照】→【外部参照】工具栏
- ➢ 下拉菜单:【插入】→【外部参照管理器】
- ➢ 命令行：xref
- ➢ 命令行：xr

9.6.3.2 过程指导

修改图形文件"外部参照 b.dwg"中的图形，可以让图形文件"外部参照 a.dwg"中对应的图形进行更新。操作步骤如下。

（1）修改图形文件"外部参照 b.dwg"中的图形，如图 9-35 所示。

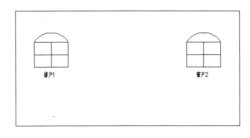

图 9-35 修改后的图形

（2）保存图形文件"外部参照 b.dwg"。

（3）在图形文件"外部参照 a.dwg"中激活外部参照管理器，弹出【外部参照管理器】对话框如图 9-36 所示。

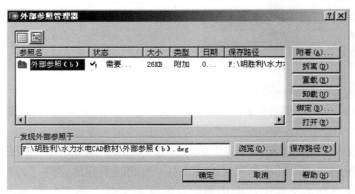

图 9-36　【外部参照管理器】对话框

（4）在【外部参照管理器】对话框中选中参照名"外部参照 b.dwg"，然后单击【重载】按钮，如图 9-37 所示。

（5）单击【确定】按钮，则图形文件"外部参照 a.dwg"的最终效果如图 9-38 所示。

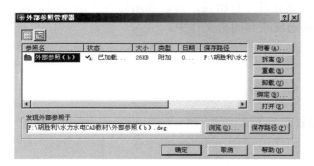

图 9-37　重载外部参照

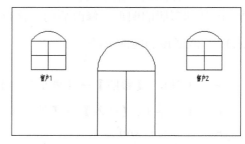

图 9-38　重载后的"外部参照 a.dwg"图形

9.6.4　在位编辑外部参照

和上面操作相反，可以通过在位编辑图形文件"外部参照 a.dwg"中的外部参照，然后保存修改，使得图形文件"外部参照 b.dwg"中的图形也得到对应的修改。

9.6.4.1　激活该功能的方法

- ➢　工具栏：【参照编辑】→【编辑块或外部参照】工具栏
- ➢　下拉菜单：【插入】→【外部参照管理器】
- ➢　命令行：xref
- ➢　命令行：xr

9.6.4.2　过程指导

仍以上例中的两个图形为例来讲述具体的操作过程。

（1）打开图形文件"外部参照 a.dwg"为当前文件，关闭图形文件"外部参照 b.dwg"。必须关闭图形文件"外部参照 b.dwg"，否则无法进行在位编辑操作。

（2）在图形文件"外部参照 a.dwg"中，激活编辑块或外部参照命令后，命令行提示"选择参照:"，在图形中选取外部参照，弹出【参照编辑】对话框，如图 9-39 所示。

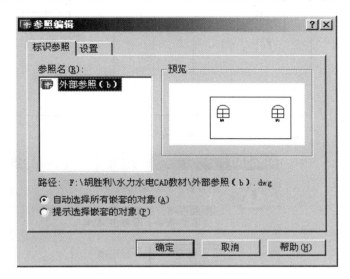

图 9-39　【外部编辑】对话框

（3）在【参照编辑】对话框中选择要编辑的外部参照后，单击【确定】按钮，此时弹出【参照编辑】工具栏，如图 9-40 所示，选择工具栏中的编辑修改按钮进行编辑。

图 9-40　【参照编辑】工具栏

【参照编辑】工具栏中选项的含义:

➤　向工作集中添加对象 ：将对象添加到工作集内。

➤　从工作集内删除对象 ：将对象从工作集内删除。

➤　放弃对参照的修改 ：对工作集的所有修改均放弃。

➤　将修改保存到参照 ：将修改结果保存到外部参照对应文件。

（4）用编辑修改命令使图形成为如下形状，如图 9-41 所示，注意右边窗户的名称"窗户 2"和上侧的"圆弧"已被删除，颜色变淡。

（5）单击【将修改保存到参照】按钮，弹出提示信息，如图 9-42 所示。

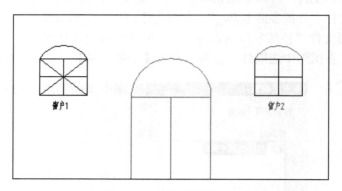

图 9-41　在位编辑外部参照

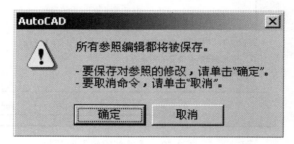

图 9-42　提示信息

（6）单击【确定】按钮，在位编辑外部参照完毕，修改结果保存到外部参照对应文件。

（7）打开外部参照对应的图形"外部参照 b.dwg"，效果如图 9-43 所示。

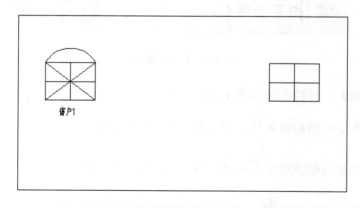

图 9-43　在位编辑的"外部参照 b.dwg"效果图

190

第10章 图形输出

绘制好一幅完整的图形后，为了和其他人交流，如向客户说明设计意图、向加工生成者说明技术要点时，都需要把工程图纸按照某种格式进行输出。在 AutoCAD 2004 软件中有着强大的打印输出功能：有传统的方法是把图形打印到图纸上，这样便于浏览和交流，但也存在易于损坏，不好保密等特性；新的图形输出方式可以进行电子打印，把图形打印成一个文件，用特定的浏览器进行浏览。并支持多种类型的绘图仪和打印机。

10.1 配置打印机

在 AutoCAD 软件中，可以应用的打印设备分两种：Windows 系统打印机和 AutoCAD 下非系统打印机。

10.1.1 配置 Windows 系统打印机

在 Windows 系统下安装的打印机，可以在 AutoCAD 软件中被应用，配置 Windows 系统打印机的步骤如下：

（1）从【开始】→【设置】→【打印机】单击激活打印机设置，如图 10-1 所示。

（2）弹出【打印机】对话框，单击【添加打印机】图标，如图 10-2 所示。

图 10-1　激活打印机设置　　　　　　　　　　图 10-2　添加打印机

（3）弹出【添加打印机向导】对话框，单击【下一步】按钮，如图 10-3 所示。

（4）指定打印机类型，一般为本地打印机，单击【下一步】按钮，如图 10-4 所示。

（5）指定打印机端口，一般为计算机的平行口 LPT，单击【下一步】按钮，如图 10-5 所示。

（6）指定打印机的生产厂商和打印机型号，然后选择安装方式，单击【下一步】按钮，如图 10-6 所示。

图 10-3　【添加打印机向导】对话框

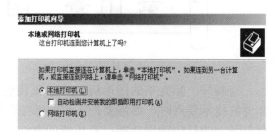

图 11-4　指定打印机类型

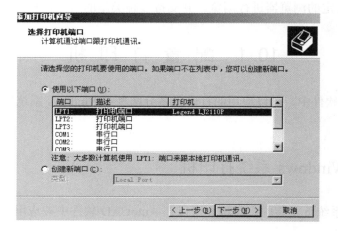

图 10-5　指定打印机端口

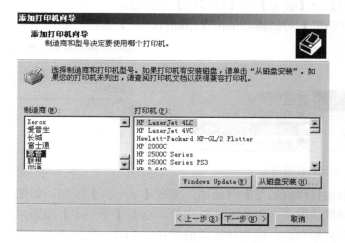

图 10-6　指定打印机的型号

（7）输入打印机名，指定新安装的打印机为默认打印机，单击【下一步】按钮，如图 10-7 所示。

（8）选择是否为共享方式，单击【下一步】按钮，如图 10-8 所示。

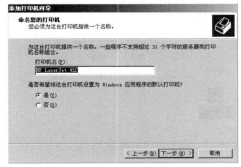
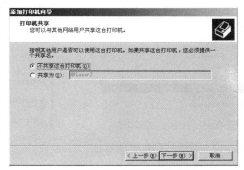

图 10-7　输入打印机向导　　　　　　　　　图 10-8　选择打印机是否共享

（9）可以打印测试页来确认打印机按照正确，单击【下一步】按钮，如图 10-9 所示。

（10）完成打印机的安装，单击【完成】按钮，如图 10-10 所示。

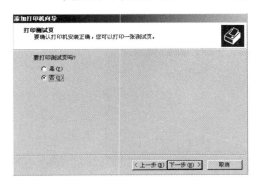

图 10-9　打印测试页　　　　　　　　　　　图 10-10　完成打印机的安装

（11）安装好的打印机出现在系统打印机显示列表中，并且是默认打印机，如图 10-11 所示。

图 10-11　安装好的打印机

10.1.2　配置 AutoCAD 下非系统打印机

配置 AutoCAD 下非系统打印机，具体操作步骤如下：

（1）从下拉菜单中选择【文件】→【打印机管理器】，如图 10-12 所示。

（2）在弹出的界面中，单击【添加打印机向导】，如图 10-13 所示。

图 10-12　激活打印机管理器　　　　　　　　　图 10-13　添加打印机向导

（3）弹出【添加打印机】对话框，单击【下一步】按钮，如图 10-14 所示。

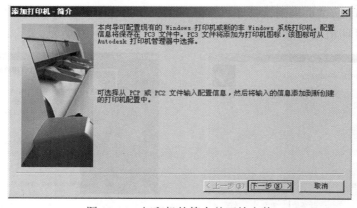

图 10-14　打印机的简介并开始安装

（4）选择【我的电脑】，用 Autodesk Heidi 打印机驱动程序进行配置，单击【下一步】按钮，如图 10-15 所示。

图 10-15　打印机类型

（5）选择打印机生产厂商和型号，单击【下一步】按钮，如图 10-16 所示。

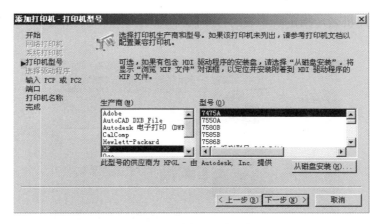

图 10-16　选择打印机型号

（6）输入 PCP 或 PC2 端口，单击【下一步】按钮，如图 10-17 所示。

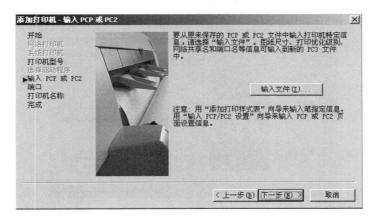

图 10-17　输入 PCP 或 PC2 端口

（7）指定打印到端口，并指定端口号，单击【下一步】按钮，如图 10-18 所示。

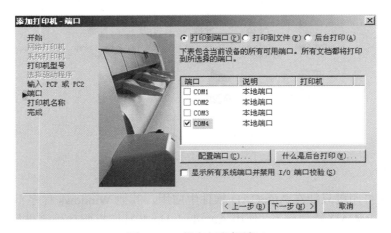

图 10-18　指定打印机端口

（8）输入打印机名，指定新安装的打印机为默认打印机，单击【下一步】按钮，如图 10-19 所示。

图 10-19　指定打印机名称

（9）完成打印机配置，此时可选【编辑打印机配置】或【校准绘图仪】按钮，单击【完成】按钮，如图 10-20 所示。

图 10-20　完成打印机配置

（10）可以从非系统打印机显示列表中看到刚刚安装好的打印机名称，如图 10-21 所示。此时就可以在 AutoCAD 软件中应用该打印机进行图形打印了。

图 10-21　安装好的打印机

 技巧：

➢　非系统打印机只能在 AutoCAD 软件中应用，其他 Windows 程序不能使用。

➢　针对 AutoCAD 软件而言，使用 Autodesk Heidi 打印机驱动程序进行配置的非系统打印机有更好的准确性，比较适合工程图纸的输出。

10.2 输 出 设 置

为了使打印满足用户要求，还有进行输出设置，步骤如下：

（1）从【文件】下拉菜单选择【打印样式管理器】，如图 10-22 所示。

（2）弹出打印样式列表，可以看出软件已经自己配置了最常用的打印样式，用户可以编辑它们，或者自己再创建新的打印样式。单击【添加打印样式表向导】图标，如图 10-22 所示。

图 10-22　添加打印样式表向导

（3）弹出【添加打印样式表】向导，单击【下一步】按钮，如图 10-23 所示。

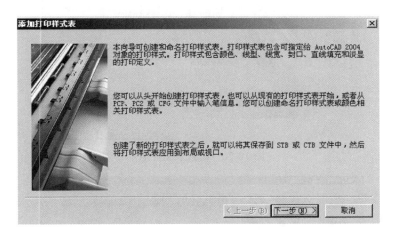

图 10-23　简介并开始添加

（4）指定表类型为【颜色相关打印样式表】，单击【下一步】按钮，如图 10-24 所示。

（5）指定表类型为【颜色相关移动样式表】，单击【下一步】按钮，如图 10-25 所示。

（6）输入表文件名，单击【下一步】按钮，如图 10-26 所示。

（7）完成打印样式表的创建，单击【完成】按钮，如图 10-27 所示。

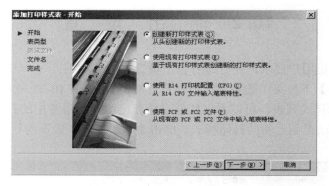

图 10-24　创建新打印样式表

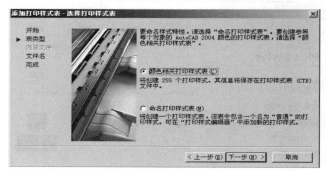

图 10-25　指定表类型

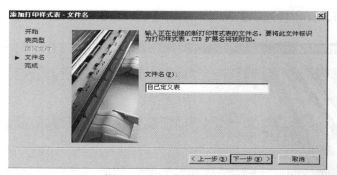

图 10-26　输入表文件名

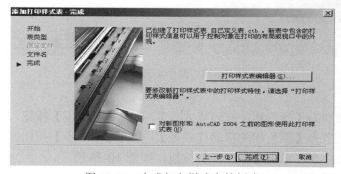

图 10-27　完成打印样式表的创建

（8）创建好的打印样式表显示在列表中，如图 10-28 所示。

图 10-28 创建好的打印样式表

（9）双击该打印样式表，可以弹出【打印样式表编辑器】对新创建的打印样式表进行编辑，如图 10-29 所示。

图 10-29 打印样式表编辑器

编辑主要是指定 AutoCAD 软件中某种意思的对象，在打印输出时所选用打印样式的设定，例如红颜色的对象采用什么笔号、线宽、连接方式、抖动等等很多设置，读者可以自己查看联机帮助查询进一步的信息。

10.3 布 局 设 置

设计绘图工作都在的模型空间中完成的，为了绘图的方便，在模型空间的所有对象按

图 10-30 模型和布局选项卡

照实际尺寸绘制。但是由于很多设计对象的设计尺寸有很大的不同，如建筑对象的尺寸很大、紧密机械中的对象尺寸就微小等等，所以在模型空间中按照设计尺寸绘制的图形用图纸打印出来就有困难，要么不可能打印出来，要么不具有浏览性。针对这样的问题，AutoCAD 2004 软件设置了布局的概念，布局要比老版本的图纸空间增加了很多的新功能。

在 AutoCAD 软件图形窗口下侧，有【模型】、【布局 1】和【布局 2】选项卡，【模型】选项卡表示模型空间，【布局 1】和【布局 2】选项卡表示布局，如图 10-30 所示。

10.3.1 页面设置

在输出图形之前，应对图纸页面进行适当的设置，包括选择打印机、打印样式、图纸幅面、出图比例、图纸及图形方向等等，这就要进行页面设置。

单击【布局】选项卡，弹出【页面设置】对话框，如图 10-31 所示。

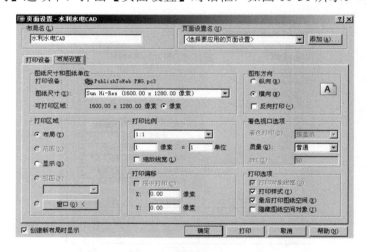

图 10-31 【页面设置】对话框

各选区的含义如下：

➢ 图纸尺寸和图纸单位：选择需要的图纸尺寸及图形单位（一般选择毫米）

➢ 图形方向：选择图形的方向，并指定是否反向打印。反向打印一般应用于将图形打印到胶片上。

➢ 打印区域：指定图形中要打印的区域，有五个单选按钮。

✧ 布局：打印布局时，将打印指定图纸尺寸的页边距内的所有内容，其原点从布局中的 0,0 点计算得出。

✧ 范围：打印包含对象的图形的部分当前空间。当前空间内的所有几何图形都将被打印。

✧ 显示：打印"模型"选项卡当前视口中的视图或布局选项卡上当前图纸空间视图中的视图。

✧ 视图：打印以前用 VIEW 命令保存的视图。可以从提供的列表中选择命名视图。如果图形中没有已保存的视图，该选项不可用。"窗口"按钮以便使用定点设备指定要打印区域的两个角点，或输入坐标值。

➢ 打印比例：根据图形的实际大小与图纸的可打印区域的比值选择标准打印比例。对于对比例要求不高的图纸，可选择按图纸空间缩放选项，使图形尽可能地放大到充满图纸。选择缩放线宽选项，表示与打印比例成正比缩放线宽。通常线宽用于指定打印对象的线的宽度并按线宽尺寸打印，而与打印比例无关。

➢ 打印偏移：确定图形左下角相对于图纸左下角地偏移量。如选择居中打印，即图形与图纸地几何中心重合。

➢ 打印选项：指定线宽、打印样式、着色打印和对象打印次序等选项。

➢ 着色视口选项：指定着色和渲染视口的打印方式，并确定它们的分辨率大小和每英寸的点数（dpi）。

【例题 10-1】将【布局 1】重命名为【水利水电-A4】并做相应的页面设置。

（1）单击【布局1】按钮，弹出【页面设置】对话框。

（2）在【打印设备】选项卡中，将打印机设为【HP LaserJet 4LC 】（根据自己的打印机的类型进行选择），

（3）在【布局设置】选项卡中，选择如图 10-32 所示的设置。

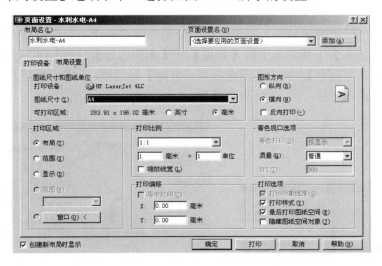

图 10-32　布局设置

（4）单击【确定】按钮，完成布局的初步页面设置，屏幕显示如图 10-33 所示。其中白色区域为图纸的大小，虚线矩形框为可打印区域，黑色矩形框为视口。

显然该视口不符合打印要求，用户要根据设计需要改变视口的大小和数量，以满足设计要求。

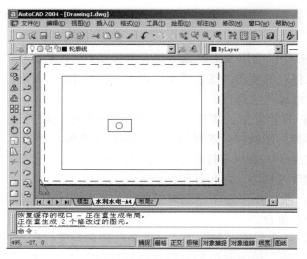

图 10-33 布局窗口

10.3.2 布局向导

在模型空间中绘制好图形后，对该图形可能要输出多张不同的图纸，如一座建筑大楼总图，可以输出结构图、照明电气图、消防水管等不同的图纸。这样就要求要有多张图纸（布局）。

新建布局的可以按照布局向导一步步地引导用户完成新建布局。具体操作如下：

（1）单击【插入】下拉菜单中的【布局】→【布局向导】，如图 10-34 所示。

（2）单击【布局向导】，弹出【创建布局－开始】对话框，如图 10-35 所示。在输入新布局的名称框中输入名称。

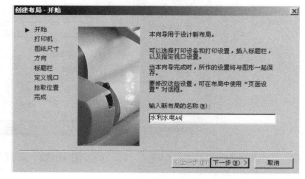

图 10-34　激活布局向导　　　　　　图 10-35　【创建布局－开始】对话框

（3）单击【下一步】，弹出【创建布局－打印机】对话框，如图 10-36 所示，为新布局选择打印机。

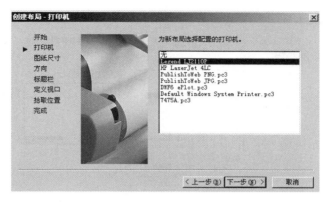

图 10-36　【创建布局-打印机】对话框

（4）单击【下一步】，弹出【创建布局-图纸尺寸】对话框，如图 10-37 所示。

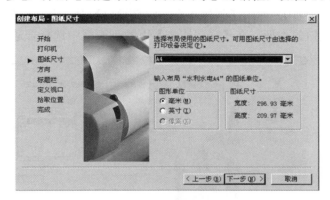

图 9-37　【创建布局-图纸尺寸】对话框

（5）单击【下一步】，弹出【创建布局-方向】对话框，如图 10-38 所示，在对话框中选择图纸的方向。

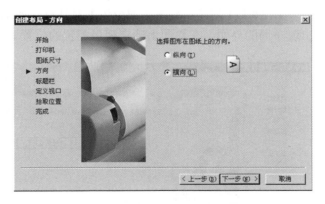

图 10-38　【创建布局-方向】对话框

（6）单击【下一步】，弹出【创建布局-标题栏】对话框，如图 10-39 所示，选择所需要的标题栏，也可选择自己设置的标题栏。

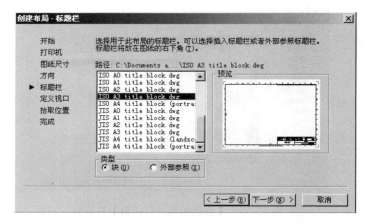

图 10-39　【创建布局－标题栏】对话框

（7）单击【下一步】，弹出【创建布局－定义视口】对话框，如图 10-40 所示，在【视口设置】中选择视口的类型，在【视口比例】下拉列表框中选择合适的比例类型。

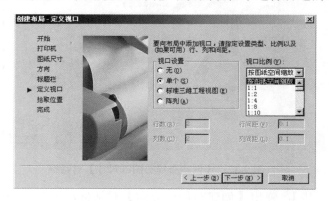

图 10-40　【创建布局－视口】对话框

（8）单击【下一步】，弹出【创建布局－拾取位置】对话框，如 10-41 所示，单击【选择位置】按钮，将出现布局的界面，在界面上确定视口配置的位置。

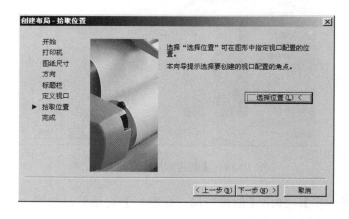

图 10-41　【创建布局－拾取位置】对话框

（9）单击【下一步】，弹出【创建布局—完成】对话框，单击【确定】按钮，该布局就创建了。在状态栏中新增了刚建立的布局"水利水电 A4"，如图 10-42 所示：

图 10-42　状态栏

10.3.3　来自样板的布局

AutoCAD 2004 软件自身带了一些样板文件（.dwt），用户在使用时直接调用即可。具体地操作步骤如下：

（1）单击【插入】下拉菜单中的【布局】→【布局向导】，如图 10-43 所示。

（2）弹出【从文件选择样板】对话框，在对话框中选取所需要的样板文件，双击确定，如图 10-44 所示。

图 10-43　激活来自样板地布局命令　　　图 10-44　【从文件选择样板】对话框

（3）弹出【插入布局】，显示插入的布局名称，如图 10-45 所示。

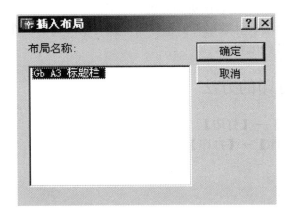

图 10-45　【插入布局】对话框

（4）单击【确定】按钮，将插入了新布局，如图 10-46 所示。

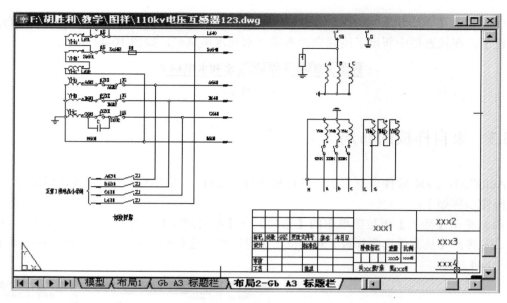

图 10-46　插入的 Gb　A3 标题栏

10.4 电 子 打 印

传统的图纸输出方法是打印到纸张介质上，这样便于浏览，但存在易于损坏、不好保密等缺点。AutoCAD 2004 软件可以把图形打印成一个文件，即进行电子打印，用特定的浏览器进行浏览。

电子打印的优点是：

➢ 文件小，便于交流和网上共享。

➢ 通过特定的浏览器（Volo View Express）进行查看，无需安装 AutoCAD 软件就可以完成缩放平移等显示命令，使看图更加方便。

➢ 不希望别人知道的尺寸数据可以不打印，具有较好的保密性。

➢ 无需打印机，节约纸张。

10.4.1 激活电子打印的方法

➢ 工具栏:【标准】→【打印】

➢ 下拉菜单:【文件】→【打印】

10.4.2 过程指导

电子打印的操作步骤：

（1）绘制好图形，标注好尺寸和注释。

（2）创建布局，建立视口，调整到打印出图状态。

（3）激活电子打印命令，弹出【打印】对话框，如图 10-47 所示。

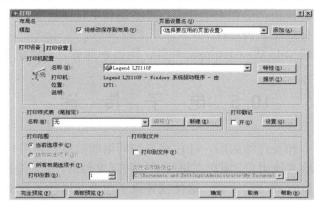

图 10-47 【打印】对话框

（4）指定 AutoCAD 软件配置好的电子打印机，如图 10-48 所示。

图 10-48 指定配置好的电子打印机对话框

（5）指定打印范围和布局，比例为 1:1，如图 10-49 所示。

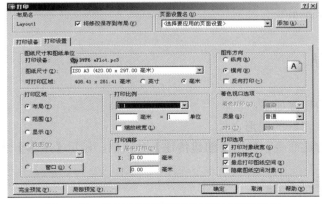

图 10-49 指定打印范围和布局及比例对话框

（6）指定打印文件名和位置。

（7）先单击【完全浏览】查看打印效果，然后确定。

（8）单击【确定】按钮，进行电子打印，显示器显示打印进度。

（9）打印好的文件后缀名为.dwf。

双击该文件，激活 Volo View Express 软件，用该软件可以浏览电子打印文档。

10.5 电 子 传 递

用户在设计过程中和设计结束后，往往需要与同组成员或其他用户共享设计结果，此时就需要将图形发送给其他用户。用户在进行手工传递文件时，常常是图形的相关文件（例如字体和外部参照）没有被一起传递。这样就导致了在没有这些关联文件支持时，其他用户无法使用原来的图形。

针对此情况，AutoCAD 2004 软件使用电子传递可以创建 AutoCAD 图形传递集，它可以自动包含所有相关文件。用户可以将传递集在 Internet 上发布或作为电子邮件附件发送给其他用户。电子传递会自动生成一个报告文件，其中包括有关传递集包括的文件和必须对这些文件所作的处理（以便使原来的图形可以使用这些文件)的详细说明。也可以在报告中添加注释或指定传递集的口令保护。用户可以指定一个文件夹来存放传递集中的各个文件，也可以创建自解压可执行文件或 zip 文件（即将所有文件打包）。

注意：

不能使用电子传递创建 DXF 文件的传递集。要使用电子传递，必须将图形保存为 DWG 或 DWT 文件。

10.5.1 激活电子传递的方式

> 工具栏：【标准】→【电子传递】
> 下拉菜单：【文件】→【电子传递】
> 命令行：etransmit

10.5.2 过程指导

应用电子传递的步骤如下：

（1）打开一个编辑好的图形文件。

（2）激活电子传递命令，弹出【创建传递】对话框，显示【基本】选项卡，如图 10-50 所示。

对话框中各选项的含义：

【说明】：用户可以在此处输入与传递集相关的注解。这些注解被包括在传递报告中。

【类型】：指定要创建的传递集的类型，有文件夹、自解压文件和压缩文件三种类型。

【口令】：打开【口令】对话框，如图 10-51 所示，从中可以为传递集指定一个口令。

【位置】：指定创建传递集的位置。要指定一个新位置，请选择【浏览】并选择需要的位置。

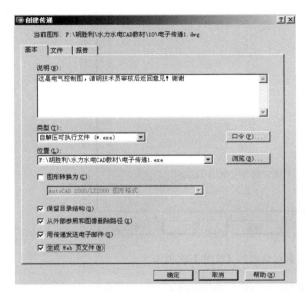

图 10-50 　【创建传递】对话框　　　　　图 10-51 　【设置口令】对话框

【保留目录结构】：保留传递集中所有文件的目录结构，以便在其他系统中安装。如果未选择此选项，则传递集安装后所有文件都被安装到目标目录下。

【从外部参照和图像删除路径】：从传递集的交叉引用图形或图像中删除路径。

【用传递发送电子邮件】：创建传递集时启动默认的系统电子邮件应用程序，可以通过电子邮件形式向其他用户通知新的传递集。

【生成 web 页文件】：生成一个 web 页面，其中包含到传递集的链接。

（3）在【创建传递】对话框中打开【文件】选项卡，如图 10-52 所示。

该选项卡显示此次电子传递包含的文件名和目录结构，可以选择是否包含字体文件，还可以单击【添加文件】来指定用户希望添加的文件。

（4）在【创建传递】对话框中打开【报告】选项卡，如图 10-53 所示。

该选项卡显示此次电子传递所有设置和参数的汇总，用户可以把此报告另存为一个文本文件。

（5）单击【创建传递】对话框中【确定】按钮。这个文件就可以以附加的形式发送给其他用户了。同时生成的 Web 页显示如图 10-54 所示。

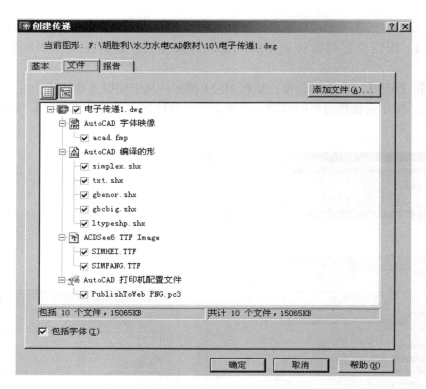

图 10-52 【创建传递】对话框的【文件】选项卡

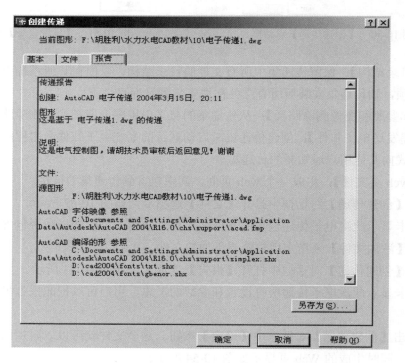

图 10-53 【创建传递】对话框的【报告】选项卡

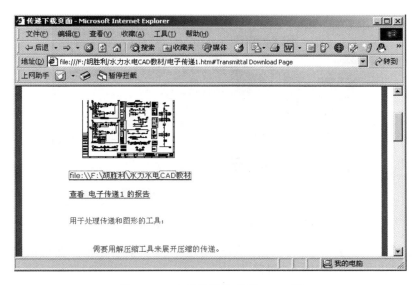

图 10-54　电子传递生成的 WEB 页

10.6　网　上　发　布

　　用户或者企业为了对外宣传自己的设计能力，需要把一些设计成果在 Internel 上发布，如果手工制作网页比较麻烦，现在 AutoCAD 2004 软件可以利用网上分布命令自动生成相应的文件。

　　使用电子打印和电子查看，可以按 Web 图形格式（DWF）生成电子图形文件。如名称所示，电子打印和电子查看可创建虚拟的电子打印。可以使用现有的电子打印或电子查行 DWF 配置文件，也可以创建新的文件。

10.6.1　激活网上发布命令的方法

- ➢　工具栏：【标准】→【网上发布】
- ➢　下拉菜单：【文件】→【网上发布】
- ➢　命令行：PublishToWeb

10.6.2　过程指导

　　网上发布的步骤如下：

　　（1）打开一个编辑好的图形文件。

　　（2）激活网上发布命令，弹出【网上发布－开始】向导。选择"创建新 Web 页"，如图 10-55 所示。

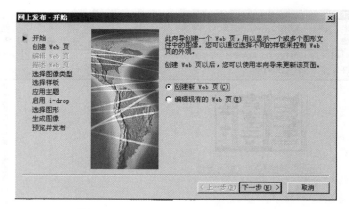

图 10-55 【网上发布－开始】对话框

（3）单击【下一步】，弹出【网上发布－创建 Web 页】对话框，在对话框中指定 Web 页名称、目录和说明，如图 10-56 所示。

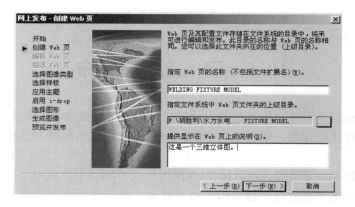

图 10-56 【网上发布－创建 Web 页】对话框

（4）单击【下一步】，弹出【网上发布－选择图像类型】对话框，如图所示，在对话框中选择 DWF、JPEG 和 PNG 文件类型，如图 10-57 所示。

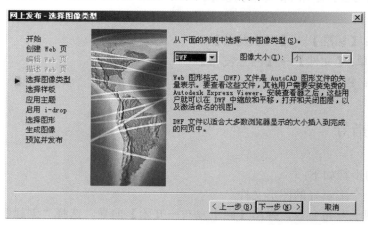

图 10-57 【网上发布－选择图像类型】对话框

（5）单击【下一步】，弹出【网上发布－选择样板】对话框，选择样板类型，如图 10-58 所示。

图 10-58　【网上发布－选择样板】对话框

（6）单击【下一步】，弹出【网上发布－应用主题】对话框，指定应用主题，如图 10-59 所示。

图 10-59　【网上发布－应用主题】对话框

（7）单击【下一步】，弹出【网上发布－启用 i-drop】对话框，指定启用 i-drop 的 Web 页，如图 10-60 所示。

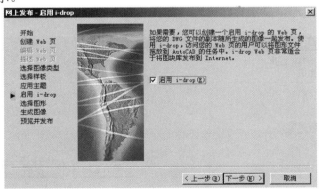

图 10-60　【网上发布－启用 i-drop】对话框

（8）单击【下一步】，选择图形，把当前图形文件中需要发布的模型空间或指定的布局插入图像列表中即可，可以加入描述性的文字说明，如图 10-61 所示。

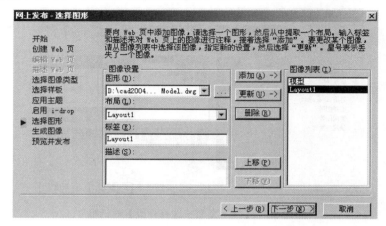

图 10-61 【网上发布－选择图形】对话框

（9）单击【下一步】，指定重新生成图形规则，如图 10-62 所示。

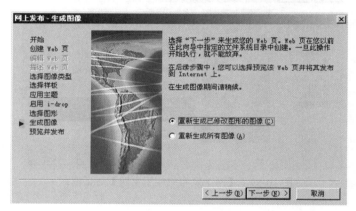

图 10-62 【网上发布－生成图像】对话框

（10）开始打印图形，显示打印进度，如图 10-63 所示。

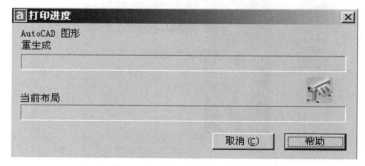

图 10-63 【打印进度】对话框

（11）在预览并发布页中单击【预览】按钮，如图 10-64 所示。

（12）可以浏览即将发布的网页效果。

（13）单击【预览并发布】中的【完成】按钮，结束网上发布操作。

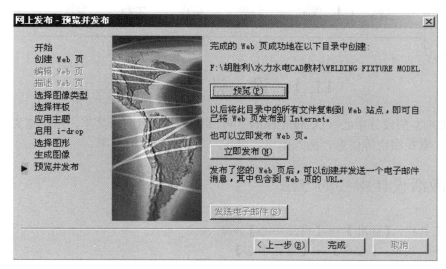

图 10-64　【网上发布－预览并发布】对话框

第11章 增强功能

11.1 设 计 中 心

AutoCAD 的设计中心（DesignCenter）可以帮助用户对图形共享、图层定义、布局、文字样式、查找图块等信息、插入图块等操作，来提高绘图的效率。

11.1.1 激活设计中心的方法

- ➤ 工具栏：【标准】→【设计中心】
- ➤ 下拉菜单：【工具】→【设计中心】
- ➤ 命令行：adcenter
- ➤ 命令行：adc
- ➤ 快捷键：Ctra+2

11.1.2 设计中心的工具

激活设计中心命令后，弹出设计中心对话框，如图 11-1 所示。

图 11-1　设计中心对话框和隐藏的设计中心对话框

➤ 在设计中心界面上侧，有一排工具栏，如图 11-2 所示，各含义如下：

图 11-2　设计中心的工具栏

◇ 加载：使用"加载"浏览本地和网络驱动器或 Web 上的文件，然后选择内容加载到内容区域。

◇ 后退：返回到历史记录列表中最近一次的位置。

◇ 前进：返回到历史记录列表中下一次的位置。

◇ 上一级：显示当前容器的上一级容器的内容。

◇ 搜索：显示"搜索"对话框，从中可以指定搜索条件以便在图形中查找图形、块和非图形对象。

◇ 收藏夹：在内容区域中显示"收藏夹"文件夹的内容。

◇ 默认：将设计中心返回到默认文件夹。

◇ 树状图切换：显示和隐藏树状图。

◇ 预览：显示和隐藏内容区域窗格中选定项目的预览。

◇ 说明：显示和隐藏内容区域窗格中选定项目的文字说明。

◇ 视图：为加载到内容区域中的内容提供不同的显示格式。

➤ 设计中心的第二栏是文件等的下拉菜单，如图所示，各含义如下。

◇ 文件夹：显示计算机或网络驱动器（包括"我的电脑"和"网上邻居"）中文件和文件夹的层次结构。

◇ 打开图形：显示 AutoCAD 任务中当前打开的所有图形，包括最小化的图形。

◇ 历史记录：显示最近在设计中心打开的文件的列表。显示历史记录后，在一个文件上单击右键显示此文件信息或从"历史记录"列表中删除此文件。

◇ 联机设计中心：访问联机设计中心网页。

11.1.3 过程指导

应用设计中心，可以方便地把其他图形文件中地信息共享到当前工作的图形文件中。如把一个文件中的图块和标注样式共享，操作步骤如下：

（1）在设计中心中打开该文件，如图 11-3 所示。

（2）选取需要的图块，把它拖曳到当前文件中，如图 11-4 所示。

（3）如果块带有属性的，将弹出【编辑属性】对话框，如图 11-5 所示，输入块属性值。

图 11-3　打开一个源文件

（4）类似地可以选择标注样式，拖曳到当前文件中，如图 11-6 所示。

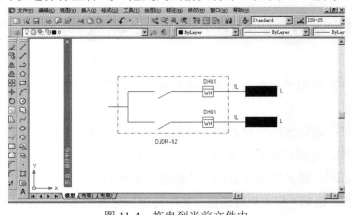

图 11-4　拖曳到当前文件中

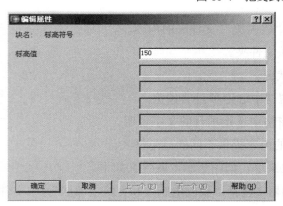

图 11-5　【编辑属性】对话框

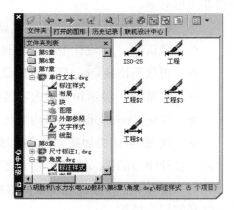

图 11-6　标注样式共享

则该标注样式就加入到当前图形，用户可以利用它进行标注，如图 11-7 所示。

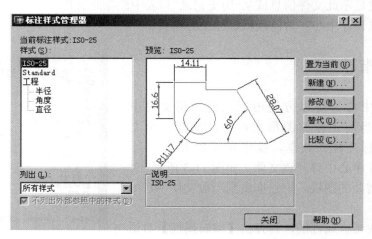

图 11-7　标注样式被加入到当前文件

11.2 状态栏托盘

状态栏托盘是 AutoCAD2004 界面的一个重要改进，使用状态栏托盘中的图标可以快速访问常用功能，状态栏托盘中可能的显示图标如图 11-8 所示。只有打开设置了外部参照、标准和数字签名的文件才会显示如图 11-8 所示全部的状态栏托盘图标，一般情况下仅显示通信中心图标或者。

图 11-8　状态栏托盘中可
能的显示图标

11.2.1 应用状态栏托盘

（1）通信中心。

通信中心图标为，每当 Autodesk 发布新的信息或更新软件时，此图标将显示气泡式消息和警告，在该图标上单击可以访问【通信中心】，在第一次使用时要进行设置，设置后如图 11-9 所示。

通过通信中心可以直接连接到 Autodesk。通信中心提供以下类型的通告：

➢ 一般产品信息：了解有关公司新闻和产品通告的信息，直接向 Autodesk 提供反馈。

➢ 产品支持信息：从 Autodesk 的产品支持组获得最新新闻。

➢ 订阅信息：如果是 Autodesk 订阅成员，可以收到订阅程序新闻。

➢ 文章和提示：当 Autodesk 站点上有新的文章和提示时，将通知用户。

（2）管理外部参照。

管理外部参照图标为，当图形包含附着的外部参照时，该图标将显示在状态栏托盘中。当需要重载或融入外部参照时，该图标将显示气泡式消息和警告，如图 11-10 所示。

图 11-9　【通讯中心】对话框

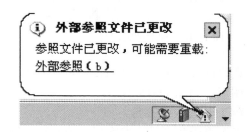

图 11-10　外部参照更改气泡式消息和警告

在该图标上单击可以立即访问外部参照管理器，如图 11-11 所示。

在该图标上单击鼠标右键，在弹出的快捷菜单中，选择【外部参照管理器】或【重载外部参照】可以访问外部参照管理器，如图 11-12 所示。

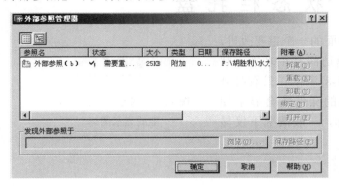

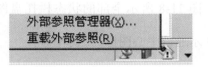

图 11-11 【外部参照管理器】对话框 图 11-12 右键快捷菜单

（3）CAD 标准。

CAD 标准图标为 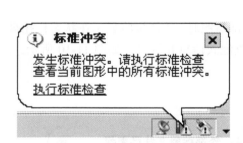，当图形中包含关联的标准文件时，该图标将显示在状态栏托盘中。发生标准冲突时，该图标将显示气泡式消息和警告，如图 11-13 所示。

在该图标上单击，弹出【检查标准】对话框，可以立即核查图形，如图 11-14 所示。

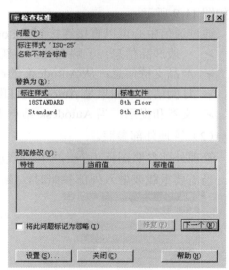

图 11-13 标准冲突消息 图 11-14 【检查标准】对话框

在该图标上单击鼠标右键可以配置 CAD 标准设置或核查图形，如图 11-15 所示。

（4）验证数字签名。

当图形中包含数字签名时，验证数字签名图标将显示在状态栏托盘中，在该图标上单击，弹出【验证数字签名】对话框，可以验证数字签名。

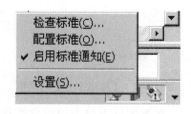

图 11-15 CAD 标准右键快捷菜单

11.2.2 设置状态栏托盘

设置状态栏托盘的步骤为：

（1）单击状态栏托盘右侧的下三角按钮，从弹出的快捷菜单中选择【状态托盘设置】，如图 11-16 所示。

（2）此时弹出【状态托盘设置】对话框，如图 11-17 所示。

图 11-16 【状态托盘设置】选项

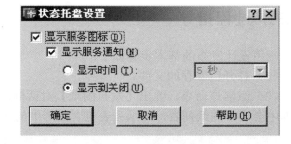

图 11-17 【状态托盘设置】对话框

（3）在【状态托盘设置】对话框中可以选择是否显示服务图标（各种气泡式消息和警告），如果选择显示可以进一步控制显示方式，包括显示一段时间后自动隐藏和显示到关闭。

11.3 发 布 功 能

AutoCAD 已往版本的电子打印功能仅能针对一个模型空间或者布局进行打印，AutoCAD 2004 极大地扩充了该功能，可以把多个 DWG 文件中的模型空间和多个布局进行组合、重排序、重命名、复制和保存，然后电子打印到另一个 DWF 文件中，这种电子打印称之为设计发布。

11.3.1 概述

使用设计发布可以将图形和打印集合直接合并到图纸或发布到 DWF 文件，可以将图形集发布为单个多页 DWF 格式文件或多个单页 DWF 格式文件，可以将其发布到每个布局的页面设置中指定的设备（打印机或文件）。使用设计发布可以灵活地创建电子或图纸图形集并分发，接收方接收后可以查看或打印图形集。使用设计发布可以在任何工程环境中创建图形集，同时维护原始图形的完整性。与原始 DWG 文件不同，DWF 文件不能更改。为了获得更高的安全性，还可以为图形集添加口令。

可以为特定用户自定义图形集，也可以随着项目的进展在图形集中添加和删除图纸。使用设计发布可以直接将图形集发布到图纸，或者发布到可使用电子邮件、FTP 站点、项目网站或光盘上。DWF 格式的图形集的接收方无需安装 AutoCAD 或了解 AutoCAD。无论图形集的接收方位于世界的任何地方，都可以使用 Autodesk Express Viewer（一种查浏览器，可以从 www.autodesk.com 站点下载）查看和打印高质量的布局。

11.3.2 激活发布命令的方法

> 下拉菜单:【文件】→【发布】

> 工具栏: 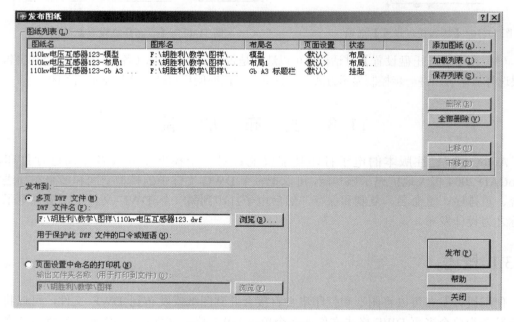（图标）

> 命令行：publish

11.3.3 过程指导

应用设计发布的基本步骤如下：

（1）打开已保存的文件。

（2）激活该命令，弹出【发布图纸】对话框，如图 11-18 所示。此时【发布图纸】对话框中会显示图纸列表，图纸列表包含图形中的所有布局和模型空间。

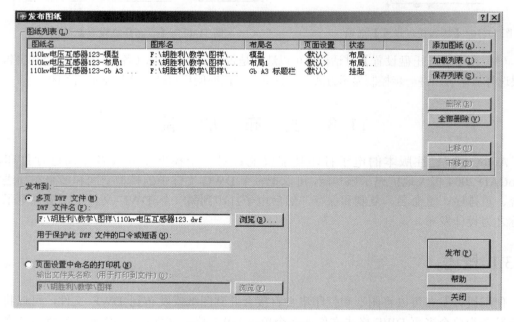

图 11-18　【发布图纸】对话框

（3）在【发布图纸】对话框中，单击【添加图纸】按钮，弹出【选择图形】对话框，从中选择系统的 SAMPLE 中的【Welding Fixture Model.dwg】图形文件，则该图形文件中所有布局和模型空间都会加载到【发布图纸】对话框中的图纸列表内，如图 11-19 所示。

（4）在【发布图纸】对话框中，单击【删除】按钮，把不需要的布局或者模型空间删除出图纸列表，用【上移】和【下移】按钮调整布局和模型空间的先后顺序，调整好图纸列表的【发布图纸】对话框如图 11-20 所示。

图 11-19　添加图纸对话框

图 11-20　【删除】对话框

（5）选择【多页 DWF 文件】单选按钮，单击【浏览】按钮为 DWF 文件指定文件夹位置和文件名，如图 11-21 所示。

（6）如果有安全方面的考虑，可以在【用于保护此 DWF 文件的口令或短语】文本框中输入口令。

（7）单击【发布】按钮，弹出【正在打印】和【打印进度】对话框。

（8）发布结束后，弹出【发布完成】对话框，可以选择是否保存日志文件和是否现在就查看 DWF 文件，如图 11-22 所示。

（9）分别单击【发布完成】对话框中的【关闭】按钮，结束设计发布操作。

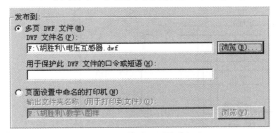

图 11-21　选择 DWF 文件的位置和文件名

图 11-22　【发布完成】对话框

11.3.4　查看已发布的图形集

可以使用 Autodesk Express Viewer（安装 AutoCAD 2004 时自动安装）查看电子图形集（DWF）。如果不是 AutoCAD 用户，而又想查看 DWF 文件，可以从 http//autodesk.com

网站免费下载该软件。进入网站首页后，单击图标，进入 Autodesk Express Viewer 网页，在填写用户基本信息（姓名、E-mail 地址、国家和语言）后，就可以获得此免费软件了。

查看已发布的图形集步骤如下：

（1）双击【电压互感器.dwf】文件，打开 Autodesk Express Viewer 软件界面，如图 11-23 所示。

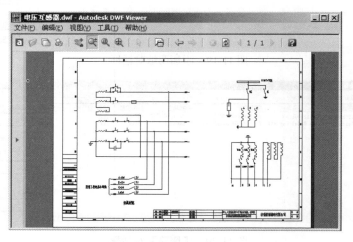

图 11-23　Autodesk Express Viewer 软件界面

（2）Autodesk Express Viewer 一次只能打开一张图纸，要查看其他图纸，需打开工具栏中的图纸下拉列表框，在列表中选择其他图纸名称，列表框可以隐藏，如图 11-24 所示。

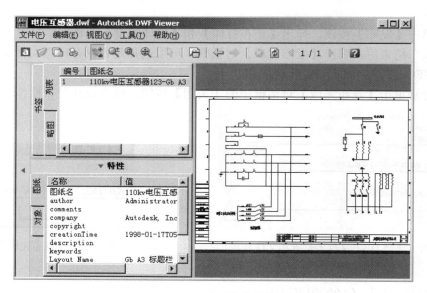

图 11-24　查看其他图纸

（3）Autodesk Express Viewer 中的基本操作和 AutoCAD 完全相同，平移工具、缩放工具、窗口缩放工具、布满窗口工具都简单易用，这里不再逐一讲述。

技巧:

设计发布可以把多个 DWG 文件中的布局任意排列，然后发布到一个 DWF 文件中，而不用担心任何附加的外部参照，然后可以将电子图形集作为 DWF 文件进行发布。DWF 是最适合通过电子邮件或 Internet 交换的文件格式，DWF 文件可用 Autodesk Express Viewer 进行查看和打印。

11.4 工 具 选 项 板

工具选项板是 AutoCAD2004 一个很重要的新功能，它提供组织、共享和放置块及填充图案的一种有效方法，工具选项板还可以包含由另外的人员提供的自定义工具。

11.4.1 新建工具选项板

新建工具选项板步骤如下：

（1）【工具选项板】对话框中右击鼠标，弹出快捷菜单，选择【新建工具选项板】，如图 11-25 所示。

（2）此时【工具选项板】上多出一个选项板，输入该选项板名称【自己的工具选项板】，如图 11-26 所示。

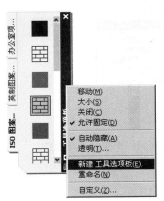

图 11-25　【工具选项板】对话框　　图 11-26　新工具选项板名称　　图 11-27　新建的工具选项板

（3）此时就创建好了一个新的【自己的工具选项板】，但是该选项板上没有任何工具，需要用户自定义新的工具才能应用，如图 11-27 所示。

11.4.2 向工具选项板中添加工具

有多种方法可以向工具选项板中添加工具：

（1）将图形、块和填充图案从设计中心拖动到工具选项板上，将已添加到工具选项板中的图形拖动到另一个图形中时，图形将作为块插入，如图 11-28 所示。

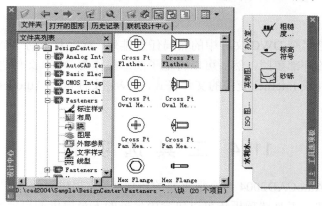

图 11-28　把设计中心中的块拖到工具选项板中

（2）使用剪切、复制和粘贴等工具可以将一个工具选项板中的工具移动或复制到另一个工具选项板中，如图 11-29 和图 11-30 所示。

（3）在设计中心中右击树状列表中的文件夹、图形文件或块，然后在弹出的快捷菜单中选择【新建工具选项板】，创建预填充的工具选项板，如图 11-31 和图 11-32 所示。

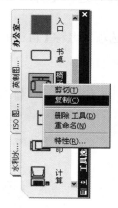

图 11-29　复制一个工具

图 11-30　粘贴到另一个工具选项板中

☞ 技巧：

➢ 　将工具放置到工具选项板上后，通过在工具选项板中拖动这些工具可以对其进行重新排序。

➢ 　对于工具选项板上的块工具，源图形文件必须始终可用，如果源图形文件移至其他文件夹，则必须修改参照该文件的块工具，修改方法：右击块工具，然后在【工具特性】对话框中指定新的源文件文件夹。

➢ 　工具选项板可以在【自定义】对话框的【工具选项板】选项卡上的【工具选项板】列表框中上下移动，也可以删除不再需要的工具选项板，删除的工具选项板将丢失，除非事先将它们输出到文件中，进行了保存。

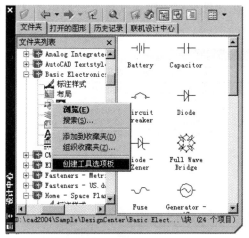

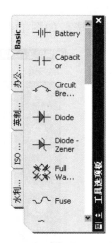

图 11-31 【创建工具选项板】   图 11-32 创建新的工具选项板

➢ 如果工具选项板文件设置了只读属性，则工具选项板下方将显示锁定图标。这表示如果不更改工具选项板的设置并重排图标，将无法修改工具选项板。

11.4.3 输入输出工具选项板文件

设置好的工具选项板为了方便共享，可以输出输入为工具选项板文件，工具选项板文件的扩展名为 xtp。

输出输入工具选项板文件的步骤为：

（1）在【工具选项板】对话框上右击，在弹出的快捷菜单中选择【自定义】，如图 11-33 所示。

（2）弹出【自定义】对话框，在【工具选项板】选项卡上【工具选项板】列表框中选择想要输出的工具选项板名称，然后单击【输出】按钮，如图 11-34 所示。

图 11-33 自定义

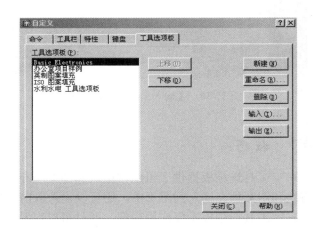

图 11-34 输出工具选项板

（3）弹出【输出工具选项板】对话框，在文件名栏中键入文件名，后单击【保存】按钮，输出完毕，如图 11-35 所示。

图 11-35　输入工具选项板的文件名

（4）在【工具选项板】选项卡上单击【输入】按钮，弹出【输入工具选项板】对话框，指定要输入的工具选项板文件，然后单击【打开】按钮，如图 11-36 所示。

（5）此时【电子符号】工具选项板就加入到工具选项板中，效果如图 11-37 所示。

图 11-36　【输入工具选项板】对话框

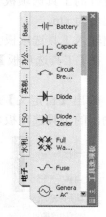

图 11-37　增加的电子符号
工具选项板

　技巧：

➤　工具选项板提供了组织常用块和图案填充的有效方法，使用工具选项板可以轻松地将块和图案填充插入到图形中，还可以输入以前创建的工具选项板。

➤　工具选项板不仅应用简便，而且可以容易地进行用户自定义，完成新建工具选项板、添加工具、把选项板输入输出为选项板文件等功能。

第 12 章　水工图的基本知识

为了兴利除害和合理持续的开发利用水资源，需要修建一系列的水利工程来调控水资源，这些与水有关的建筑物称为水工建筑物，表达水工建筑屋的工程图样称为水利工程图，简称水工图。

12.1　水工图的分类与特点

12.1.1　水工图的分类

水利工程的兴建一般需要经过五个阶段：勘测、规划、设计、施工、竣工验收。各个阶段都绘制其相应的图样，每一阶段对图样都有具体的图示内容和表达方法。水利工程图一般是根据兴建水利工程经过的不同阶段和设计内容来分类的，下面将分别介绍各阶段图样。

（1）勘测图。

勘探测量阶段绘制的图样称为勘测图，其包括地质图和地形图。勘测阶段的地质图、地形图以及相关的地质、地形报告和有关的技术文件由勘探和测量人员提供，是水工设计最原始的资料。水利工程技术人员利用这些图纸和资料来编制有关的技术文件。勘测图样常用专业图例和地质符号表达，并根据图形的特点允许一个图上用两种比例表示。

（2）规划图。

在规划阶段绘制的图样称为规划图。其是表达水利资源综合开发全面规划的示意图。按照水利工程的范围大小，规划图有流域规划图、水利资源综合利用规划图、灌区规划图、行政区域规划图等。规划图是以勘测阶段的地形图为基础的，采用符号图例示意的方式表明整个工程的布局、位置和受益面积等项内容的图样。由于规划图涉及面广、表示范围大，所以常用缩小比例，一般为 1:2000 和 1:10000。

（3）枢纽布置图和建筑结构图。

在设计阶段绘制的图包括：枢纽布置图、建筑结构图。一般在大型工程设计中分初步设计和技术设计，小型工程中可以合二为一。初步设计是进行枢纽布置，提供方案比较；技术设计是在确定初步设计方案以后，具体对建筑物结构和细部构造进行设计。

1）枢纽布置图。为了充分利用水资源，由几个不同类型的水工建筑物有机地组合在一起，协同工作的综合体称为水利枢纽，表达水利枢纽布置的图样称为枢纽布置图。枢纽布置图是将整个水利枢纽的主要建筑物的平面图形，按其平面位置画在地形图上。枢纽布置图反映出各建筑物的大致轮廓及其相对位置，是各建筑物定位、施工放样、土石方施工以及绘制施工总平面图的依据。枢纽布置图的比例一般在 1:200～1:5000 之间，为了使图形重点突出、主次分明，结构上的次要轮廓线和细部构造一般省略不画，电站、闸门、启闭设备等用示意画法表示。

2）建筑结构图。用于表达枢纽中某一建筑物形状、大小、材料以及与地基和其他建筑物连接方式的图样，称为建筑结构图。为了清楚地表达结构的内外形状、大小及材料，建筑结构图一般比例为 1:50～1:200。

对于建筑结构图中由于图形比例太小而表达不清楚的局部结构，可采用大于原图形的比例将这些部位和结构单独画出。

（4）施工图。

施工图是表达水利工程施工过程中的施工组织、施工程序、施工方法等内容的图样，包括施工总平面布置图、建筑物基础开挖图、混凝土分块浇筑图、坝体温控布置图等。

（5）竣工图。

竣工图是指工程验收时根据建筑物建成后的实际情况所绘制的建筑物图样。水利工程在兴建过程中，由于受气候、地理、水文、地质、国家政策等各种因素影响较大，原设计图纸随着施工的进展要调整和修改，竣工图应详细记载建筑物在施工过程中对设计图修改的情况，以供存档查阅和工程管理之用。

对水工图的分类及表达内容总结归纳，见表 12-1。

表 12-1 水工图分类及表达内容

工程阶段	水工图分类	图形名称	表达内容
勘测	地形图	①地形平面图 ②地形剖面图	地形等高线、地貌、地面建筑物、道路河流、方位、等地形某一剖面的地面覆盖层，岩石分布情况
	地质图	①地质平面图 ②地质剖面图 ③地质柱状图	表达岩层年代、节理、断层、岩溶、岩石走向、倾角、矿藏资源、以及岩石的上下结构及各种岩层的埋深
规划	规划图	①流域规划图 ②水资源综合利用规划图 ③灌区、地区规划图	绘制地形图上，除原有地形图上的内容之外，要用图例、符号以及示意的方法标明整个工程的布局，各个工程的位置，灌溉受益面积等项内容
设计	枢纽平面布置图（初步设计阶段）	①枢纽平面图 ②枢纽立面图	建筑物所在的地形、河流、铁路、公路、居民点、地理位置等主要地形地貌，枢纽的组成。主要建筑物的相对位置、建筑物与地面的交线，主要高程、建筑物主要尺寸等。在枢纽布置图中，一些结构复杂面另有详图表示的建筑物和设备，用示意图表达
	建筑结构图（技术设计阶段）	①结构平面图、立面图 ②结构剖面图、剖视图 ③配筋图	用于表达具体建筑物的形状、大小、结构、材料、建筑物之间的连接关系、连接方式、附属设备位置、建筑物水流运动条件等。对钢筋的布置、直径、形状、长度等均应详细表达
	细部结构图	详图（大样图）	采用较大的比例来表达结构图上不能表示清楚的部位和结构
施工	施工组织图 施工详图	①施工总平面布置图 ②坝体分块浇筑图 ③基础开挖图	施工组织图应表达料场布置、施工、流程、截流、导流、生活区、交通、基础开挖、混凝土分块、分期、温控、施工组织、施工细节等
竣工	竣工图	①竣工图 ②竣工图集	在建筑物施工中由于受各种因素的影响，图纸设计变更后，在原来图纸基础上修改成已建的工程形体几结构的图

12.2.2 水工图的特点

水工图的绘制，除遵循制图基本原理以外，还根据水工建筑物的特点制定了一系列的表达方法，综合起来水工图有以下特点：

（1）水工建筑物形体庞大，有时水平方向和铅垂方向相差较大，水工图允许一个图样中纵横方向比例不一致。

（2）水工图整体布局与局部结构尺寸相差大，所以在水工图的图样中可以采用图例符号等特殊表达方法及文字说明。

（3）水工建筑物总是与水密切相关，因而处处都要考虑到水的问题。

（4）水工建筑物直接建筑在地面上，因而水工图必须表达建筑物与地面的连接关系。

12.2 水工图的尺寸标注

12.2.1 水工图的比例与线型。

由于水工建筑物多采用缩小比例绘制，某些结构表达不清楚或者某些结构另有图纸表达，不必详细画出，只需用图例来表达。

为了使绘制的水工图层次分明，图面清晰，下面对比例、线型特别加以说明。

（1）比例。

水工图一般为缩小比例，比例大小选择取决于制图要求、建筑物大小、图样种类等。但应符合制图标准，标准建议各类图的比例可按表 12-2 中的规定选用。

表 12-2 　　　　　　　　　　　水工图常用的比例

图　　类	比　　　　　　　　例
枢纽总布置图 施工总平面布置图	1:5000，1:2000，1:1000，1:500，1:200
主要建筑物布置图	1:2000，1:1000，1:500，1:200，1:100
基础开挖图，基础处理图	1:1000，1:500，1:200，1:100，1:50
结构图	1:500，1:200，1:100，1:50
钢筋图	1:100，1:50，1:20
细部构造图	1:50，1:20，1:10，1:5

（2）图线。

水工图的图线绘制最好按照一定的规律来绘制，以下作简单介绍：

绘图工程样图时，可以将主要图线适当画粗，次要画细些，使所表达的结构重点突出，主次分明，相应的粗实线、虚线、点划线、双点划线的宽度也可区分为粗、中粗、细三种，但在同一图幅内表示同一结构的同一线型其宽度要一致。

粗实线。绘制①结构分缝（温度伸缩缝等）；②材料分界线；③钢筋爬梯；④钢筋；⑤等高线中的计曲线等。

虚线。用虚线表示：①建筑物基础原地面线；②被建筑物遮盖的原地面等高线；③水底下的河床等高线；④不可见结构的分缝线等。

细实线。①示坡线（常用于斜坡和锥面坡上）；②重合剖面轮廓线；③曲面上的素线（扭面放射线）；④钢筋构件轮廓线等。

12.2.2 平面图的尺寸标注

关于建筑物平面图水平方向的尺寸基准问题，在水利枢纽中，各建筑物在地面上的位置都是以所选定的基准点、基准线放样定位的，基准点根据测量坐标（x，y）确定，通常还有基准连线来确定和控制建筑物平面位置。

对于单个建筑物，有对称轴的以轴线为基准，否则选重要的端面为基准。

12.2.3 高度方向尺寸标注

由于水工建筑物一般比较庞大，施工时其高度方向尺寸不易直接量取，常用仪器测量，所以建筑物的高度常标注高程解决高度尺寸问题。但对于次要尺寸，通常仍采用标注高度方法，即和平面标注相同。

12.2.4 标高标注

在标高投影一章已讲过，绝对标高是以黄海某一平面为基准面标注高程，并以米为单位，标高投影符号分三种形式。

（1）立面标高（包括立视图、铅直方向的剖视图、剖面图）。标注在立面视图中，符号为等腰直角三角形，高度为后边标注数字高度的三分之二，用细实线绘制，标高数字一律注写在标高符号的右边。

（2）平面标高。一般标注在平面视图中，以矩形方框表示，用细实线绘制，当图形较小时，可将符号引出绘制。

（3）水面标高。（简称水位）只用于水面高程标注，且在立面图上，在立面标高的基础上，再在水面高度线下画三横来表示水面特征。

标高数字注写到小数点后第三位，在总平面布置图中，可注写到小数点后第二位。必要时标高符号也可用"EL"表示，但立面、平面及说明中均用"EL"表示。

零点标注为 0±000 或 0±00 正数前面一律不加"＋"号，如 34.62、286.45，但负数前必须加注"－"号，如－30.56、24.78 等。

12.2.5 坡度注法

坡度表示一直线或一平面的倾斜程度。坡度的定义为两点之间的高度差与水平距离之比称坡度。

平面上的坡面以最大斜度线表示，通常为 1:n，较缓的坡度用 n% 表示。

12.2.6 曲线的尺寸标注

曲线的标注包括圆弧曲线和非圆曲线两种形式。

（1）圆曲线的注法。

水工建筑物中常见的曲面为柱面，如溢流坝面，进水口表面拱圈等，柱面的横剖面为曲线，这种曲线的绘制方法是给出曲线方程，标出该方程的坐标，列出一系列坐标值。

（2）圆弧曲线。

连接圆弧要注出圆弧所对的圆心角，使夹角的一边用箭头指到连接圆弧的切点，使夹角的另一边指到圆弧的另一端，在指向切点的夹角边上注上半径尺寸，圆弧的圆心切点，最低点和端点的高程以及长度方向的尺寸均应标出。

12.2.7 沿轴线长度方向的尺寸标注

对于细长形建筑物（坝、隧洞、渠道等）沿轴线长度方向采用桩号标法，标注形式为 k±m，k 公里，m 米。起点 0＋000 桩号之后的桩号标注成 k＋m。起点 0＋000 桩号之前的桩号标注成 k-m。

桩号数字一般垂直于轴线方向注写，并且标注在其同一侧，在轴上同一侧转折处桩号重复标注。

当同一图中几种建筑物均采用"桩号"标注，可在前加文字说明以示区别，如干 0+256、支 0+182。

当轴线为曲线时，桩号沿镜像设置，桩号数值应按弧长计算。

12.2.8 方位角的标注

方位角标注时，其角度规定以北为零起算，并按顺时针方向从 0°～360°。

一般标注形式为：方位角 203°53′22″、方位角 48°05′ 有时也可写成 SW203°53′22″、NE48°05′ 此时其字母 SW、NE 等应写在角度数字前面。

12.2.9 多层结构尺寸标注

标注多层构造时，可用引出线标注，并用文字说明。

12.2.10 计算机尺寸标注的方法

由于尺寸标注能准确地反映建筑形体的大小和组成建筑形体各基本形体之间的关系，是工程制图过程中重要的组成部分，因此，AutoCAD 2004 根据各种国标提供了多种尺寸标注方法，以满足工程设计与施工需要。

12.3 标 题 栏 的 绘 制

12.3.1 标题栏的格式

（1）标题栏位置。无论对 X 型水平放置的图纸，还是 Y 型垂直放置的图纸，标题栏都应放在图面的右下角。标题栏的观看方向一般应与图的观看方向相一致。

（2）国内工程通用标题栏的基本信息及尺寸，见图 12-1 和图 12-2。

（3）标题栏图线。标题栏外框线为 0.5mm 的实线，内分格线为 0.25mm 的实线。

12.3.2 会签栏

由多个专业相关的图纸应有会签栏，会签栏的格式见图 12-3。其外框线宽为 0.5mm，内框线宽为 0.25mm。

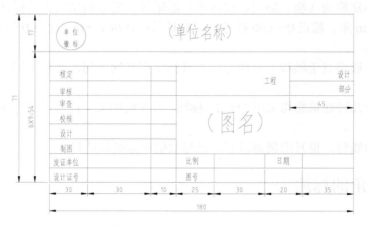

图 12-1　设计通用标题栏（A0-A1）（单位：mm）

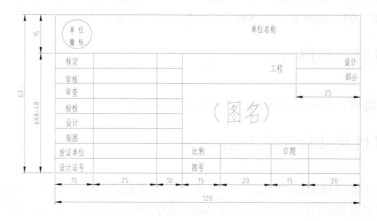

图 12-2　设计通用标题栏（A2-A4）（单位：mm）

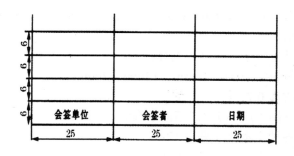

图 12-3 会签栏（单位：mm）

12.3.3 图幅分区

为确定图上内容的位置及其他用途，一些幅面较大、内容复杂的工程图要对图幅进行分区。

分格数应是偶数，并应按图的复杂性选取。建议组成分区的长方形的任何边长都应不小于 25mm，不大于 75mm。

分区都应沿着一边用大写字母、另一边用数字做标记。标记的顺序可以从标题栏相对的一角开始。见图 12-4。

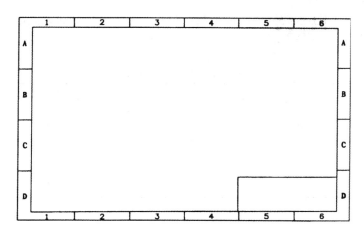

图 12-4　分区

12.3.4 文字

（1）字体。

水工技术图样和简图中的字体，所选汉字应为长仿宋体。

在 AutoCAD2004 环境中，汉字字体可采用 Windows 系统所带的 Truetype 字体"仿宋_GB2312";也可采用 AutoCAD2004 中文版提供的符合国标的形编译字体。

（2）文本尺寸高度。

1）常用的文本尺寸宜在下列尺寸中选择：

2.5mm、3.5mm、5mm、7mm、10mm、14mm、20mm。

2）字符的宽高比约为 0.7。

3）各行文字间的行距不应小于 1.5 倍的字高。

4）图样中采用的各种文本尺寸见表 12-3。

表 12-3 　　　　　　　　　　　　图样中各种文本尺寸

文 本 类 型	中 文		字母及数字	
	字　高	字　宽	字　高	字　宽
标题栏图名	7～10	5～7	5～7	3.5～5
图形图名	7	5	5	3.5
说明抬头	7	5	5	3.5
说明条文	5	3.5	3.5	2.5
图形文字标注	5	3.5	3.5	2.5
图号和日期	5	3.5	3.5	2.5

5）最小字符高度见表 12-4。

（3）表格中的文字和数字。

1）数字书写：带小数的数值，按小数点对齐：不带小数点的数值，按个位数对齐。

2）文本书写：正文按左对齐。

表 12-4 　　　　　　　　　　　最 小 字 符 高 度

字符高度	图　　　　　幅				
	A0	A1	A2	A3	A4
汉 字	5	5	3.5	3.5	3.5
数字和字母	3.5	3.5	2.5	2.5	2.5

第13章　水工图绘制举例

表达水工建筑物及其施工过程的图样称为水利工程图，简称水工图。绘制水工图一般遵循以下步骤：

（1）熟悉资料，分析确定表达方案。

（2）选择适当的比例和图幅。力求在表达清楚的前提下选用较小的比例，枢纽平面设置图的比例一般取决于地形图的比例，按比例选定适当的图幅。

（3）合理的布置视图。按所选取的比例估计各视图所占范围，进行合理布局画出各视图的作图基准线。视图应尽量按投影关系配置，有联系的视图应尽量布置在同一张纸内。

（4）画图时，应先画大的轮廓，后画细部；先画主要部分后画次要的部分。

（5）画剖面材料符号，可以画出图块储存以备常用。

（6）标注尺寸和注写文字说明。

（7）检查、校对、加深。

13.1　水闸上游翼墙剖面图

图 13-1 所示为某水闸上游翼墙剖面图，全图主要由混凝土线条与尺寸标注组成，绘图比例要求不高，绘制简单主要掌握图形符号和布局保证清晰美观。

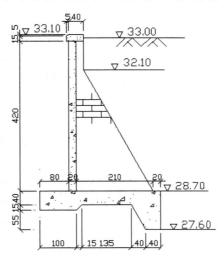

图 13-1　水闸上游翼墙剖面图

13.1.1　设置图层

在绘制复杂的图形时，首先应根据图形的特征设置好图层，图层的具体设置见第 3 章。现按照本图的特征设置如下的图层，如图 13-2 所示。

名称	开	在所…	锁	颜色	线型	线宽	打印样式
0	☼	○	🗅	■ 白色	CONTINUOUS	—— 默认	Color_7
标注层	☼	○	🗅	□ 青色	CONTINUOUS	—— 默认	Color_4
定义点	☼	○	🗅	□ 白色	CONTINUOUS	—— 默认	Color_7
辅助层	☼	○	🗅	■ 红色	CONTINUOUS	—— 默认	Color_1
轮廓线层	☼	○	🗅	■ 蓝色	CONTINUOUS	■■ 0.70 毫米	Color_5
填充层	☼	○	🗅	□ 绿色	CONTINUOUS	—— 默认	Color_3

图 13-2　图层的设置

13.1.2　绘制轮廓线

利用直线命令绘制底座，如图 13-3 所示的图形。

命令：_line 指定第一点：<对象捕捉　开>（指定 1 点）

指定下一点或[放弃（U）]：40（2 点）

指定下一点或[放弃（U）]：@-40,70

指定下一点或[闭合（C）/放弃（U）]：135

指定下一点或[闭合（C）/放弃（U）]：@-15,-15

指定下一点或[闭合（C）/放弃（U）]：100

指定下一点或[闭合（C）/放弃（U）]：55

指定下一点或[闭合（C）/放弃（U）]：330

指定下一点或[闭合（C）/放弃（U）]：c

指定下一点或[闭合（C）/放弃（U）]：

图 13-3　底座图

再用直线和偏移命令绘制上部分，得到如图 13-4 所示的图形。

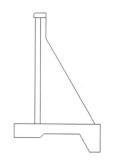

图 13-4　水闸上游翼墙剖面图

命令：_line 指定第一点：from（指定 3 点）

基点：<偏移>：@80,0

指定下一点或[放弃（U）]：420

指定下一点或[放弃（U）]：5

指定下一点或[闭合（C）/放弃（U）]：15

指定下一点或[闭合（C）/放弃（U）]：@5,5

指定下一点或[闭合（C）/放弃（U）]：40

指定下一点或[闭合（C）/放弃（U）]：100

指定下一点或[闭合（C）/放弃（U）]：@190,-340

指定下一点或[闭合（C）/放弃（U）]：

13.1.3 标注尺寸

（1）设置标注样式。

在【格式】下拉菜单中选择【标注样式】，弹出【标注样式管理器】对话框，在对话框中单击【新建】按钮，弹出【新建标注样式】对话框，各设置参数如图 13-5～图 13-7 所示。

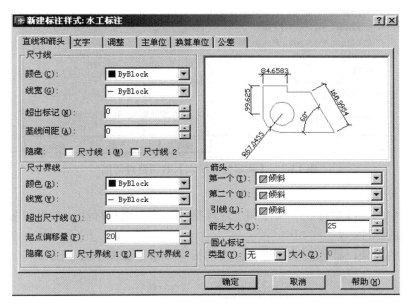

图 13-5 　【新建标注样式】的直线与箭头对话框

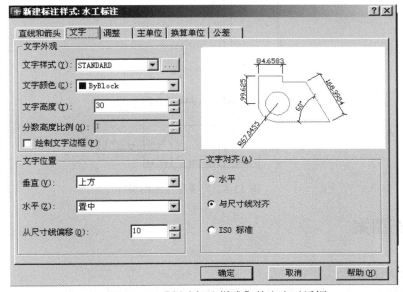

图 13-6 　【新建标注样式】的文字对话框

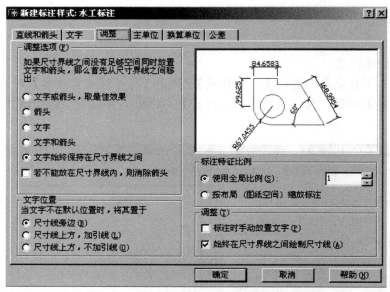

图 13-7 【新建标注样式】的调整对话框

（2）标注尺寸。

使用标注中的"线型标注"命令和"连续标注"命令进行标注，效果如图 13-8 所示。

（3）标高的标注。

调用标高的图块，插入到图中进行标高的标注，效果如图 13-8 所示。

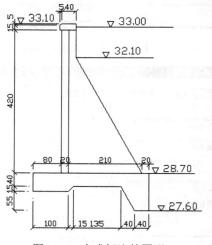

图 13-8 完成标注的图形

13.1.4 填充图案

（1）填充砖图案。

激活图案填充命令，弹出【边界图案填充】对话框，在【边界图案填充】对话框选择如图 13-9 所示的参数。

（2）填充混凝土图案。

在【边界图案填充】对话框中，将"图案"名选择为"AR-CONC"，"比例"选择"0.01"。

（3）填充夯实土图案。

将夯实土图案创建成块，再插入块。

最后得到如图 13-10 所示的图。

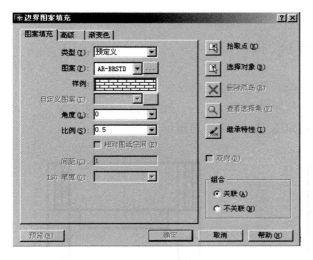

图 13-9　【边界图案填充】对话框

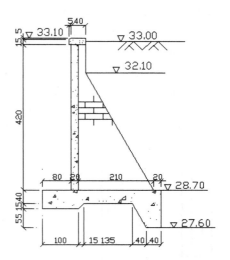

图 13-10　某水闸上游翼墙剖面图

13.2　某桥梁上部结构剖面图

图 13-11 为某桥梁上部结构图，绘图时主要注意线条的粗细，尺寸标注和预埋件及排水空的位置。使图形尽量保证美观大方。按照要求设置好图层。

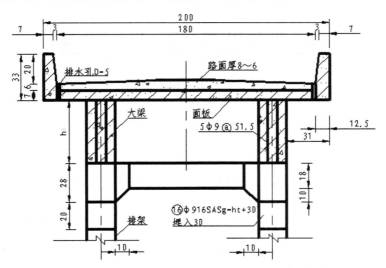

图 13-11　某桥梁上部结构剖面图

13.2.1 绘制轮廓线

（1）绘制中心线。

画一条直线长度任意，利用偏移命令，偏移距离为60。
得到如图 13-12 所示的图形。

（2）绘制主要轮廓线。

利用偏移命令将左侧的中心线分别偏移 3.5、10。再画一
条直线，如图 13-13（a）所示的图形。

利用偏移命令将直线分别偏移 20、28、45，用修剪命令
进行编辑，然后镜像，得到如图 13-13（b）所示的图形。

图 13-12　绘制中心线

利用直线命令绘制横梁，并编辑。得到如图 13-14 所示的图形。

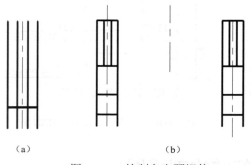

（a）　　　　　　　　　（b）

图 13-13　绘制左右预埋件

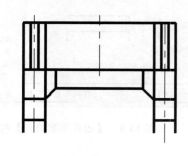

图 13-14　绘制的横梁

用直线命令、镜像、修剪等命令绘制桥两侧的护栏、排水孔和桥面，桥面应用三点圆
弧绘制，如图 13-15 所示。

图 13-15　桥面的绘制

13.2.2 填充图案

首先填充混凝土图案：在【边界图案填充】对话框中，先将，"比例"选择"0.01"。
进行填充。

再填充钢筋混凝土图案：再在有钢筋混凝土的地方，将"图案"名选择为"ANSI31"，
进行填充，即可得到钢筋混凝土图案。

得到如图 13-16 所示的图形。

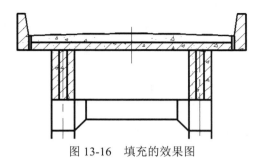

图 13-16　填充的效果图

13.2.3　标注

（1）标注尺寸。

按照图纸要求进行标注设置，再用标注命令进行标注。标注尺寸的效果如图 13-17 所示。

（2）文字说明。

利用文字标注、引出标注命令进行标注图纸说明。

总的效果如图 13-17 所示。

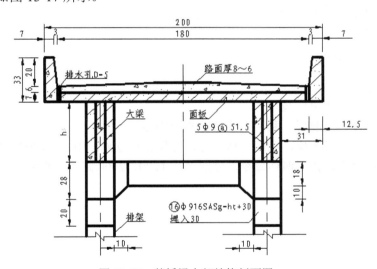

图 13-17　某桥梁上部结构剖面图

13.3　某流水槽平面布置图

水闸是一种低水头的水工建筑物，其作用是控制水位，调节流量。它主要由上游连接段（进口段）、闸室段及下游连接段（出口段）。图 13-18 是某流水槽平面布置图，比例为 1:100，绘图时首先要注意图形布局，选择合适的布局和图纸尺寸，先大轮廓后细部浆砌石和坡度要表达清楚，使图形一目了然。

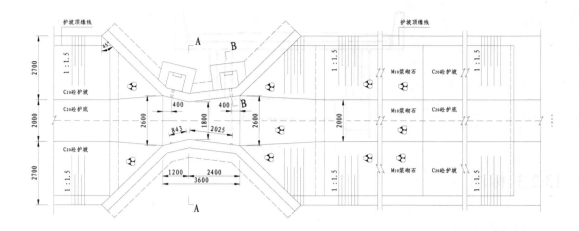

图 13-18　某流水槽平面布置图

13.3.1　设置图层

设置图层的方法同上。

13.3.2　绘制轮廓线

（1）绘制中心线和定位线。

将中心线层设为当前层，利用直线命令画出中心线。

将辅助线层设为当前层，利用偏移命令，分别偏移 900、1000、1300、3700 距离。

画一条垂直直线，利用偏移命令，分别偏移 1200、2400 距离，得到如图 13-19 所示的图形。

图 13-19　绘制的中心线和辅助线

（2）绘制水闸的轮廓线。

首先从 A 点开始画，分别画出 AB、BC、CD（打开极轴模式，增量角设为 45 度），再画 AE 线段。如图 13-20（a）所示。

再利用偏移命令将 EABCD 向外偏移 400，再偏移 800，将最后偏移的直线属性改为虚线层，如图 13-20（b）所示。

（a） （b）

图 13-20 绘制的水闸的部分闸室

绘出闸体的闸底，上游和下游连接段的护坡，下游的海漫。利用直线命令绘出如图 13-21 所示的图形。

利用镜像命令复制出水闸的上半部。得到如图 13-22 所示的图形。

再画出水闸上一些结构，如图 13-23 所示。

画出上游、下游的防护坡及折断线。得到完整的水闸轮廓图，如图 13-24 所示。

图 13-21　水闸下半部的绘制　　　　　　图 13-22　镜像复制出水闸的上半部

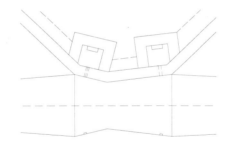

图 13-23　绘制水闸上一些结构

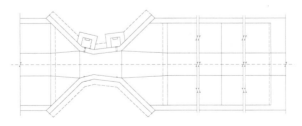

图 13-24　完整的水闸轮廓图

13.3.3　绘制坡度线

利用直线命令绘制一条直线长 240，利用偏移命令，偏移距离 30，依次偏移 3 条；再偏移一条直线（偏移距离 15），编辑长度为 150，偏移距离 30，依次偏移 3 条。

复制到其他地方，得到如图 13-25 所示的图形。

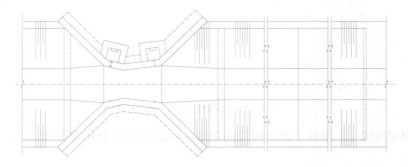

图 13-25　绘制的坡度线

13.3.4　标注

线性尺寸的标注、文字的标注（比例）如前相同，在此就不详细说明。

13.3.5　填充图案

浆砌（三角）图案可以先制作块：利用正多（六）边形命令绘制，再复制、填充（填充图案为 SLODE）得到如图 13-26 所示的图形。并将此图形创建成块。

在图形中插入此块，如图 13-26 所示。

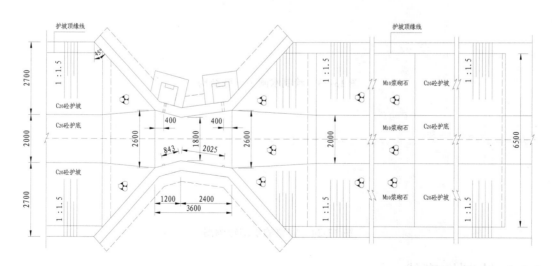

图 13-26　完整的水闸平面图

第14章 水工建筑图举例

水工建筑图是完整地表达水工建筑的全貌和各个局部，并用来指导施工的图样。它是按照正投影的原理及规律、根据建筑制图国家标准绘制的。建筑施工图包括总平面图、立面图、剖面图和构造样图等。绘图时，一般从平面图入手，然后逐个画出立面图、剖面图和构造样图。本章主要介绍平面图和剖面图的绘制与标注。

14.1 建筑平面图的绘制

建筑平面图是建筑施工图中最基本的样图之一。建筑平面图是假想用一个水平剖切平面沿房屋的门窗洞口的位置把房屋切开，移去上部之后，画出的水平剖面图。它是施工放线、砌筑、安装门窗、作室内外装修以及编制预算、备料等工作的依据。

14.1.1 设置图层

在绘制的过程中，对象比较多，在绘制之前应根据建筑绘图的有关标准设置好多个图层以方便管理和提高绘图效率。在本例中按照中华人民共和国电力行业标准（DL/T 5127—2001）的《水力发电工程 CAD 制图技术规定》中关于水工建筑专业图层应符合表 14-1。

表 14-1   水工建筑专业图层名表

图 层 名	用　　　　　　　　　　　　　　　　途
SG××001	建筑物结构轮廓线、图样名称及其比例尺
SG××002	建筑物结构辅助线（如：中心线、轴线、对称线、相配线、折断线、曲面素线、示坡线等）
SG××003	开挖轮廓及地质剖面线（地层界线、岩层分界线、断层线等）
SG××004	图样尺寸标注及文字标注
SG××005	表格、参考图及文字说明
SG××006	图案填充
SG××007	图例
SG××008	符号（设备仪器符号、剖面符号等）
SG××009~020	暂缺
SG××021	钢筋
SG××022	金属结构（预埋件、闸门等）
SG××023	锚杆及锚索
SG××024	桩
SG××025	给排水管（孔）
SG××026	灌浆管（孔）
SG××027 以后	由用户定义

根据《水力发电工程 CAD 制图技术规定》的规定，在【图层特性管理器】建立如图 14-1 所示的图层。

名称	开	在所…	锁	颜色	线型	线宽	打印样式	打
0				白色	Continuous	—— 默认	Color_7	
SG××001				■红色	Continuous	—— 0.70 毫米	Color_1	
SG××004				■青色	Continuous	—— 0.18 毫米	Color_4	
SG××005				白色	Continuous	—— 默认	Color_7	
SG××006				■绿色	Continuous	—— 默认	Color_3	
SG××028				■白色	Continuous	—— 默认	Color_7	

图 14-1　【图层特性管理器】对话框

14.1.2　绘制过程

14.1.2.1　设置多线

墙体线是两条平行线和一条中心线组成，可以用多线命令来绘制。单击【格式】下拉菜单中的【多线样式】，将弹出【多线样式】对话框，进行参数设置，如图 14-2 所示。

设置好的多线样式后，就可以用多线命令进行绘制了，根据墙体的实际厚度的不同，调整多线的比例即可。

14.1.2.2　绘制墙线

住宅剖面图中的墙线分为内墙、外墙和填充墙，一般在住宅的设计中各种墙的厚度不相同，在本例中内墙和外墙的厚度为 240，填充墙的厚度为 120。

首先按照标注的尺寸绘制墙体的辅助线，如图 14-3 所示。

图 14-2　【多线样式】对话框

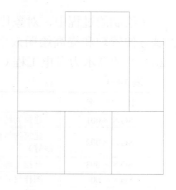

图 14-3　绘制墙体的辅助线

再利用多线命令绘制墙体线，得到如图 14-4 所示的图形。

最后修改墙线，利用【修剪】命令对墙体线进行修剪。在对多线绘制的对象进行编辑时，要将多线进行分解，再进行编辑，编辑后的效果图如图 14-5 所示。

14.1.2.3　绘制门窗

（1）绘制门洞。先在安装门的位置绘出门洞，本例中所有的门洞距墙的边缘为 60 或 240，宽度为 900。首先绘制辅助线，如图 14-6 所示。

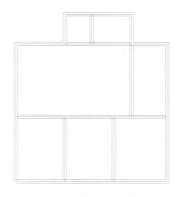

图 14-4　绘制墙体线

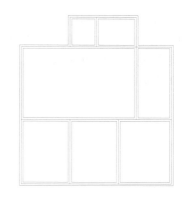

图 14-5　修剪结果

命令：P_line 指定第一点：from（捕捉到 1 点）

基点：<偏移>：60

指定下一点或[放弃（U）]：

命令：_offset

指定偏移距离或[通过（T）]<1800.0000>：900

选择要偏移的对象或 <退出>：

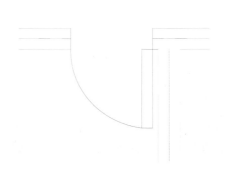

图 14-6　绘制辅助线

利用【复制】命令复制出所有的门洞，再利用【修剪】命令修剪掉多余的线段，完成门洞的绘制。完成后的效果如图 14-7 所示。

（2）绘制门。根据建筑平面图的绘图习惯，用矩形来表示门的形状，用一段圆弧来表示门沿轴线转动的轨迹。门是可以开关的，一般绘制与关闭位置成 90 度的位置（在某些情况下考虑到视觉效果，也可以绘制成与关闭位置成 45 度的位置）。

命令：_rectang

指定第一个角点或[倒角（C）/标高（E）/圆角（F）/厚度（T）/宽度（W）]：

指定另一个角点或[尺寸（D）]：@-120,-900

命令：_circle 指定圆的圆心或[三点（3P）/两点（2P）/相切、相切、半径（T）]：

指定圆的半径或[直径（D）]：900

得到如图 14-8 所示的图形。

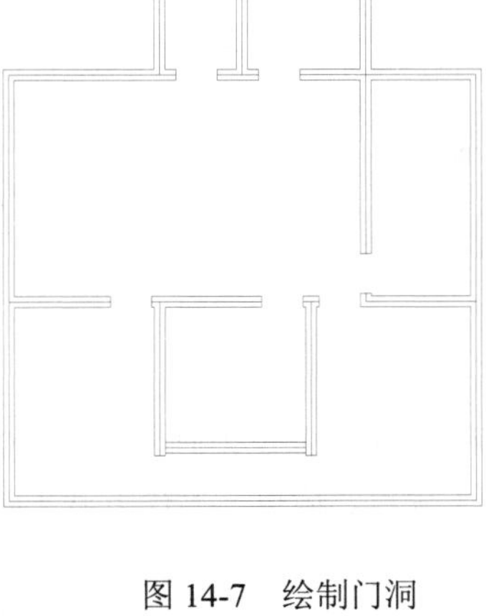

图 14-7　绘制门洞

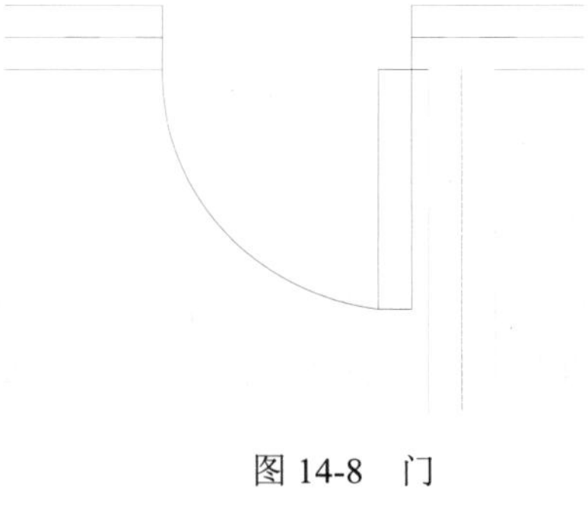

图 14-8　门

用同样的方法绘制出其他的门，如图 14-9 所示。

（3）绘制窗。在建筑平面图中，用与墙居中对齐的矩形来表示窗，为了方便定位，可以用类似绘制门洞的方法来绘制。根据窗的尺寸，用【偏移】命令绘制出窗的轮廓线，如图 14-10 所示。

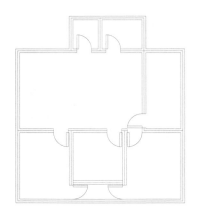

图 14-9　绘制好的门

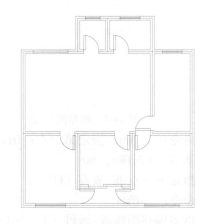

图 14-10　绘制窗

（4）绘制柱子。用直线命令绘制出柱体轮廓线，如图 14-11 所示。

再利用【图案填充】命令进行填充，在弹出的【边界图案填充】对话框中的【图案】选项中选择"SOLID"，单击【确定】按钮返回【边界图案填充】对话框，单击【拾取点】按钮，用光标选择柱体轮廓线中区域，然后按 ENTER 键回到【边界图案填充】对话框，在【图案填充】选项卡对话框中单击【确定】按钮完成图案填充，如图 14-12 所示。

图 14-11　柱体轮廓线

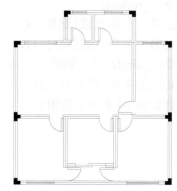

图 14-12　绘制柱子

14.1.2.4　绘制阳台

首先将内墙的外墙线延伸到如图 14-13 所示的位置。利用直线命令先画左侧的 600、455 的线段，再利用镜像命令镜像出右侧的部分，最后用圆弧（端点、端点、半径方式）画 1458 的圆弧。

利用多段线编辑命令（PEDIT）将非多段线编辑为一条多段线，具体操作如下：

命令：pedit

选择多段线或[多条（M）]：m

选择对象：指定对角点：找到 5 个

选择对象：

是否将直线和圆弧转换为多段线？[是（Y）/否（N）]？<Y> y

输入选项[闭合（C）/打开（O）/合并（J）/宽度（W）/拟合（F）/样条曲线（S）/非曲线化（D）/线型生成（L）/放弃（U）]：j

合并类型=延伸

输入模糊距离或[合并类型（J）]<0.0000>：

多段线已增加 4 条线段

输入选项[闭合（C）/打开（O）/合并（J）/宽度（W）/拟合（F）/样条曲线（S）/非曲线化（D）/线型生成（L）/放弃（U）]：

将绘制好的阳台的外线向内镜像偏移 120，最后得到如图 14-14 所示的效果图。

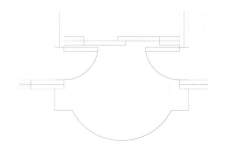

图 14-13　阳台的外线

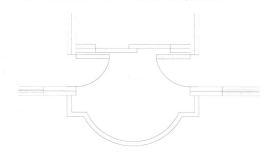

图 14-14　阳台

14.1.2.5　绘制楼梯

楼梯平面图是用一铅垂剖切面从上至下通过各层的一个梯段和门窗将楼梯剖开，朝另一未剖切到的梯段投影，所得到的全剖视图。

1）绘制休息平台。以墙中心线向下偏移 1200。

2）绘制楼梯段。以刚绘制的线段，用阵列命令，行数为 11，列数为 1，行距为 250，列距为 0。

3）绘制栏杆。以楼梯段的直线的中点为起点画一条辅助直线，用偏移命令分别向左右偏移 90。

4）绘制方向箭头和折线。用多段线命令绘制箭头，用直线命令绘制折线。

得到如图 14-15 所示的图形。

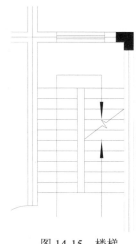

图 14-15　楼梯

14.1.3 尺寸标注

14.1.3.1 设置标注样式

在【格式】下拉菜单中选择【标注样式】，弹出【标注样式管理器】对话框，在对话框中单击【新建】按钮，弹出【新建标注样式】对话框，在对话框中创建一个"建筑标注"后单击【继续】按钮，各设置参数如图 14-16、图 14-17 和图 14-18 所示。

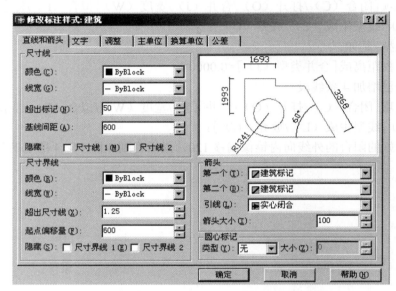

图 14-16　【新建标注样式】的直线与箭头对话框

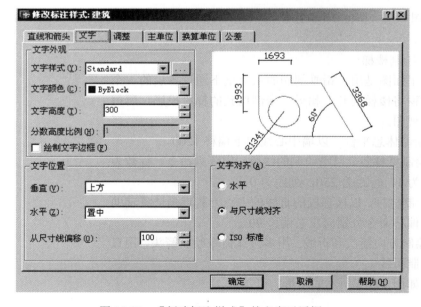

图 14-17　【新建标注样式】的文字对话框

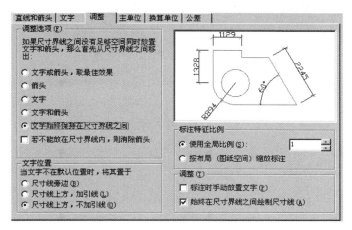

图 14-18　【新建标注样式】的调整对话框

14.1.3.2　标注尺寸和文字

利用【捕捉】和【标注】工具栏可以方便快速地在绘图界面上进行尺寸标注。

在输入文字之前先定义好文字样式。单击【格式】下拉菜单，选择【文字样式】选项，弹出【文字样式】对话框，各参数的设置如图 14-19 所示。

图 14-19　【文字样式】对话框

激活文字标注命令，用光标在图中选择文字插入点，然后在弹出的文字编辑框中输入文字，如图 14-20 所示。

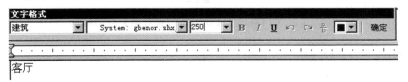

图 14-20　文字编辑框

完成标注以后的平面图如图 14-21 所示。

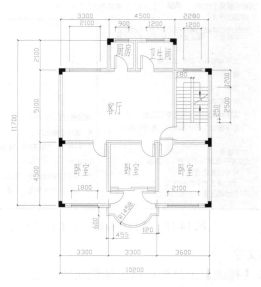

图 14-21　完成标注

14.2　建筑剖面图的绘制

建筑剖面图主要表达房屋内部的结构、构造形式、分层情况及各部位的关系、材料和高度等等，是与平、立体图相互配合的不可缺少的图样之一。剖面图的剖切位置一般取在能反映出房屋内部结构比较复杂、典型的部位，并应通过门窗洞的位置。

14.2.1　设置图层

根据《水力发电工程 CAD 制图技术规定》的规定，在【图层特性管理器】建立如图14-22 所示的图层。

图 14-22　【图层特性管理器】对话框

14.2.2　绘制墙体轮廓

14.2.2.1　绘制纵向线

在图中绘制纵向基准线。现用直线命令绘制一条直线（14000mm），然后利用偏移命令复制出一系列的纵向基准线。

命令：_line 指定第一点：

指定下一点或[放弃（U）]：<正交 开> 14000

指定下一点或[放弃（U）]：

OFFSET

指定偏移距离或[通过（T）]<180.0000>：3770

选择要偏移的对象或<退出>：

指定点以确定偏移所在一侧：

依次偏移 2530、3770、5120 得到 C、D、E 直线。如图 14-23 所示。

将绘制的 A、B、C、D 号基准线依次向右侧偏移 180，将 E 直线向左侧偏移 180，构成墙体的剖面线，如图 14-24 所示。

再将 A 直线和 C 直线向右侧偏移 400，E 直线向左侧偏移 400，构成三条柱线，如图 14-25 所示。

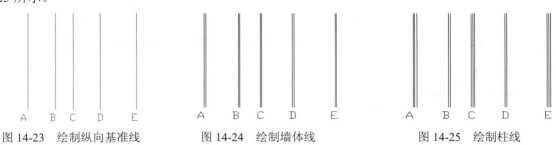

图 14-23　绘制纵向基准线　　　图 14-24　绘制墙体线　　　图 14-25　绘制柱线

14.2.2.2 绘制横向线

利用直线命令绘制第一条层高线，再用偏移命令依次偏移直线，构成房屋的层高线。

命令：_offset

指定偏移距离或[通过（T）]<通过>：4500

选择要偏移的对象或 <退出>：（选择 AE 直线）

指定点以确定偏移所在一侧：

选择要偏移的对象或 <退出>：

依次选取直线分别偏移 3300、3300、2800 得到直线 1、2、3、4，如图 14-26 所示。

首先将 2、3、4 直线向下偏移 100，绘制出楼板线，再向下偏移 400，绘制出梁的剖面线。得到如图 14-27 所示的图形。

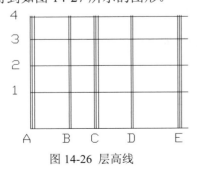

图 14-26　层高线

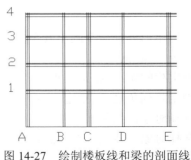

图 14-27　绘制楼板线和梁的剖面线

14.2.2.3 编辑轮廓线

将代表梁的线段在墙体线之外的部分修剪掉，即得到柱，如图 14-28 所示。

将墙体线和柱线两种线段同时被夹在层高线和楼板线之间的部分修剪掉，把楼板所包括的部分修成一个整体，得到如图 14-29 所示的图形。

编辑多余的线段，完成整体剖面图的大致轮廓，如图 14-30 所示。

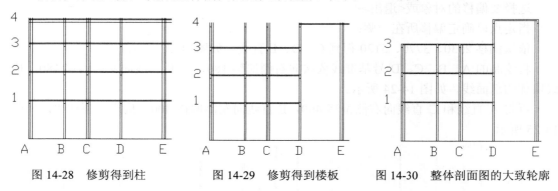

图 14-28　修剪得到柱　　　　图 14-29　修剪得到楼板　　　图 14-30　整体剖面图的大致轮廓

14.2.3　绘制楼梯

14.2.3.1 绘制第一层楼梯

首先绘制楼梯的第一级台阶。

命令：_line 指定第一点：（指定 E 直线与 0 层高线的交点）

指定下一点或［放弃（U）］：4760

指定下一点或［闭合（C）/放弃（U）］：140

指定下一点或［闭合（C）/放弃（U）］：270

指定下一点或［闭合（C）/放弃（U）］：

得到如图 14-31 所示的图形。

图 14-31　第一级台阶

利用矩形阵列命令画出其余的 14 级台阶，具体操作如下：

命令：_array

指定列间距：（指定 1 点）　第二点：（指定 2 点）

指定阵列角度：（指定 1 点）　指定第二点：（指定 2 点）

选择对象：找到 1 个

选择对象：找到 1 个，总计 2 个

选择对象：

256

阵列参数选择如图 14-32 所示。

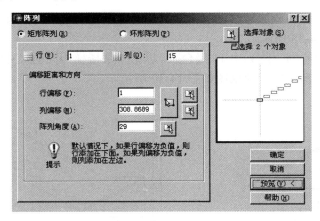

图 14-32　阵列参数的选择

单击【确定】按钮，阵列结果如图 14-33 所示。

连接第一级台阶和第十五级台阶的下方端点，形成一条直线，并向正下方移动 130，得到楼梯底部的轮廓线，如图 14-34 所示。

绘制扶手。在楼梯的最高点和最低点处各向上画 900 的直线，然后连接直线的上端点，并向下偏移 30，最后修剪和延伸得到楼梯扶手的轮廓。如图 14-35 所示。

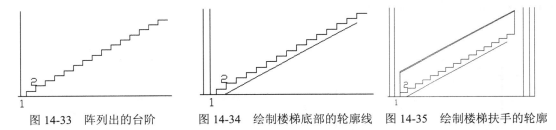

图 14-33　阵列出的台阶　　　图 14-34　绘制楼梯底部的轮廓线　　图 14-35　绘制楼梯扶手的轮廓

绘制平台板和平台梁。将最高一级台阶的水平线延伸到 E 直线，再将该水平线向下偏移 100 和 300。最后进行修剪编辑，得到如图 14-36 所示的图形。

使用复制命令和镜像命令来绘制第一层的上半部的楼梯，得到如图 14-37 所示的图形。

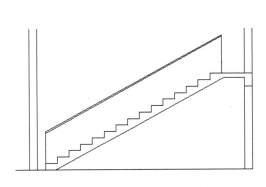

图 14-36　绘制平台板和平台梁

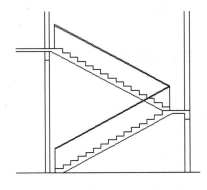

图 14-37　第一层楼梯的剖面图

14.2.3.2 绘制二层以上楼梯

绘制第二层楼梯的方法与第一层相似，首先用直线命令画一条长 600 的平台，再画第一级台阶，如图 14-38 所示。

将绘制好的台阶向上阵列出 11 级台阶。以第一层楼梯相同的尺寸绘制出底部轮廓和扶手，再画出、修剪出楼板，效果图如图 14-39 所示。

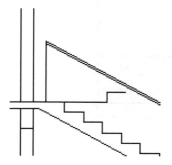

图 14-38　第二层楼梯的第一级台阶

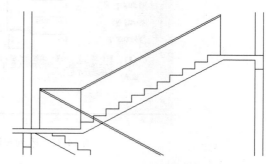

图 14-39　第二层楼梯的下半部的台阶

使用复制命令和镜像命令来绘制第二层的上半部的楼梯，并编辑出完整的剖面图，得到如图 14-40 所示的图形。

第三层楼梯的结构与第二层完全相同，可以将第二层楼梯复制到第三层，最后得到完整的楼梯剖面图，如图 14-41 所示。

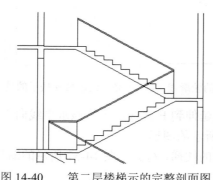

图 14-40　　第二层楼梯示的完整剖面图

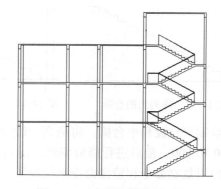

图 14-41　完整的楼梯剖面图

14.2.4　绘制门窗及附件

14.2.4.1 绘制门剖面

画门的水平位置线。

命令：_line 指定第一点：（捕捉到 D 点，鼠标向上移动）　＜正交 开＞　2000

指定下一点或［放弃（U）］：180

指定下一点或［放弃（U）］：

然后画一条垂直直线并将其偏移，完成一个门的剖面图，如图 14-42 所示。

再将该剖面图向上复制出三个其他的门，命令如下。

命令：_copy 找到 3 个

指定基点或位移，或者[重复（M）]：m

指定基点：（指定 D 点与 0 层水平线的交点为基点）

指定位移的第二点或 <用第一点作位移>：（指定 D 线与 1 层高线的交点）

指定位移的第二点或 <用第一点作位移>：（指定 D 线与 2 层高线的交点）

指定位移的第二点或 <用第一点作位移>：（指定 D 线与 3 层高线的交点）

指定位移的第二点或 <用第一点作位移>：

得到如图 14-43 所示的图形。

14.2.4.2 绘制窗户

绘制一楼的窗户。用矩形命令绘制窗户的外边框，命令操作如下。

命令：_rectang

指定第一个角点或[倒角（C）/标高（E）/圆角（F）/厚度（T）/宽度（W）]：from

基点：<偏移>：@575,1000

指定另一个角点或[尺寸（D）]：@1200,2500

再用偏移命令向内偏移 50，分别用直线命令、偏移命令画出其它直线。最后得到如图 14-44 所示的图形。

用以上的定位方法和画图方法，绘制所有的窗户，得到如图 14-45 所示的图形。

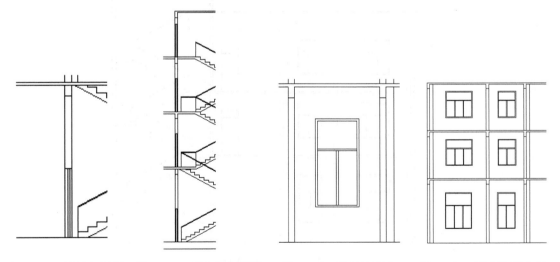

图 14-42　一楼的门剖面　　图 14-43　所有门剖面图　　图 14-44　绘制的窗户　　图 14-45　所有的窗户图

14.2.4.3 绘制门

门的绘制如同窗户的绘制，最后得到如图 14-46 所示的图形。

命令：_rectang

指定第一个角点或[倒角（C）/标高（E）/圆角（F）/厚度（T）/宽度（W）]：from

基点：<偏移>：@-400,0

指定另一个角点或[尺寸（D）]：@-900,2400

命令：_offset

指定偏移距离或[通过（T）]<1000.0000>：50

选择要偏移的对象或 <退出>：

指定点以确定偏移所在一侧：

命令：_line 指定第一点：350

指定下一点或[放弃（U）]：

指定下一点或[放弃（U）]：

命令：_offset

指定偏移距离或[通过（T）]<50.0000>：

选择要偏移的对象或 <退出>：

指定点以确定偏移所在一侧：

命令：_copy

选择对象：指定对角点：找到 4 个

选择对象：

指定基点或位移，或者[重复（M）]：指定位移的第二点或 <用第一点作位移>：

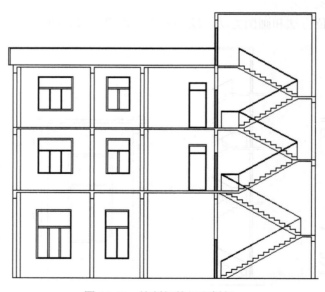

图 14-46　绘制好的门和栏杆

14.2.4.4 绘制栏杆

　　用直线命令绘制栏杆，以左上角的交点为起点画 250、900 和与 D 线相交。

　　再用偏移命令，水平线偏移 50，左侧垂直线偏移 100，并进行修剪编辑，最后得到如图 14-46 所示的图形。

14.2.5 剖面图填充

14.2.5.1 楼板的填充

执行图案填充命令，弹出【边界图案填充】对话框，再【图案】选项中选择"SOLID"。在图形中选择全部楼板、楼梯和栏杆构成的封闭区域，确定后完成填充，得到如图 14-47 所示的图形。

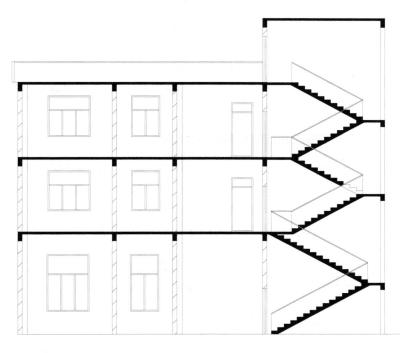

图 14-47　剖面图填充效果图

14.2.5.2 墙体的填充

执行图案填充命令，弹出【边界图案填充】对话框，再【图案】选项中选择"ANSI31"，把【比例】设为"125"，填充后得到如图 14-47 所示的图形。

14.2.6 尺寸标注

14.2.6.1 设置标注样式

在【格式】下拉菜单中选择【标注样式】，弹出【标注样式管理器】对话框，在对话框中单击【新建】按钮，弹出【新建标注样式】对话框，各设置参数如图 14-48、图 14-49 和图 14-50 所示。

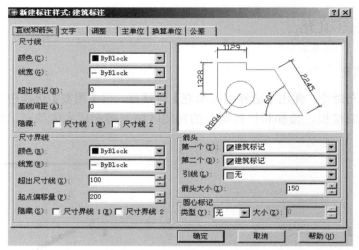

图 14-48　【新建标注样式】的直线与箭头对话框

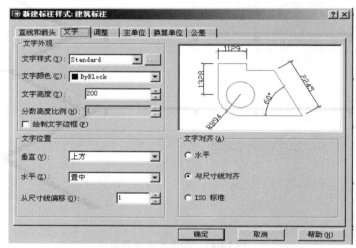

图 14-49　【新建标注样式】的文字对话框

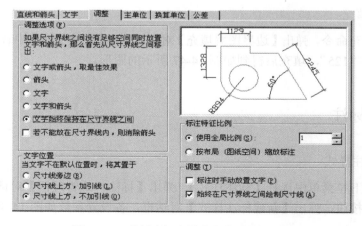

图 14-50　【新建标注样式】的调整对话框

14.2.6.2 标注尺寸

使用标注中的"线型标注"命令对墙体和楼板的轴线进行标注；对门、窗户的尺寸进行标注，效果如图 14-51 所示。

14.2.6.3 标高的标注

调用标高的图块，插入到图中进行标高的标注，效果如图 14-51 所示。

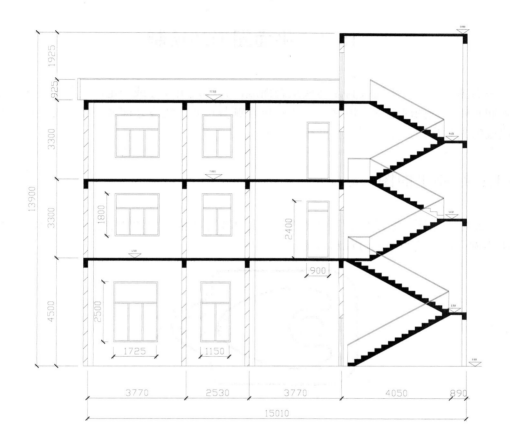

图 14-51　尺寸标注的结果

第 15 章　水利机械图举例

15.1　平面图形的绘制

平面图形是由若干线段封闭连接组合而成，各线段由尺寸或一定的几何关系来确定其位置和长短。画图时必须弄清楚每一线段包含哪些尺寸，线段之间属于哪已知连接关系，各线段的先后作图次序如何，不能盲目下手。

15.1.1　绘制平面图

在绘制一张图纸之前要进行绘图设置，具体操作在前面的章节中已介绍，本例中以图15-1 为例介绍一般绘图的过程和步骤。

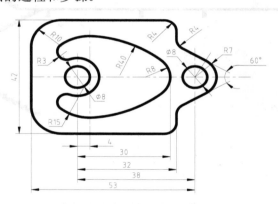

图 15-1　平面图形

15.1.1.1　设置图层

激活【格式】下拉菜单中【图层】选项，在【图层特性管理器】中设置各属性，如图15-2 所示。

15.1.1.2　设置文字样式

激活【格式】下拉菜单中【文字样式】选项，弹出【文字样式】对话框，单击【新建】按钮，出现【新建文字样式】对话框，在"样式名"框中输入"工程"，单击【确定】，如图 15-3 所示。

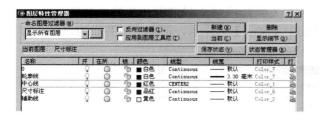
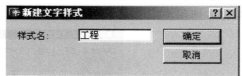

图 15-2　【图层特性管理器】中设置各属性　　　　图 15-3　【新建文字样式】对话框

在【文字样式】对话框中设置各参数，字体选择 gbenor.shx，选中使用大字体，大字体选择 gbcbig.shx，如图 15-4 所示。

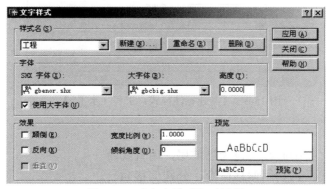

图 15-4　【文字样式】对话框

15.1.1.3　设置标注样式

从【格式】下拉菜单中选择【标注样式】选项，弹出【标注样式管理器】对话框。单击【新建】按钮，基础样式设置为"ISO-25"，【用于】选项选"所有标注"，创建名为"工程"的新样式，修改文字、主单位等选项，单击【确定】按钮，则弹出【新建标注样式：工程】对话框，如图 15-5 所示。

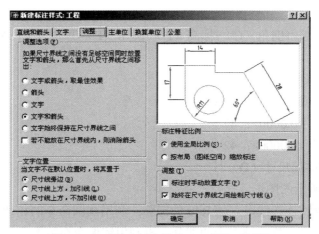

图 15-5　【新建标注样式：工程】对话框

创建以"工程"为基础样式的新样式"工程（水平）"用于尺寸中尺寸数字水平的尺寸，单击【新建标注样式：工程（水平）】对话框中【文字】选项卡，把文字对齐设为水平，如图15-6所示。

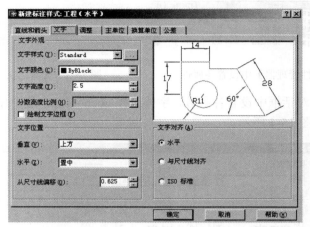

图15-6 【新建标注样式：工程（水平）】

15.1.1.4 绘图步骤

（1）画基准线。将中心线层设为当前层，用直线命令画水平线和垂直线，再利用偏移命令，分别偏移 4、22和38，得到如图 15-7 所示的图形。

（2）画已知线段。分别以 A 点为圆心，利用圆命令画φ8、φ14 的圆，以 B 点为圆心画 R15 的圆，以 C 点为圆心画 R8 的圆，以 D 为画φ8、φ14 的圆（也可以利用复制命令复制φ8、φ14 的圆）。得到如图 15-8 所示的图形。

图15-7 画基准线

画 47X42 的矩形。具体步骤如下：

RECTANG

指定第一个角点或 [倒角（C）/标高（E）/圆角（F）/厚度（T）/宽度（W）]：from（以 A 点为基点）

基点：<偏移>：@32,21

指定另一个角点或[尺寸（D）]：d

指定矩形的长度 <0.0000>：47

指定矩形的宽度 <0.0000>：42

指定另一个角点或[尺寸（D）]：

得到如图 15-8 所示的图形。

（3）画中间线段和连接线段。画 R40 的圆弧：利用画圆命令的相切、相切、半径方式绘制，利用修剪命令进行修剪掉多余的部分，再利用镜像命令镜像出另一半。再利用修剪命令进行修剪掉多余的部分。得到如图 15-9 所示的图形。

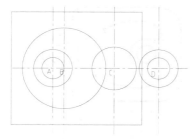

图 15-8　画已知线段

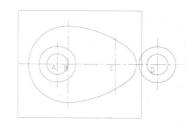

图 15-9　画 R40 的圆弧

画 R3 的圆弧：利用圆弧过渡命令来绘制，激活圆弧过渡命令，设置半径为 3。利用修剪命令进行修剪掉多余的部分。得到如图 15-9 所示的图形。

命令：_fillet

当前设置：模式=修剪，半径=0.0000

选择第一个对象或[多段线（P）/半径（R）/修剪（T）/多个（U）]：r

指定圆角半径 <0.0000>：3

选择第一个对象或[多段线（P）/半径（R）/修剪（T）/多个（U）]：t

输入修剪模式选项[修剪（T）/不修剪（N）]<修剪>：n

选择第一个对象或[多段线（P）/半径（R）/修剪（T）/多个（U）]：（选择 φ14 的圆）

选择第二个对象：（选择 R15 的圆）

重复执行一次，得到如图 15-10 的图形。

画与圆 R7 相切的夹角为 60 度的直线：首先将【极轴】的增量角设为 30。将辅助线图层设为当前层，利用直线命令通过圆心画与水平轴线成 60 度的辅助直线。再画出与圆 R7 相切的夹角为 60 度的直线，如图 15-11 所示。

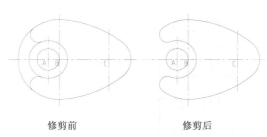

修剪前　　　　　　　　　修剪后

图 15-10　画 R3 的圆弧

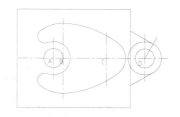

图 15-11　画与圆 R7 相切
的夹角为 60 度的直线

画 R10 和 R4 的圆弧：利用过渡圆弧命令来绘制（选择修剪）。

整体编辑：将多余的部分修剪掉，将辅助线层关闭，打开【线宽】模式，得到如图 15-12 所示的图形。

15.1.1.5　标注尺寸

标注直径和半径：利用直径和半径标注命令进行标注。

标注线性尺寸：利用线性标注命令、基线标注命令进行标注。

得到如图 15-13 所示的图形。

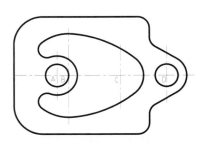

图 15-12 完成的平面图形

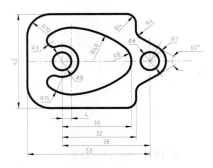

图 15-13 标注尺寸

15.1.1.6 布局设置

参照前面章节。

15.1.1.7 调入（或画）、填写标题栏

参照前面章节。

15.1.2 绘制组合体的视图

画组合体的视图时，首先应对组合体进行形体分析，弄清它的各组成部分的形状、相对位置、组成方式以及各表面间连接关系。画图的顺序一般是先画主要部分，后画次要部分；先画基本形体，再画切口、穿孔、圆角等细部结构。画各部分的投影时，应从其反映特征的视图入手，三个视图配合着画，不应画完一个视图后，再画另一视图。

以如图 15-14 所示的组合体为例来说明组合体的视图的画法。

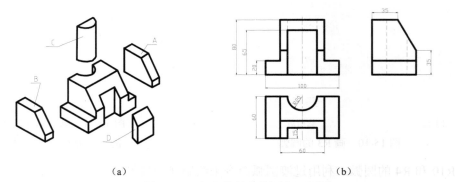

（a）   （b）

图 15-14 组合体的立体图和三视图

（a）立体图； （b）三视图

15.1.2.1 图层、文字样式和标注样式的设置

参见前面章节。

15.1.2.2 画视图

（1）布置视图。将图层中心线设为当前图层，利用直线命令画出中心线。

（2）画基本体。将图层轮廓线设为当前图层，利用直线命令（也可以利用矩形命令）画出基本体，基本体可以视为四棱柱体，也可以设为棱线垂直于侧投影面的五棱柱体。将【对象捕捉】和【对象追踪】模式打开，用长度输入法直接输入长度方式画直线。

画主视图：

命令：_line 指定第一点：（轴线上一点）

指定下一点或［放弃（U）］：50

指定下一点或［放弃（U）］：80

指定下一点或［闭合（C）/放弃（U）］：100

指定下一点或［闭合（C）/放弃（U）］：80

指定下一点或［闭合（C）/放弃（U）］：c

画俯视图：

命令：（直接回车）

LINE 指定第一点：（轴线上一点）

指定下一点或［放弃（U）］：（与主视图中对应的点对正）

指定下一点或［放弃（U）］：60

指定下一点或［闭合（C）/放弃（U）］：（与主视图中对应的点对正）

指定下一点或［闭合（C）/放弃（U）］：（与主视图中对应的点对正）

指定下一点或［闭合（C）/放弃（U）］：c

画左视图：

命令：（直接回车）

LINE 指定第一点：（A 点）

指定下一点或［放弃（U）］：35

指定下一点或［放弃（U）］：（与主视图中对应的点平齐）

指定下一点或［放弃（U）］：60

指定下一点或［闭合（C）/放弃（U）］：35

指定下一点或［闭合（C）/放弃（U）］：C

得到如图 15-15 所示的图形。

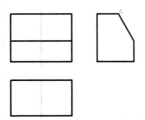

图 15-15　布置视图和画基本体的视图

（3）画切割 A、B 后的投影。

1）画主视图。激活直线命令，当命令行提示"指定第一点:"时，将鼠标停放在 B 点上，当右下角出现"端点"字样时，向上移动光标，直接输入 20。再向右移动鼠标，直接输入 20，后向上移动鼠标，捕捉到与直线相垂直时单击鼠标左键。

利用镜像命令镜像出另一部分。

利用修剪命令进行编辑，最后得到如图 15-16 所示的图形。

2）画俯视图。利用【对象捕捉】和【对象追踪】按照"长对正"的原则，画出俯视图，如图 15-17 所示。

3）画左视图。利用【对象捕捉】和【对象追踪】按照"高平齐"的原则，画出俯视图，如图 15-17 所示。

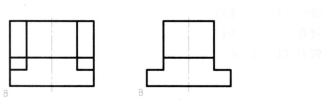

图 15-16　切割 A、B 后的主视图

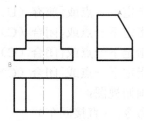

图 15-17　切割 A、B 后的投影

（4）画切割 C 后的投影。

1）画俯视图。在俯视图中画出半径为 20 的圆，再利用修剪命令进行编辑，如图 15-18 所示。

2）画主视图。将图层虚线设为当前层，利用【对象捕捉】和【对象追踪】按照"长对正"的原则，画出主视图，如图 15-18 所示。

3）画左视图。将图层辅助线设为当前层，用直线命令画出 45 度线，再按照"宽相等"的原则画出辅助直线，如图 15-19 所示。

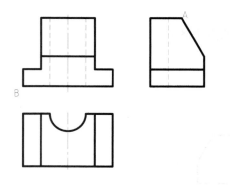

图 15-18　切割 C 后的投影

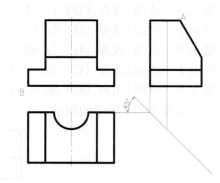

图 15-19　利用 45 度线画出的辅助线

再将图层虚线设为当前层，用直线命令画出左视图，如图 15-18 所示。

后将辅助线层关闭掉。

（5）画切割 D 后的投影。

用同（4）的方法画出其投影。利用修剪命令进行编辑，如图 15-20 所示。

15.1.2.3 标注尺寸

组合体应达到正确、齐全、清晰和合理的基本要求，如图 15-21 所示。

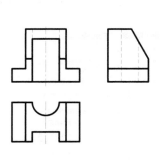

图 15-20　切割 D 后的投影

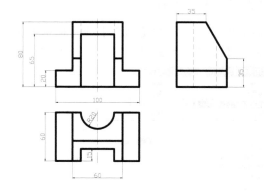

图 15-21　标注尺寸

15.2　零件图的绘制

机器和部件都是由零件组成的，零件图是表示零件的形状结构特征和大小、加工方法及技术要求的图样。它是零件加工、制造和检验的依据，是生产中的重要技术文件。一张完整的零件图包括下列四方面的内容。

➢ 一组视图：准确、清晰地表示出零件地结构形状。

➢ 完整尺寸：正确、合理、齐全、清晰地标注零件地尺寸。

➢ 技术要求：用规定地符号、数字或文字说明制造、检验应达到的技术指标，如表面粗糙度、尺寸公差、形位公差、材料及热处理等。

➢ 标题栏：说明零件名称、数量、材料、比例、图号、设计、绘图和审核人员签名等。

15.2.1　绘图环境的设置

绘图之前首先要根据机械零件图的有关绘图标准和绘图习惯设置绘图环境。如果有设置好的机械零件图模板，则直接打开模板，在模板环境下绘图。用户页可以根据自己的绘图修改设置绘图环境，下面简要介绍本例绘图环境设置的步骤。

15.2.1.1　设置绘图单位和绘图区域

选择【格式】下拉菜单的【单位】选项，弹出【图形单位】对话框，如图 15-22 所示。【长度单位】设为 "小数"，【精度】设为 "0.0"，【角度类型】设为 "十进制度数"，【精度】设为 "0.0"，单击【确定】按钮，完成绘图单位的设置。

选择【格式】下拉菜单的【图形界线】选项，按照命令提示操作：

命令：'_limits

重新设置模型空间界限：

指定左下角点或[开（ON）/关（OFF）] <0.0,0.0>：（直接回车，坐标值为默认值）

指定右上角点 <297.0,210.0>：420,297

15.2.1.2　设置栅格和捕捉

右键单击状态栏的【栅格】或【捕捉】按钮，在弹出的快捷菜单中选择【设置】菜单项，弹出【草图设置】对话框，如图 15-23 所示。

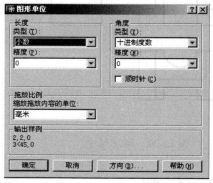

图 15-22　【图形单位】对话框　　　　　　图 15-23　【草图设置】对话框

在【捕捉和栅格】选项卡中选择启用捕捉和栅格，将捕捉 X 轴和捕捉 Y 轴的间距设为"5"，栅格 X 轴和 Y 轴的间距设为"5"。

15.2.1.3　设置图层

绘图之前，根据图纸中各线型的不同，需要设定图层。这样不但有利于操作，而且避免引起混乱。按照中华人民共和国电力行业标准（DL/T 5127-2001）《水力发电工程 CAD 制图技术规定》，水利机械和电气专业图层见表 15-1；水利机械专业专用线型应符合表 15-2。

表 15-1　　　　　　　　　　　　　水利机械和电气专业图层表

图　层　名	用　　　　途
JD××001	中心线、轴线
JD××002	尺寸线、尺寸界线、引出线及所属标注
JD××003	设备和元件的轮廓线（包括用虚线表示的不可见轮廓）
JD××004	假象线、虚线
JD××005	图例符号、图例符号块
JD××006	表格（包括表格内的文字和符号）
JD××007	剖（断）面线、剖面装饰图案
JD××008	文字说明
JD××009	图框、比例尺
JD××010	设备基础布置（包括钢结构埋入件、钢筋等）
JD××011~020	暂缺
JD××J21~J23	管路布置（包括管道支架和附属物）
JD××Y21	一次专业电缆布置（包括电缆托架和附属物）
JD××Y22	接地布置
JD××Y23	照明布置
JD××E21~E23	二次专业电缆布置（包括电缆托架和附属物）
JD××031~099	自定义

表 15-2　　　　　　　　　水利机械专业专用线型表

线型编码	线　型	线宽（mm）	颜　色	用　　途
1		1.0	蓝色	单线公路图可见管线 系统图管线
		0.7	红色	可见管件轮廓线
2		0.5	黄色	设备和元件的可见轮廓线 双线管路图可见管线 表格外框线 图例符号
3		0.25	白（黑）色	尺寸线和尺寸界线 剖（断）面线 引出线 表格内分格线
4		0.7	红色	单线管路图不可见管线
5		0.5	黄色	设备和元件的可见轮廓线 双线管路图可见管线

　　本例中【图层特性管理器】的设置如图 15-24 所示，为了在画图中方便说明，图层名称中仍写出了中文名称。

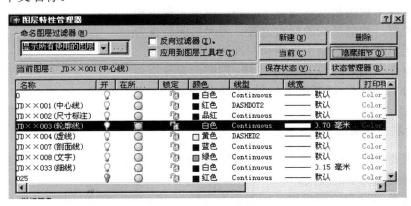

图 15-24　【图层特性管理器】对话框

15.2.2　视图的绘制

　　零件图上所画的视图需要将零件的形状、结构表达得完全、正确、清楚，符合生产要求和便于看图。因此在分析零件的功用、形体结构和加工方法的基础上，合理地选择主视图和其他视图是零件图绘制的最重要的一步。当选择好零件图的表达方法后，按照零件图绘制的方法一步一步地绘制。

　　以盘类零件（端盖，如图 15-25 所示）为例，盘类零件地一般结构形状是由在同一轴线上地不同直径地圆柱面（也可能有少量非圆柱面）组成的。在盘类零件上常有一些孔、槽、肋和轮辐等结构。

　　在绘图的过程中便于看图，在本例中将【线宽】关闭。

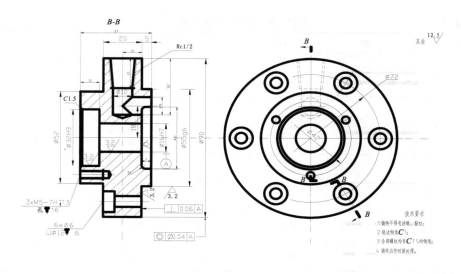

图 15-25　端盖零件图

15.2.2.1 绘制中心线

首先绘制主视图和左视图的中心线，确定主视图和
左视图的位置、相邻结构的相对位置。将当前图层设为
中心线，用直线命令绘制主视图和左视图中的中心线，
利用偏移命令画出距离为 18 的水平线，用圆命令分别画
出 φ21 和 φ72 的圆，绘制结果如图 15-26 所示。

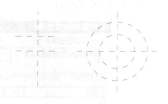

图 15-26　中心线的绘制

15.2.2.2 绘制主轮廓线

绘制主要轮廓线可以现从左视图的圆开始画，再利用【对象捕捉】、【对象追踪】、直接
输入距离画主视图中的线段。

将当前图层设为轮廓线层，用圆命令连续画出 φ16， φ32， φ35（倒角圆）， φ52，
φ90。将当前图层设为虚线层，画 φ55 圆（或直接在轮廓线层画出 φ55 圆，再选中他们改
变图层也可）。绘制结果如图 15-27 所示。

具体操作如下：

命令：_circle 指定圆的圆心或[三点（3P）/两点（2P）/相切、相切、半径（T）]：

指定圆的半径或[直径（D）]：8

命令：（直接回车）

CIRCLE 指定圆的圆心或[三点（3P）/两点（2P）/相切、相切、半径（T）]：@

指定圆的半径或[直径（D）]<8>：16

命令：（直接回车）

CIRCLE 指定圆的圆心或[三点（3P）/两点（2P）/相切、相切、半径（T）]：@

指定圆的半径或[直径（D）]<16>：17.5

命令：（直接回车）

274

CIRCLE 指定圆的圆心或[三点（3P）/两点（2P）/相切、相切、半径（T）]：@
指定圆的半径或[直径（D）]<18>：26
命令：（直接回车）
CIRCLE 指定圆的圆心或[三点（3P）/两点（2P）/相切、相切、半径（T）]：@
指定圆的半径或[直径（D）]<26>：45
命令：（直接回车）
CIRCLE 指定圆的圆心或[三点（3P）/两点（2P）/相切、相切、半径（T）]：@
指定圆的半径或[直径（D）]<45>：27.5
绘制主视图的主要轮廓线，将【正交】、【对象捕捉】和【对象追踪】模式打开。
具体操作如下：
命令：_line 指定第一点：（对象捕捉和对象追踪到φ90圆的象限角与直线的交点）
指定下一点或[放弃（U）]：<正交 开> 10 （直接输入距离）
指定下一点或[放弃（U）]：（对象捕捉和对象追踪到φ55圆的象限角）
指定下一点或[闭合（C）/放弃（U）]：5（直接输入距离）
指定下一点或[闭合（C）/放弃（U）]：（向下追踪到与水平线垂直点）
指定下一点或[闭合（C）/放弃（U）]：（回车，结束命令）
绘制的结果如图 15-28 所示。

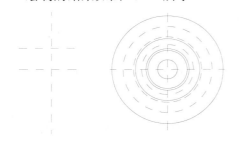

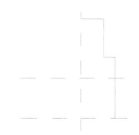

图 15-27　左视图中的圆　　　　　　　　图 15-28　主视图轮廓线绘制的一部分

其他主要轮廓线的具体操作就不介绍了，请用户自己练一练，可以先画出上一半，再运用镜像命令镜像出另一半。最后的效果图如图 15-29 所示。

15.2.2.3　绘制螺栓光孔

端盖上有 6 个螺栓光孔，均匀分布在 φ72 的圆上，可以利用环形阵列编辑命令现画出左视图，具体操作步骤就省略，环形阵列参数选择如图 15-30 所示。

画螺栓光孔的主视图，由于是旋转剖视图，用复制编辑命令复制 6 个中的一个左视图到 φ72 的圆与垂直中心线的交点处，再利用【对象捕捉】、【对象追踪】、直接输入距离画主视图中的线段。最后删除它。结果的图形如图 15-31 所示。

15.2.2.4　绘制内螺纹孔

绘制内螺纹孔的方法如同绘制螺栓光孔，只是注意内螺纹的大径线是细直线，光孔的锥顶角是 120°，结果的图形如图 15-32 所示。

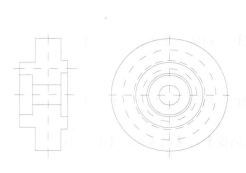

图 15-29　绘制主要轮廓线

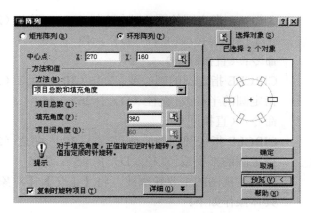

图 15-30　阵列对话框的参数选择

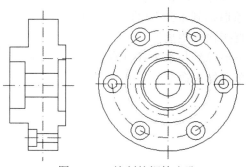

图 15-31　绘制的螺栓光孔

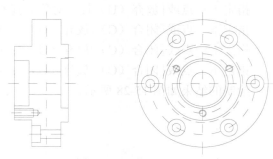

图 15-32　绘制内螺纹孔

15.2.2.5　绘制油孔

现画出主视图中的中心线，根据尺寸画出两个 φ10 的圆柱孔，注意垂直孔的锥顶角是 120°，再画出密封的管螺纹。然后将主视图中图形复制到左视图中，修改线型即可。结果的图形如图 15-33 所示。

图 15-33　绘制油孔

15.2.2.6　绘制倒角和圆弧

在图形中有 C1.5 的内倒角和 R2 的圆弧，可以利用编辑命令中倒角和圆弧过渡来操作。

15.2.2.7　绘制剖面线

主视图采用了旋转剖视图，被剖切面切着的断面上应画剖面符号，本例中的端盖的材料为金属（HT150）应画剖面线（图案为 ANSI31），单击【图案填充】命令，弹出【边界图案填充】对话框，参数设置如图 15-34 所示。

注意两个内螺纹的剖面线画法，应画到粗直线处。

效果图如图 15-35 所示。

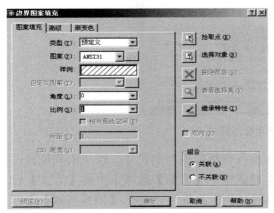

图 15-34 【边界图案填充】对话框

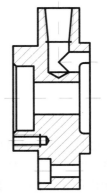

图 15-35 绘制剖面线

15.2.3 标注尺寸和公差

15.2.3.1 设置标注样式

将当前图层设置为尺寸标注，从【格式】下拉菜单中选择【标注样式】选项，弹出【标注样式管理器】对话框。单击【新建】按钮，基础样式设置为"ISO-25"，【用于】选项选"所有标注"，创建名为"水利机械图"的新样式，修改文字、主单位等选项，单击【确定】按钮，则弹出【新建标注样式：水利机械图】对话框，如图 15-36 所示。

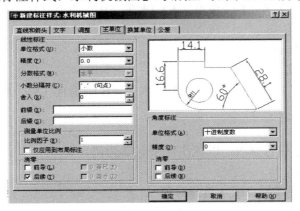

图 15-36 【新建标注样式：水利机械图】对话框

创建以"水利机械图"为基础样式的新样式"机械—倒角"用于标注倒角，单击【新建标注样式：水利机械图】对话框中【直线和箭头】选项卡，如图 15-37 所示，把箭头选项设置为"无"，【箭头大小】设置为"0"。

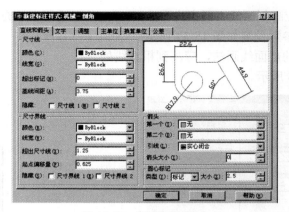

图 15-37　倒角标注样式

创建的新样式"机械－极限偏差"用于标注含有极限偏差的尺寸。以"水利机械图"为基础，单击【新建标注样式：水利机械图】对话框中【公差】选项卡中将【方式】设置为"极限偏差"，【精度】设置为"0.000"，【高度比例】设置为"0.5"，【消零方式】设置为"后续"。

15.2.3.2　标注一般尺寸

利用【标注】工具栏和【对象捕捉】功能可以快捷地标注一般线性尺寸，如果尺寸前带直径符号"φ"，可以在标注过程中修改"文字"项，或者在【特性】中进行修改。

➢　在标注过程中修改"文字"项，以标注直径 φ55g6 为例。

命令：

DIMLINEAR

指定第一条尺寸界线原点或 <选择对象>：（捕捉到交点）

指定第二条尺寸界线原点：指定尺寸线位置或

［多行文字（M）/文字（T）/角度（A）/水平（H）/垂直（V）/旋转（R）］：t（改变文字）

输入标注文字<55>：%%c55g6

指定尺寸线位置或

［多行文字（M）/文字（T）/角度（A）/水平（H）/垂直（V）/旋转（R）］：（确定尺寸线位置）

标注文字 =55

➢　在【特性】中进行修改，以标注直径 φ52 为例。

命令：_dimlinear

指定第一条尺寸界线原点或 <选择对象>：

指定第二条尺寸界线原点：指定尺寸线位置或

［多行文字（M）/文字（T）/角度（A）/水平（H）/垂直（V）/旋转（R）］：

标注文字=52

尺寸标注完成后双击该尺寸，弹出【特性】对话框，在文字选项中"文字替代"后写入"％％c52"，如图 15-38 所示，关闭特性对话框。

按照尺寸要求标注全所有线性尺寸，标注结果如图 15-39 所示。

图 15-38　【特性】对话框

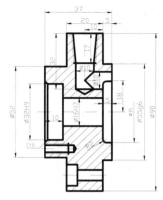

图 15-39　标注一般尺寸

15.2.3.3　标注倒角

将当前【标注样式】设置为"水利机械图—倒角"，单击【标注】工具栏上的 快速引线按钮，按命令行提示操作。

命令：_qleader

指定第一个引线点或［设置（S）］<设置>：s

弹出【引线设置】对话框，设置参数如图 15-40 所示。单击【确定】按钮返回绘图区。按照命令行提示操作。

命令：_qleader

指定第一个引线点或［设置（S）］<设置>：

指定第一个引线点或［设置（S）］<设置>：

指定下一点：

指定下一点：

指定文字宽度<0>：

输入注释文字的第一行 <多行文字（M）>：c1.5

输入注释文字的下一行：

效果如图 15-41 所示。

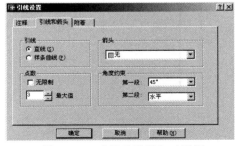

图 15-40　【引线设置】对话框

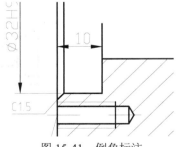

图 15-41　倒角标注

15.2.3.4 引出标注

在图纸中有一些尺寸需要引出进行标注，此类尺寸可以用快速引线进行标注，在【引线设置】对话框中将"角度约束"选为任意，并将【附着】选择"多行文字中间"。效果如图 15-42 所示。

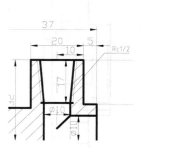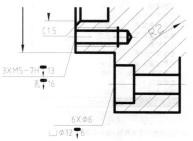

图 15-42　引线标注

15.2.3.5 标注形位公差

➢　单击【标注】工具栏的快速引线  按钮，弹出【引线设置】对话框，单击其中的【注释】选项卡，如图 15-43 所示，选择【注释类型】为【公差】。

➢　然后单击【引线和箭头】选项卡，将【角度约束】中的【第一段】选为"45°"，【第二段】选为"水平"，如图 15-40 所示。单击【确定】按钮完成设置。

➢　依次为标注点进行指定，画完引线后弹出【形位公差】对话框，在对话框中选择相应的公差符号并填入公差值和相应基准，如图 15-44 所示。

➢　依样完成图中的形位公差标注，标注结果如图 15-45 所示。

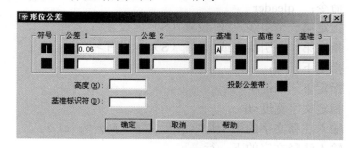

图 15-43　【引线设置】对话框　　　　图 15-44　【形位公差】对话框

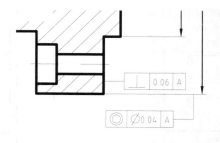

图 15-45　形位公差标注

15.2.3.6 标注表面粗糙度

利用已制作的带属性粗糙度块，可以很方便地标注本图中所有地粗糙度符号。

15.2.4 填写技术要求

填写技术要求是对零件的制造加工、检验和材料处理作出必要的说明。技术要求可以通过文本来输入，单击【绘图】工具栏中的多行文本按钮，然后在要加入文本的地方拖动出范围，可进行添加技术要求。

15.2.5 插入和填写标题栏

最后插入和填写标题栏，标题栏可以是根据自己单位（学校）的实际要求自己设计标题栏（见第4章），本例中插入自己设置的布局，具体操作见第4章。

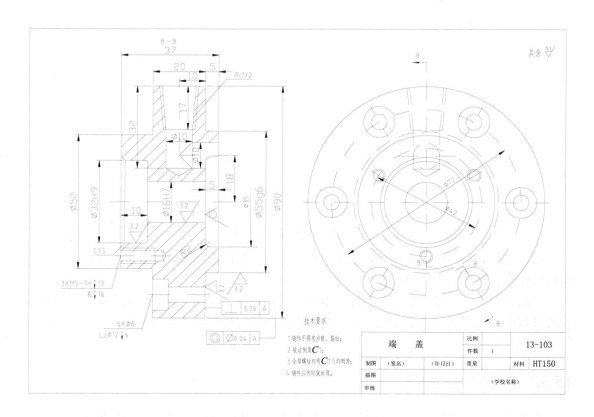

图 15-46　端盖零件图

15.3 装 配 图 的 绘 制

装配图是用来表达机器或部件等装配体的图样。在装配体的设计、装配、调整、检验、使用和维修时都需用到装配图，因此，装配图是现代机械生产中不可缺少的重要技术文件。本节以齿轮油泵（如图 15-47 所示）为例讲解装配图的一般绘制方法和步骤。

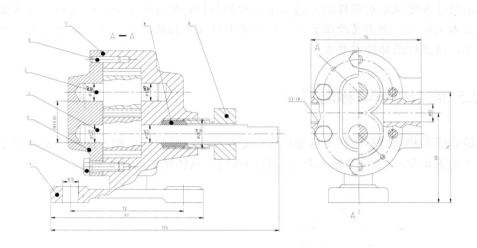

10	压盖螺母	1	45			3	弹簧垫圈	6	65Mn	GB93-87	
9	密封圈	1	填料			2	螺栓	6	Q235	GB5782-86	M6×20
8	垫片	1	石棉橡胶			1	泵体	1	HT200		
7	销		45	GB119-86	6×20	件号	名称	数量	材料	标准	备注
6	传动齿轮轴	1	45		m=2.5 z=10						
5	齿轮轴	1	45		m=2.5 z=10		齿 轮 油 泵			比例	
4	端盖	1	HT200							共 张	
件号	名称	数量	材料	标准	备注	制图			校名 班级		图号
						校核					

图 15-47 齿轮油泵装配图

应用 AutoCAD 2004 来绘制机器或部件的方法，是经部件测绘后有了零件的草图，用这些零件图直接装配成该部件的装配图。

绘制装配图之前要清楚地了解部件本身的结构和各个零件之间的装配关系以及装配和安装过程中技术要求。一张完整的装配图必须包括装配视图、必要的尺寸、技术要求和零件明细栏。

15.3.1 绘制个零件图

在本节中绘制零件图只讲述画图步骤和方法，具体的操作步骤就不详细介绍。

15.3.1.1 绘制泵体

按照如图 15-48 所示的图形绘制出泵体的零件图。

15.3.1.2 绘制泵盖

按照如图 15-49 所示的图形绘制出泵盖的零件图。

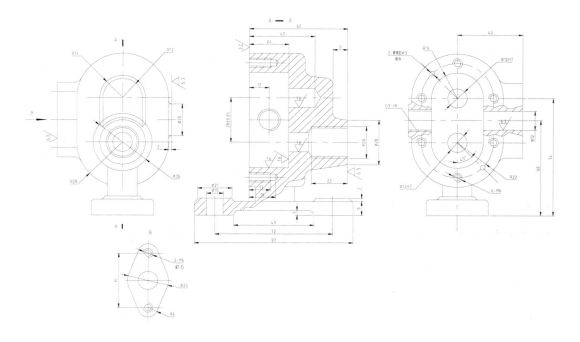

图 15-48　泵体的零件图

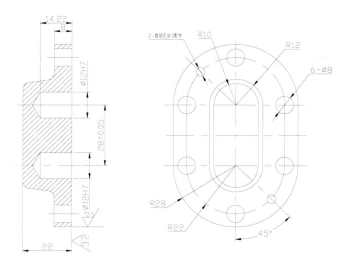

图 15-49　泵盖的零件图

15.3.1.3 绘制齿轮

按照如图 15-50 所示的图形绘制出齿轮的零件图。

15.3.1.4　绘制压盖螺母

按照如图 15-51 所示的图形绘制出压盖螺母的零件图。

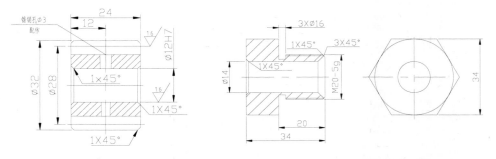

图 15-50　齿轮的零件图　　　　　　图 15-51　压盖螺母的零件图

15.3.1.5　绘制从动轴和主动轴

按照如图 15-52 和图 15-53 所示的图形绘制出从动轴和主动轴的零件图。

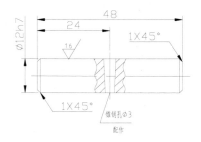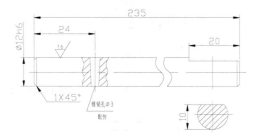

图 15-52　从动轴的零件图　　　　　　图 15-53　主动轴的零件图

15.3.1.6　绘制垫片

按照如图 15-54 所示的图形绘制出垫片的零件图。

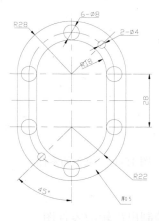

图 15-54　垫片的零件图

15.3.2 绘制装配图

绘制完主要零件和标准件的零件图，并制作成块以后就可以开始绘制装配图了。绘制的步骤如下：

15.3.2.1 确定零件的位置

首先将各视图的主要轴线、中心线、对称线或部件的安装基准面的轮廓线画出，注意使各个视图之间留有足够的空间进行尺寸标注，并留有一定的空间用于编写技术要求、明细栏和标题栏，齿轮油泵装配图的大概布局如图15-55所示。

15.3.2.2 绘制主视图

齿轮油泵装配图的主视图是本装配图的最重要的视图。操作步骤如下：

（1）插入主要零件。以绘制好的轴线为插入基准，用"块插入"命令将主要零件的图块插入到主视图中。依次插入泵体、齿轮、主动轴、从动轴。

完成后利用"分解"命令将图块进行分解，再利用"修剪"命令将多余和重叠的线段修剪去。

注意：

◆ 在创建块时，选择块的插入点时一定要根据该零件与相邻的零件之间的配合关系。

◆ 插入块后对图块进行编辑修改的时候注意接触面与非接触面的画法，接触面只画一条直线，非接触面即使其间隙很小，也必须画两条直线。

◆ 注意相邻零件的剖面线的形状。

最后得到如图15-56所示的图形。

 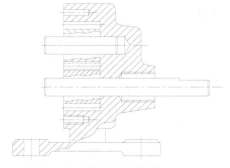

图 15-55　装配图的大概布局　　　　　　　图 15-56　插入主要零件

（2）插入垫片和端盖。先插入垫片，由于垫片较薄，采用夸大画法，并用"SOLID"方式进行填充。后插入端盖，并进行编辑。

（3）绘制好主要零件后，插入各种固定零件和连接件，并将细节部分绘制完整。

加入填料，利用图案填充命令（solid37）进行填充，并插入压盖螺母零件，如图15-57所示。

绘制螺柱连接，可以在设计中心中调出螺纹连接件，按照实际的尺寸进行编辑即可，如图15-58所示。

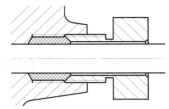

图 15-57　加入填料、压盖螺母

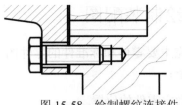

图 15-58　绘制螺纹连接件

最后得到如图 15-59 所示的图形。

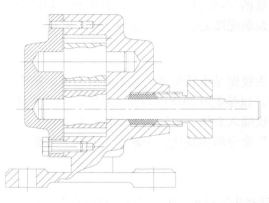

图 15-59　主视图

15.3.2.3　绘制左视图

首先以底板的基准线为基准插入泵体的左视图，再插入端盖的左视图，装配图的左视图采用半剖视图，对图形进行编辑修剪掉多余的线段，得到如图 15-60 所示的图形。

再插入齿轮、销和螺柱等零件，并加以剖视，得到如图 15-61 所示的图形。

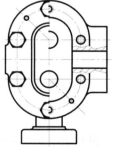

图 15-60　泵体的左视图

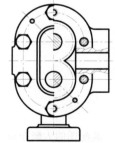

图 15-61　齿轮油泵的左视图

15.3.3　装配图标注

15.3.3.1　尺寸标注

装配图表达的是机器或部件的结构和零件之间的装配关系，装配图的尺寸标注包括规格尺寸、装配尺寸、安装尺寸、总体尺寸和其他重要的尺寸。如图 15-62 所示。

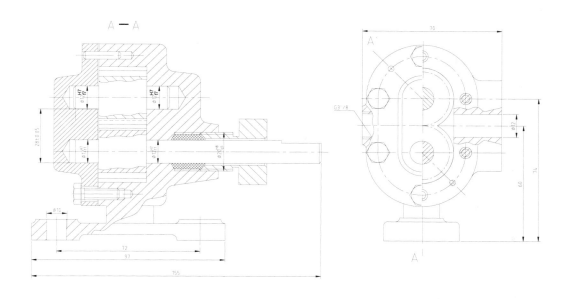

图 15-62　尺寸标注

15.3.3.2 标注零件编号

装配图绘制完成后，必须为每个零件进行编号，以便在明细栏中安顺序编写说明。

编号的标注可以采用引线标注，具体操作如下：

命令：_qleader

指定第一个引线点或 [设置（S）] <设置>：s

弹出【引线设置】对话框，如图 15-63 所示。

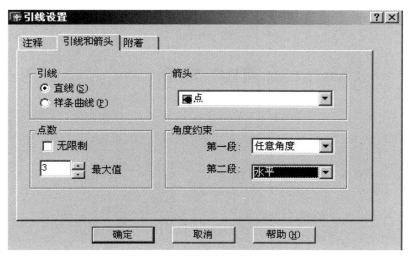

图 15-63　【引线设置】对话框

按照命令行提示进行标注，最后得到如图 15-64 所示的图形。

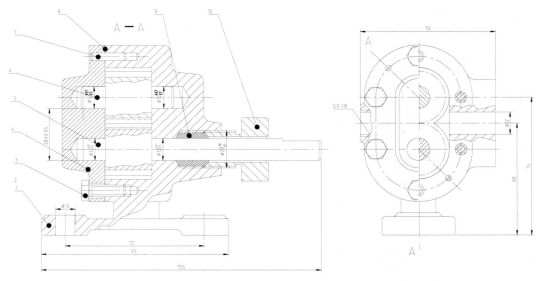

图 15-64 标注零件编号

15.3.3.3 编写技术要求和明细栏

完成编号以后根据编号编写零件的明细栏，内容包括零件的序号、名称、数量、材料、标准和备注，编写的明细栏如图 15-65 所示。

10	压盖螺母	1	45			3	弹簧垫圈	6	65Mn	GB93-87	
9	密封圈	1	填料			2	螺栓	6	Q235	GB5782-86	M6×20
8	垫片	1	石棉橡胶			1	泵体	1	HT200		
7	销		45	GB119-86	6×20	件号	名称	数量	材料	标准	备注
6	传动齿轮轴	1	45		m=2.5 z=10						
5	齿轮轴	1	45		m=2.5 z=10	齿 轮 油 泵				比例	
4	端盖	1	HT200							共 张	
件号	名称	数量	材料	标准	备注	制图			校名 班级		图号
						校核					

图 15-65 明细栏

第16章 电气图举例

电气图是用电气图形符号、带注释的线框或简化的外形表示电气系统或设备中组成部分之间相互关系及其连接关系的一种图形。绘制电气图时由于没有比例的要求，因此，美观、整齐、清楚是绘制此类图的基本要求。

16.1　绘图环境的设置

绘图之前首先要根据电气图的有关绘图标准和绘图习惯设置绘图环境。下面简要介绍本例绘图环境设置的步骤。

16.1.1　设置绘图单位和绘图区域

选择【格式】下拉菜单的【单位】选项，弹出【图形单位】对话框，【长度单位】设为"小数"，【精度】设为"0"，【角度类型】设为"十进制度数"，【精度】设为"0"，单击【确定】按钮，完成绘图单位的设置。

选择【格式】下拉菜单的【图形界线】选项，按照命令提示操作：

命令：'_limits

重新设置模型空间界限：

指定左下角点或[开（ON）/关（OFF）]<0.0,0.0>：（直接回车，坐标值为默认值）

指定右上角点<297.0,210.0>：594,420

16.1.2　设置栅格和捕捉

右键单击状态栏的【栅格】或【捕捉】按钮，在弹出的快捷菜单中选择【设置】菜单项，弹出【草图设置】对话框，在【捕捉和栅格】选项卡中选择启用捕捉和栅格，将捕捉 X 轴和捕捉 Y 轴的间距设为"10"，栅格 X 轴和 Y 轴的间距设为"10"。

16.1.3　设置图层

绘图之前，根据图纸中各线型的不同，需要设定图层。这样不但有利于操作，而且避免引起混乱。本例中【图层特性管理器】的设置如图 16-1 所示。

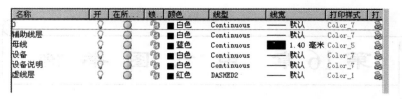

图 16-1 【图层特性管理器】对话框

16.2 电气符号块的绘制

常用的电气符号可以创建成带属性的块，并保存在图库中，画图时可以直接调用。在本例中创建几个电气符号的块。

（1）断路器。

1）用圆命令画半径为 2 的圆，用多段线命令绘制直线（宽度为 0.2mm）长 3mm，改变宽度（宽度为 0mm）长 5mm 的线段。

2）直线命令画直线，长为 3mm。如图 16-2 所示。

图 16-2 画断路器的基本图形　　　　图 16-3 旋转、镜像后的结果

3）用旋转命令，以线段与直线的交点为基点旋转 45 度。

4）执行镜像命令，镜像复制线段。得到如图 16-3 所示的图形。

5）用直线命令画出一条斜线。修剪圆的一半。

6）用镜像命令，以斜线的中点为镜像线的一点（正交模式下）确定另外一点，镜像出另外一半，得到如图 16-4 所示的图形。

图 16-4 完成的断路器符号

7）将断路器创建为块，名称为"断路器 1"，插入点取左侧圆弧的象限点。

（2）变压器。

1）用圆命令画直径为 20 的圆。

2）用直线命令以圆心为起点，画直线 AB，长 5 的直线。

3）执行阵列命令，以圆心 B 点为中心点，直线 AB 为对象进行阵列，得到如图 16-5（a）所示的图形。

4）执行复制命令，以圆 B 的象限点 A 点为基点，向下移动到 C 点，得到如图 16-5（b）

所示的图形。

5）将变压器创建为块，名称为"变压器（Y-Y）"，以象限点 A 点作为插入点。

（3）电流互感器。

1）利用圆命令，画直径为 6 的圆。以圆的右象限点为起点，画长为 3 的直线。

2）利用点命令中的定数等分将直线分为 3 等份。

3）利用直线命令，将对象捕捉模式打开，画 2 条垂直长度为 2 的直线。

4）执行旋转命令分别将 2 条直线旋转-30 度。

5）用直线命令画出三条直线，得到如图 16-6（a）所示的图形。

6）利用矩形阵列方式，阵列出如图 16-6（b）所示的图形。阵列的各参数的选择如图 16-7 所示。

7）将电流互感器创建为块，名称为"电流互感器"，以象限点 A 点作为插入点。

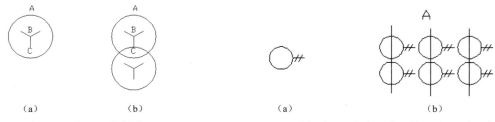

图 16-5　变压器的创建　　　　　图 16-6　电流互感器的创建

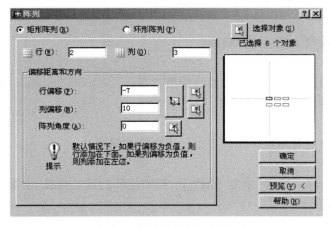

图 16-7　阵列的各参数的选择

用户可以将常用的电气符号都创建成块，用 WBLOCK 命令将块写成文件，保存在图库中，这样可以提高绘图速度。

16.3　电　气　图　的　绘　制

绘制电气图时由于没有比例的要求，因此，美观、整齐、清楚是绘制此类图的基本要求。

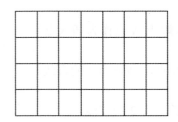

图 16-8　定位线图

（1）图形布局。

将辅助线层设为当前层，利用直线命令将绘图区分为几个区域，图形中那个部分应画在那个区域中，应心中清楚。这样图形的发布就比较美观、整齐、清楚。

1）画水平线。起点（25,10），终点（585,10）。

2）画垂直线。起点（25,10），终点（25，410）。

3）用阵列命令画其余的水平线。行数为 5，列数为 1，行偏移为 100。

4）用阵列命令画其余的垂直线。行数为 5，列数为 1，行偏移为 100。

得到如图 16-8 所示的图形。

（2）画 10kV、0.4kV 的母线。

1）画 10kV 的母线。起点（70,390），终点（530,390）。

2）画 0.4kV 的母线。起点（60,210），终点（@500,0）。

（3）画 10kV 线上的第一条支线。

1）画隔离开关。

_line 指定第一点：160，390

指定下一点或［放弃（U）］：<正交 开> 10

指定下一点或［放弃（U）］：@3<-50

命令：_mirror

选择对象：找到 1 个（选择斜线）

选择对象：

指定镜像线的第一点：指定镜像线的第二点：

是否删除源对象？［是（Y）/否（N）]<N>：

命令：_copy

选择对象：指定对角点：找到 2 个（选择两条斜线）

选择对象：

指定基点或位移，或者[重复（M）]：指定位移的第二点或<用第一点作位移>：3

如图 16-9 所示。

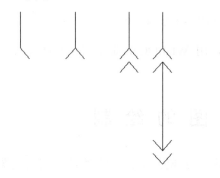

图 16-9　隔离开关的绘制

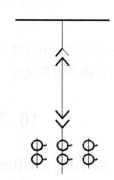

图 16-10　插入电流互感器符号块

2）插入电流互感器符号块。

利用插入块命令，插入电流互感器符号块。如图 16-10 所示。

3）画直线，并在直线上画电缆符号和开关符号。

4）画电流互感器支路。

5）插入接地符号。

得到如图 16-11 所示的图形。

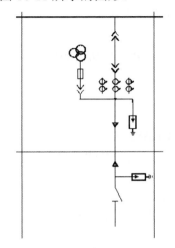

图 16-11　第一条支线完成图

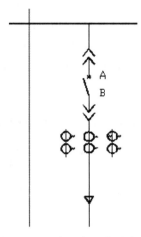

图 16-12　将隔离开关改为开关

（4）画 10kV 线上的第二条支线。

1）可以将第一条支线相同的部分复制过来。将隔离开关改为开关，如图 16-12 所示。

2）利用打断命令，第一点为 A 点，第二点为 B 点。在用直线命令画出开关。

3）插入"变压器（Y，y）"符号块。

4）插入"断路器 1"符号块。

5）插入"电流互感器"符号块。

6）画各设备之间的连线。

7）画带电显示装置。

命令：_line 指定第一点：（确定第 1 点）

指定下一点或［放弃（U）］：10（得到 12 直线）

指定下一点或［放弃（U）］：3（得到 23 直线）

指定下一点或［闭合（C）/放弃（U）］：

命令：

命令：_line 指定第一点：1.5（利用对象捕捉和对象追踪，确定 5 点）

指定下一点或［放弃（U）］：3（得到 45 直线）

指定下一点或［放弃（U）］：

命令：_offset

指定偏移距离或［通过（T）］<3>：

选择要偏移的对象或 <退出>：（选择 45 直线）

指定点以确定偏移所在一侧：（得到 67 直线）

选择要偏移的对象或<退出>：

命令：_line 指定第一点：（67 直线的中点 8 点）

指定下一点或[放弃（U）]：3 （得到 89 直线）

指定下一点或[放弃（U）]：

命令：_line 指定第一点：（确定 8 点）

指定下一点或[放弃（U）]：4 （得到圆的垂直直径直线）

指定下一点或[放弃（U）]：

命令：_circle 指定圆的圆心或[三点（3P）/两点（2P）/相切、相切、半径（T）]：2p

指定圆直径的第一个端点：（确定 9 点）

指定圆直径的第二个端点：（确定 10 点）

命令：_rotate

UCS 当前的正角方向：ANGDIR=逆时针　ANGBASE=0

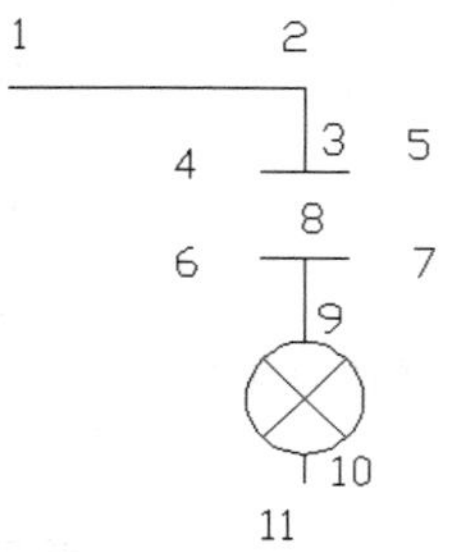

选择对象：找到 1 个（选择圆的垂直直径线）

选择对象：

指定基点：（选择圆心）

指定旋转角度或[参照（R）]：45

命令：_mirror

选择对象：找到 1 个（选择 45 度线）

选择对象：

指定镜像线的第一点：指定镜像线的第二点：（分别指定 9 点和 10 点）

是否删除源对象？[是（Y）/否（N）]<N>：

得到如图 16-13 所示的图形。

图 16-13　显示装置一部分的画法

8）画变压器的接地符号。

得到如图 16-14 所示的图形。

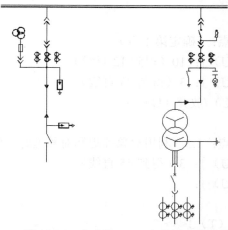

图 16-14　完成的 10kV 上的第二条支线

（5）画 10kV 线上的第三条支线。

说明：在以后画其他支线图时，如与已画图形符号相同的图形符号就不具体说明其画法。

1）画熔断器。

_rectang

指定第一个角点或[倒角（C）/标高（E）/圆角（F）/厚度（T）/宽度（W）]：1.5（打开对象捕捉和对象追踪模式，以 A 点为基点，向右移动鼠标输入 1.5，确定 B 点）

指定另一个角点或[尺寸（D）]：@-3,-7（确定 C 点）

得到如图 16-15 所示的图形。

2）画变压器。

插入"变压器（Y，y）"符号块，将其分解，删除一个星形号，画一个边长为 8 的正三角形。

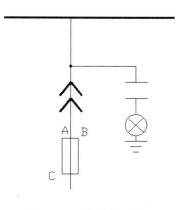

图 16-15　熔断器的画法

3）画断路器和电流互感器。

插入"断路器 1" 符号块，将其分解，选中下部将其拉伸 10mm。再插入"电流互感器 1"符号块。

选中刚画的断路器和电流互感器，用镜像命令镜像出另外一组。

4）在站变中插入接地符号，并画出各连接线。

得到如图 16-16 所示的图形。

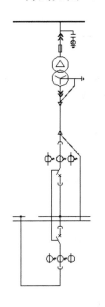

（6）画 0.4kV 线上的第一条支线。

1）在 0.4kV 线上，画第一条支线。起点坐标（110，210）画直线。分别画出熔断器、开关和电流互感器。

2）画接触器。

在补偿器的定位线画一条直线，在直线与接线的交点处画直径为 2mm 的圆，将直线向下偏移 7mm。在交点处画一条斜线。用修剪和删除命令进行编辑，得到如图 16-17 所示的图形。

3）画补偿器。

利用正多边形画出边长为 10mm 正三角形，并画出两条直线，如图所示。执行环形阵列命令阵列出其他两边上直线段。用修剪命令进行编辑，得到如图 16-18 所示的图形。

（7）画 0.4kV 线上的其他三条支线。

其画法与上述的画法相同，不一一说明了。

最后得到如图 16-19 所示的图形。

图 6-16　完成的 10kV
线上的第二条支线

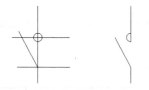

图 16-17　接触器的画法

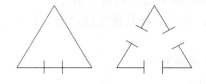

图 16-18　补偿器的画法

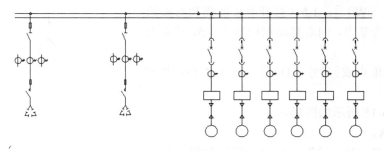

图 16-19　完成 0.4kV 线上支线

16.4　电气图中设备技术说明的标注

　　设备技术说明是注释图形中各设备的性能、型号、规格等一些技术参数。它一般标注在各支线图的左边，一般对应各具体的设备。

　　以 10kV 线上的第一条支线上的设备技术说明为例。

　　（1）将"设备说明"图层设为当前层，在线路的左侧画出如图 16-20 所示的线框。

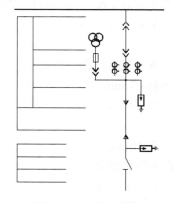

图 16-20　画出线框

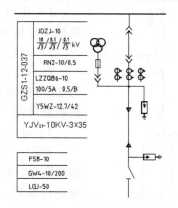

图 16-21　设备技术说明标注

　　（2）利用文字标注命令进行设备技术说明标注。如图 16-21 所示。

　　在标注 GZS1-12-037 时，可以现进行水平标注，在旋 90 度，即可。

　　（3）用相同的方法进行其他设备技术说明标注。

　　（4）标注图形中其他的文字说明。

　　得到如图 16-22 所示的图形。

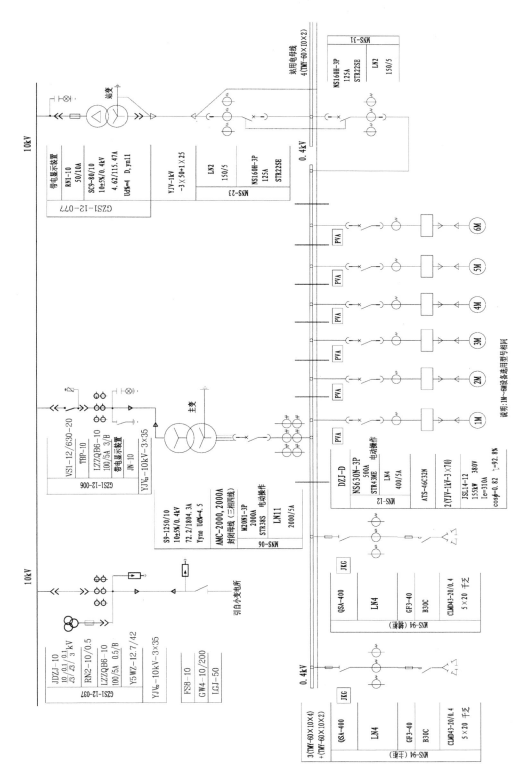

图 16-22 电气工程图